U0367658

线性代数

——用方程组解释线性代数

邵　荣　编著

扫码加入学习圈
轻松解决重难点

南京大学出版社

内容简介

本书共分6章，分别介绍矩阵及其初等变换，向量的运算及其相关性，行列式，矩阵的算术运算和逆矩阵，特征值和特征向量，二次型。

本书试着大量使用解方程组的知识来介绍和解释线性代数的主要概念和知识，使得具有中学解方程组知识的读者也容易理解和掌握线性代数的内容。本书每一部分内容都由例子或问题来引出。本书还系统给出了各种典型的线性代数计算的例子，所有的性质和方法也得到了严格但浅显的证明，并在每一章结束后给出了适量的练习，附录则提供了练习题的答案。对于个别证明过程较难的证明内容，也在附录中提供。

本书起点低，入门容易，内容丰富，但证明严格，可作为高等学校非数学类专业的线性代数教材，也可作为各类线性代数教材的辅助读物，如果忽略书中定理的证明，也适合有解方程组知识的读者自学。

图书在版编目(CIP)数据

线性代数：用方程组解释线性代数 / 邵荣编著.
南京：南京大学出版社，2024.12. -- ISBN 978-7-305-28435-9

Ⅰ. O151.2

中国国家版本馆CIP数据核字第2024CM4631号

扫码可免费申请本书教学资源

出版发行 南京大学出版社
社 址 南京市汉口路22号 邮 编 210093

书 名 线性代数——用方程组解释线性代数
XIANXING DAISHU——YONG FANGCHENGZU JIESHI XIANXING DAISHU
编 著 邵 荣
责任编辑 吴 华 编辑热线 025-83596997

照 排 南京开卷文化传媒有限公司
印 刷 江苏苏中印刷有限公司
开 本 787 mm×1092 mm 1/16 开 印张 12 字数 270 千
版 次 2024年12月第1版
印 次 2024年12月第1次印刷
ISBN 978-7-305-28435-9
定 价 35.00元

网 址：http://www.njupco.com
官方微博：http://weibo.com/njupco
微信公众号：njupress
销售咨询热线：(025)83594756

前　言

本书是作者在大学从事线性代数教学多年的经验和理解的总结，倾向于以最简单的描述和解释，介绍复杂和抽象的线性代数内容。

本书以解线性方程组作为主线，导出一系列线性代数的主要概念和内容，力求以方程组来理解线性代数的各项内容，使得线性代数内容更加具体和简单化。

本书的每一部分都是由例子或提出的问题来引出内容，使得内容的逻辑结构自然合理。

本书第一章由方程组的求解过程规范化并简化方程组的表示，引入了矩阵以及矩阵的初等行变换，并与向量的运算建立联系。第二章方程组用向量表示，引入了向量的线性组合及向量组的线性相关性，再由相关性深入到向量组的最简化导出向量组的极大无关组。第三章通过分析方程组求解公式引入了行列式，由行列式计算的简化引入了行列式的性质，并给出了行列式表示方程组解的公式。第四章由方程组引入了变换，进一步导出了矩阵的算术运算，再由矩阵的初等变换和逆变换导出了初等矩阵和逆矩阵，另外用矩阵来表示行向量组或列向量组则导出了矩阵的秩。第五章由向量引入了空间及变换，由空间的坐标系导出了空间的基，由变换导出了相似矩阵、矩阵对角化、特征值、特征向量，并讨论了实对称矩阵的特征值特征向量的特点。第六章由矛盾方程组的求解引入了最小二乘解，由此引入二次函数问题的处理，导出了二次型，进一步简化二次型导出了二次型的标准形，最后针对二次函数求最小值，导出了正定二次型。

本书的第一章到第五章的第 2 节，是线性代数的基本内容。第五章的第 3 节和第六章是打 * 内容，用于进一步学习线性代数知识。由于作者希望本书只提供既简单又全面的线性代数的内容，所以没有加入多余的其他与线性代数相关的内容。

本书内容的编排是建立在作者对于线性代数多年教学经验和特有理解基础之上的，由于本人水平所限，书中有不足之处，请同行专家及广大读者批评指正。

作　者

2024 年 7 月写于南京大学

目 录

第一章 解线性方程组

1.1 高斯消去法

中学解二元一次方程组的方法:代入法,加减消去法.

【例 1.1】 解二元一次方程组

$$\begin{cases} 4x - 5y = 13, & (1) \\ x + 3y = -1. & (2) \end{cases}$$

解 我们用代入法解方程组,
由方程(2)得

$$x = -1 - 3y, \quad (3)$$

将方程(3)代入方程(1)得 $4(-1-3y)-5y=13$,即 $y=-1$.

将 $y=-1$ 代入方程(3)得 $x=2$,故方程组的解是 $x=2,y=-1$. □

【例 1.2】 解二元一次方程组

$$\begin{cases} 3x + 2y = 7, & (1) \\ x - 6y = -1. & (2) \end{cases}$$

解 我们用加减消元法结合代入法解方程组,
方程(1)×3 得

$$9x + 6y = 21, \quad (3)$$

方程(3)+方程(2)得 $10x=20$,即 $x=2$.

将 $x=2$ 代入方程(1)得 $6+2y=7$,即 $y=1/2$,故方程组的解是 $x=2,y=1/2$. □

【例 1.3】 解二元一次方程组

$$\begin{cases} 3x + 2y = 8, & (1) \\ 2x + 5y = 9. & (2) \end{cases}$$

解 我们用纯粹的加减消元法解方程组,
方程(1)×5 得

$$15x + 10y = 40, \quad (3)$$

方程(2)×2得

$$4x+10y=18, \quad (4)$$

方程(3)－方程(4)得 $11x=22$,即 $x=2$.
方程(1)×2得

$$6x+4y=16, \quad (5)$$

方程(2)×3得

$$6x+15y=27, \quad (6)$$

方程(6)－方程(5)得 $11y=11$,即 $y=1$,故方程组的解是 $x=2,y=1$. □

解方程组的高斯消去法,其实就是加减消元法的规范化方法,即通过一系列的对方程组的变换,最后求得方程组的解,这些方程组的变换只有如下的3种,称为方程组的同解变换.

(1) 交换方程组中的两个方程;

(2) 方程组中的某个方程乘以一个非零数,或除以一个非零数;

(3) 方程组中的一个方程加上另一个方程的某个倍数.

显然,同解变换是可逆的变换.

下面我们用高斯消去法规范地解一些方程组,本书中方程组是指多元一次方程组,也叫线性方程组.

【例1.4】 解方程组

$$\begin{cases} x-2y+z=3, & (1)\\ 3x-y+2z=2, & (2)\\ 2x+y+5z=7. & (3)\end{cases}$$

解 (2)－3×(1)得

$$\begin{cases} x-2y+z=3, & (1)\\ 5y-z=-7, & (2)\\ 2x+y+5z=7. & (3)\end{cases}$$

(3)－2×(1)得

$$\begin{cases} x-2y+z=3, & (1)\\ 5y-z=-7, & (2)\\ 5y+3z=1. & (3)\end{cases}$$

(3)－(2)得

$$\begin{cases} x-2y+z=3, & (1)\\ 5y-z=-7, & (2)\\ 4z=8. & (3)\end{cases}$$

(3)÷4 得

$$\begin{cases} x-2y+z=3, & (1)\\ \quad 5y-z=-7, & (2)\\ \qquad z=2. & (3)\end{cases}$$

(1)−(3)得

$$\begin{cases} x-2y \quad =1, & (1)\\ \quad 5y-z=-7, & (2)\\ \qquad z=2. & (3)\end{cases}$$

(2)+(3)得

$$\begin{cases} x-2y \quad =1, & (1)\\ \quad 5y \quad =-5, & (2)\\ \qquad z=2. & (3)\end{cases}$$

(2)÷5 得

$$\begin{cases} x-2y \quad =1, & (1)\\ \quad y \quad =-1, & (2)\\ \qquad z=2. & (3)\end{cases}$$

(1)+2×(2)得方程组的解

$$\begin{cases} x \quad =-1,\\ \quad y \quad =-1,\\ \qquad z=2.\end{cases}$$ □

分析高斯消去法解方程组的过程，看同解变换的两个方程组，以例 1.4 解答的第一步为例，变换前方程组为

$$(A)\begin{cases} x-2y+z=3, & (1)\\ 3x-y+2z=2, & (2)\\ 2x+y+5z=7. & (3)\end{cases}$$

经过变换(2)−3×(1)后方程组为

$$(B)\begin{cases} x-2y+z=3, & (1)\\ \quad 5y-z=-7, & (2)\\ 2x+y+5z=7. & (3)\end{cases}$$

若(x_0,y_0,z_0)是方程组(A)的一个解，即(x_0,y_0,z_0)满足方程组(A)，则有如下等式

$$\begin{cases} x_0 - 2y_0 + z_0 = 3, & (1) \\ 3x_0 - y_0 + 2z_0 = 2, & (2) \\ 2x_0 + y_0 + 5z_0 = 7. & (3) \end{cases}$$

于是(2)的等式两边减去(1)的等式两边的 3 倍,依然是等式,即有 $5y_0 - z_0 = -7$,故有等式

$$\begin{cases} x_0 - 2y_0 + z_0 = 3, & (1) \\ 5y_0 - z_0 = -7, & (2) \\ 2x_0 + y_0 + 5z_0 = 7. & (3) \end{cases}$$

即方程组(A)的解是方程组(B)的解.

方程组(A)到(B)的同解变换是可逆的,因为(B)经过变换(2)$+3\times$(1)就得到(A),故(B)的解也是(A)的解,于是(A)和(B)有相同的解.

同理交换两个方程,某个方程乘以或除以一个非零的数,变换前后两个方程组的解也相同.

定义 1.1(同解)　两个方程组若它们有相同的解集,则称它们是同解的.

定理 1.1　方程组经过下述任何一种变换:

(1) 两个方程交换位置;

(2) 一个方程乘以一个非零倍数;

(3) 一个方程乘以一个倍数再加到另一个方程上.

则变换后的方程组与原方程组同解.

下面我们讨论更加一般的线性方程组

$$\begin{cases} a_{11}x_1 + a_{12}x_2 + \cdots + a_{1n}x_n = b_1, \\ a_{21}x_1 + a_{22}x_2 + \cdots + a_{2n}x_n = b_2, \\ \qquad\qquad\vdots \\ a_{m1}x_1 + a_{m2}x_2 + \cdots + a_{mn}x_n = b_m, \end{cases} \tag{1.1}$$

该方程组有 n 个未知量,有 m 个方程,且每个方程的系数(即未知量前面的倍数)和右端不全为 0,每一个未知量的系数也不全为 0(否则可去掉该未知量).

解线性方程组就是不断地求解越来越简单的同解方程组,直至最简单的方程组. 为方便书写,可以几个变换一起作为一个解方程组的步骤,见如下解方程组的过程.

【例 1.5】 解方程组

$$\begin{cases} x_1 + 2x_2 + 3x_3 = 3, & (1) \\ 2x_1 - x_2 + 2x_3 = 7, & (2) \\ x_1 + 2x_2 + x_3 = 1, & (3) \\ -2x_1 + 3x_2 + 3x_3 = -4. & (4) \end{cases}$$

解　(1)－(3)，(2)－2×(3)，(4)＋2×(3)得

$$\begin{cases} 2x_3=2, & (1)\\ -5x_2=5, & (2)\\ x_1+2x_2+x_3=1, & (3)\\ 7x_2+5x_3=-2. & (4)\end{cases}$$

(1)÷2，(2)÷(－5)得

$$\begin{cases} x_3=1, & (1)\\ x_2=-1, & (2)\\ x_1+2x_2+x_3=1, & (3)\\ 7x_2+5x_3=-2. & (4)\end{cases}$$

(3)－2×(2)－(1)，(4)－7×(2)－5×(1)得

$$\begin{cases} x_3=1, & (1)\\ x_2=-1, & (2)\\ x_1=2, & (3)\\ 0=0. & (4)\end{cases}$$

去掉(4)，交换(1)(3)得方程组的唯一解

$$\begin{cases} x_1=2,\\ x_2=-1,\\ x_3=1.\end{cases}$$ □

上述方程组同解变换之后原来的 4 个方程变成了 3 个方程，我们说原方程组的有效方程个数是 3，即有一个方程是多余的方程，可以用其他 3 个方程的倍数叠加得到.

有时方程组有无穷多组解或无解的情况，见如下方程组的例子.

【例 1.6】　解方程组

$$\begin{cases} x_1+2x_2+x_3=7, & (1)\\ 2x_1-2x_2+8x_3=-4, & (2)\\ 2x_1+3x_2+3x_3=11. & (3)\end{cases}$$

解　(3)－(2)，(2)－2×(1)得

$$\begin{cases} x_1+2x_2+x_3=7, & (1)\\ -6x_2+6x_3=-18, & (2)\\ 5x_2-5x_3=15. & (3)\end{cases}$$

(2)÷(−6),(3)−5×(2)得

$$\begin{cases} x_1+2x_2+x_3=7, & (1)\\ \qquad x_2-x_3=3, & (2)\\ \qquad\qquad 0=0. & (3)\end{cases}$$

(1)−2×(2)得

$$\begin{cases} x_1\quad +3x_3=1, & (1)\\ \quad x_2-x_3=3, & (2)\\ \qquad\quad 0=0. & (3)\end{cases}$$

去掉(3),将方程组中含 x_3 的项移到右端得

$$\begin{cases} x_1=1-3x_3, & (1)\\ x_2=3+x_3. & (2)\end{cases}$$

令 x_3 为任意实数 t,即 $x_3=t\in\mathbf{R}$,则得到方程组的无穷多组解

$$\begin{cases} x_1=1-3t,\\ x_2=3+t, \quad 其中\ t\in\mathbf{R}.\\ x_3=t,\end{cases}$$

□

【例 1.7】 解方程组

$$\begin{cases} 2x_1-x_2+2x_3+3x_4=1, & (1)\\ 5x_1+2x_2-3x_3-5x_4=-1, & (2)\\ 7x_1+x_2-x_3-2x_4=2. & (3)\end{cases}$$

解 (2)−2×(1),(3)−3×(1)得

$$\begin{cases} 2x_1-x_2+2x_3+3x_4=1, & (1)\\ x_1+4x_2-7x_3-11x_4=-3, & (2)\\ x_1+4x_2-7x_3-11x_4=-1. & (3)\end{cases}$$

(1)−2×(2),(3)−(2)得

$$\begin{cases} \qquad -9x_2+16x_3+25x_4=7, & (1)\\ x_1+4x_2-7x_3-11x_4=-3, & (2)\\ \qquad\qquad\qquad 0=2. & (3)\end{cases}$$

方程组中的方程(3)是矛盾方程,故原方程组无解. □

为了方便处理,我们将方程组分成两大类,一类是右端为零的方程组,即方程组(1.1)中 $b_1=b_2=\cdots=b_m=0$,也即如下方程组

$$\begin{cases} a_{11}x_1 + a_{12}x_2 + \cdots + a_{1n}x_n = 0, \\ a_{21}x_1 + a_{22}x_2 + \cdots + a_{2n}x_n = 0, \\ \quad\vdots \\ a_{m1}x_1 + a_{m2}x_2 + \cdots + a_{mn}x_n = 0. \end{cases} \tag{1.2}$$

另一类是右端不为零的方程组，即方程组(1.1)中 $b_1, b_2, \cdots, b_n$ 不全为零.

定义 1.2 (齐次方程组、非齐次方程组) 右端为零的方程组称为齐次方程组，右端不全为零的方程组称为非齐次方程组.

【例 1.8】 解齐次方程组

$$\begin{cases} x_1 - 2x_2 + x_3 - x_4 + 7x_5 = 0, & (1) \\ 2x_1 + x_2 - x_3 + 3x_4 + 3x_5 = 0, & (2) \\ 4x_1 + 3x_2 - 3x_3 + 7x_4 + 3x_5 = 0. & (3) \end{cases}$$

解 (3)$-2\times$(2)，(2)$-2\times$(1)得

$$\begin{cases} x_1 - 2x_2 + x_3 - x_4 + 7x_5 = 0, & (1) \\ 5x_2 - 3x_3 + 5x_4 - 11x_5 = 0, & (2) \\ x_2 - x_3 + x_4 - 3x_5 = 0. & (3) \end{cases}$$

(1)$+2\times$(3)，(2)$-5\times$(3)得

$$\begin{cases} x_1 - x_3 + x_4 + x_5 = 0, & (1) \\ 2x_3 + 4x_5 = 0, & (2) \\ x_2 - x_3 + x_4 - 3x_5 = 0. & (3) \end{cases}$$

交换(2)(3)得

$$\begin{cases} x_1 - x_3 + x_4 + x_5 = 0, & (1) \\ x_2 - x_3 + x_4 - 3x_5 = 0, & (2) \\ 2x_3 + 4x_5 = 0, & (3) \end{cases}$$

(1)$+0.5\times$(3)，(2)$+0.5\times$(3)，(3)$\div 2$ 得

$$\begin{cases} x_1 + x_4 + 3x_5 = 0, & (1) \\ x_2 + x_4 - x_5 = 0, & (2) \\ x_3 + 2x_5 = 0, & (3) \end{cases}$$

将方程组中含 x_4, x_5 的项移到右端得

$$\begin{cases} x_1 = -x_4 - 3x_5, & (1) \\ x_2 = -x_4 + x_5, & (2) \\ x_3 = -2x_5. & (3) \end{cases}$$

令 x_4 为实数 s，x_5 为实数 t，得齐次方程组的解

$$\begin{cases} x_1 = -s - 3t, \\ x_2 = -s + t, \\ x_3 = -2t, \\ x_4 = s, \\ x_5 = t, \end{cases} \quad 其中\ s, t \in \mathbf{R}.$$

上述齐次方程组有无穷多组解. □

齐次方程组一定有零解，即 $x_1 = x_2 = \cdots = x_n = 0$，当齐次方程组有无穷多组解时，就有非零解. 对于齐次方程组，我们感兴趣的不是零解，而是非零解.

有一种情况下齐次方程组一定有非零解，那就是未知量个数比方程个数多.

经过消元后，同解方程组每个方程可以确定一个未知量，这样就有多余的未知量无法确定，这些多余的未知量可以取任意值（如非零值）而得到方程组的解，这样方程组就有非零解.

定理 1.2　齐次方程组当未知量个数大于方程个数时，必有非零解.

证明　设齐次线性方程组如下：

$$\begin{cases} a_{11}x_1 + a_{12}x_2 + \cdots + a_{1n}x_n = 0, \\ a_{21}x_1 + a_{22}x_2 + \cdots + a_{2n}x_n = 0, \\ \qquad \vdots \\ a_{m1}x_1 + a_{m2}x_2 + \cdots + a_{mn}x_n = 0. \end{cases} \quad 其中\ n > m.$$

则经过同解变换后一定有最简方程组（去掉 $0=0$ 的方程，需要的话可以调整未知量的次序）

$$\begin{cases} x_1 \qquad\qquad + b_{1,r+1}x_{r+1} + \cdots + b_{1n}x_n = 0, \\ \quad x_2 \qquad + b_{2,r+1}x_{r+1} + \cdots + b_{2n}x_n = 0, \\ \qquad\qquad \vdots \\ \qquad\quad x_r + b_{r,r+1}x_{r+1} + \cdots + b_{rn}x_n = 0. \end{cases}$$

于是有 $r \leqslant m < n$，此时取 $x_{r+1} = \cdots = x_{n-1} = 0$，$x_n = -1$，得非零解 $(b_{1n}, \cdots, b_{rn}, 0, \cdots, 0, -1)$. □

1.2 矩阵及初等行变换——方程组简化写法

对方程组的求解过程进行简化，去掉方程组未知量的符号 $x_1, x_2, \cdots, x_n$ 等，去掉等号，只在原位置留下或正或负的未知量的系数和右端常数，再用括号括起来作为整个的方程组的简化写法，以例 1.6 为例，方程组

$$\begin{cases} x_1+2x_2+x_3=7, & (1) \\ 2x_1-2x_2+8x_3=-4, & (2) \\ 2x_1+3x_2+3x_3=11. & (3) \end{cases}$$

可简写为

$$\left(\begin{array}{ccc:c} 1 & 2 & 1 & 7 \\ 2 & -2 & 8 & -4 \\ 2 & 3 & 3 & 11 \end{array}\right),$$

其中的竖线分割未知量系数和右端常数，也可写成无竖线的形式

$$\begin{pmatrix} 1 & 2 & 1 & 7 \\ 2 & -2 & 8 & -4 \\ 2 & 3 & 3 & 11 \end{pmatrix}.$$

该形式的数据阵列称为矩阵. 整个例 1.6 的计算过程也可简化成矩阵写法.

【原例 1.6】 解方程组

$$\begin{cases} x_1+2x_2+x_3=7, & (1) \\ 2x_1-2x_2+8x_3=-4, & (2) \\ 2x_1+3x_2+3x_3=11. & (3) \end{cases}$$

解 $$\left(\begin{array}{ccc:c} 1 & 2 & 1 & 7 \\ 2 & -2 & 8 & -4 \\ 2 & 3 & 3 & 11 \end{array}\right) \xrightarrow[r_2-2r_1]{r_3-r_2} \left(\begin{array}{ccc:c} 1 & 2 & 1 & 7 \\ 0 & -6 & 6 & -18 \\ 0 & 5 & -5 & 15 \end{array}\right) \xrightarrow[r_3-5r_2]{r_2\div(-6)}$$

$$\left(\begin{array}{ccc:c} 1 & 2 & 1 & 7 \\ 0 & 1 & -1 & 3 \\ 0 & 0 & 0 & 0 \end{array}\right) \xrightarrow{r_1-2r_2} \left(\begin{array}{ccc:c} 1 & 0 & 3 & 1 \\ 0 & 1 & -1 & 3 \\ 0 & 0 & 0 & 0 \end{array}\right).$$

最后得到同解方程组为

$$\begin{cases} x_1 \quad +3x_3=1, & (1) \\ \quad x_2- x_3=3, & (2) \\ \qquad 0=0. & (3) \end{cases}$$

去掉(3),将方程组中含 x_3 的项移到右端并令 x_3 为实数 t,得方程组的解

$$\begin{cases} x_1=1-3t, \\ x_2=3+t, \quad \text{其中 } t\in \mathbf{R}. \\ x_3=t, \end{cases}$$ □

我们来看上述方程组简化写法求解过程中的其他符号:

方程(1)(2)在简化写法中就是第 1 行第 2 行,用 r_1,r_2 表示.

交换(1)(2)用 $r_1\leftrightarrow r_2$ 表示.

(2)−2×(1)用 r_2-2r_1 表示.

(3)÷5 用 $r_3\div 5$ 表示.

此处 r 表示行(row),也可写成:行 1↔行 2,行 2−2×行 1,行 3÷5.

再看例 1.8 解齐次方程组的简化写法,由于右端常数全是 0,所以右端不写.

【原例 1.8】 解齐次方程组

$$\begin{cases} x_1-2x_2+ x_3- x_4+7x_5=0, \\ 2x_1+ x_2- x_3+3x_4+3x_5=0, \\ 4x_1+3x_2-3x_3+7x_4+3x_5=0. \end{cases}$$

解

$$\begin{pmatrix} 1 & -2 & 1 & -1 & 7 \\ 2 & 1 & -1 & 3 & 3 \\ 4 & 3 & -3 & 7 & 3 \end{pmatrix} \xrightarrow[r_2-2r_1]{r_3-2r_2} \begin{pmatrix} 1 & -2 & 1 & -1 & 7 \\ 0 & 5 & -3 & 5 & -11 \\ 0 & 1 & -1 & 1 & -3 \end{pmatrix} \xrightarrow[r_2-5r_3]{r_1+2r_3}$$

$$\begin{pmatrix} 1 & 0 & -1 & 1 & 1 \\ 0 & 0 & 2 & 0 & 4 \\ 0 & 1 & -1 & 1 & -3 \end{pmatrix} \xrightarrow{r_2\leftrightarrow r_3} \begin{pmatrix} 1 & 0 & -1 & 1 & 1 \\ 0 & 1 & -1 & 1 & -3 \\ 0 & 0 & 2 & 0 & 4 \end{pmatrix} \xrightarrow[\substack{r_2+\frac{1}{2}r_3 \\ r_3\div 2}]{r_1+\frac{1}{2}r_3} \begin{pmatrix} 1 & 0 & 0 & 1 & 3 \\ 0 & 1 & 0 & 1 & -1 \\ 0 & 0 & 1 & 0 & 2 \end{pmatrix}.$$

最后得到同解方程组为

$$\begin{cases} x_1 \qquad +x_4+3x_5=0, \\ \quad x_2 \quad +x_4- x_5=0, \\ \qquad x_3 \quad +2x_5=0. \end{cases}$$

将方程组中含 x_4,x_5 的项移到右端得

$$\begin{cases} x_1 = -x_4 - 3x_5, \\ x_2 = -x_4 + x_5, \\ x_3 = -2x_5. \end{cases}$$

令 x_4 为实数 s，x_5 为实数 t，得齐次方程组的解

$$\begin{cases} x_1 = -s - 3t, \\ x_2 = -s + t, \\ x_3 = -2t, \qquad \text{其中 } s, t \in \mathbf{R}. \\ x_4 = s, \\ x_5 = t, \end{cases}$$

□

上述方程组的简化写法，也就是矩阵，是线性代数中最为重要的研究对象.

定义 1.3(矩阵)　一批数或表达式构成的矩形阵列

$$\begin{pmatrix} a_{11} & a_{12} & \cdots & a_{1n} \\ a_{21} & a_{22} & \cdots & a_{2n} \\ \vdots & \vdots & & \vdots \\ a_{m1} & a_{m2} & \cdots & a_{mn} \end{pmatrix}$$

称为矩阵，构成矩阵的数 a_{ij} 称为矩阵的元素. 由 m 行 n 列的元素构成的矩阵称为 $m \times n$ 阶的矩阵，简记为 $(a_{ij})_{m\times n}$. 行列数相同的矩阵称为方阵. 由 n 行 n 列构成的方阵称为 n 阶矩阵.

对应于方程组左端未知量系数的矩阵称为方程组的系数矩阵，对应于非齐次方程组(1.1)的矩阵

$$\left(\begin{array}{cccc:c} a_{11} & a_{12} & \cdots & a_{1n} & b_1 \\ a_{21} & a_{22} & \cdots & a_{2n} & b_2 \\ \vdots & \vdots & & \vdots & \vdots \\ a_{m1} & a_{m2} & \cdots & a_{mn} & b_m \end{array}\right)$$

比系数矩阵多了一列右端常数，称为增广矩阵，增广的列可以用竖线与系数部分间隔开来，也可以没有竖线.

【注 1.1】　本书矩阵专指实数构成的矩阵，不讨论复数矩阵. 习惯上矩阵用大写英文字母表示，矩阵的元素用小写英文字母表示.

从例 1.6 和例 1.8 的方程组求解的矩阵方式简化表示可以看出，高斯消去法的 3 种同解变换操作在矩阵方式的简化写法中就是 3 种行的操作. 这些矩阵上的行的操作

称为矩阵的初等行变换.

很显然,这些行的操作都有逆操作,即逆操作将操作后的矩阵变回原来的矩阵.

定义 1.4 (初等行变换)　对一个矩阵进行如下三种变换中的一种变换:
(1) 交换两行;
(2) 一行乘以一个非零倍数;
(3) 一行的倍数加到另一行上;
则这样的变换称为初等行变换.

【注 1.2】 若矩阵的列进行交换两列、一列乘以一个非零倍数、一列的倍数加到另一列上,这样的操作称为初等列变换,初等行变换和初等列变换统称为初等变换.

对应于同解变换的初等行变换都有逆变换. 交换两行的变换的逆变换就是交换这两行,一行乘以一个非零倍数的逆变换就是该行除以该非零数,或该行乘以该非零数的倒数,一行的倍数加到另一行上的逆变换就是该行的负倍数加到另一行上. 一个矩阵经过初等行变换和对应的逆变换后恢复成原来的矩阵.

定理 1.3　矩阵的初等行变换都有逆变换,逆变换也是同类型的初等行变换.

一个方程组,求解的过程实质上就是通过同解变换将原方程组化为同解的最简方程组. 对应于最简方程组,矩阵形式是阶梯形矩阵,且是最简单的阶梯形矩阵.

定义 1.5(阶梯形矩阵、简化阶梯形矩阵)　一个矩阵若满足:所有的零行都在非零行的下方,非零行的非零首元素(最左边非零元素,简称首元素)前的零元素个数从上到下不断增加,则称该矩阵为阶梯形矩阵. 若阶梯形矩阵中非零行的首元素是 1,且该首元素所在列的其他元素都是 0,这样的阶梯形矩阵是最简单的阶梯形矩阵,称为简化阶梯形矩阵.

不管是齐次方程组还是非齐次方程组,简化阶梯形矩阵与最简方程组一一对应,而最简方程组则对应于方程组的解集,并且也是一一对应的,于是简化阶梯形矩阵与对应方程组的解集一一对应。换句话说就是不同简化阶梯形矩阵对应的方程组有不同的解集。先看下列例子.

【例 1.9】 证明简化阶梯形矩阵 $\boldsymbol{A},\boldsymbol{B},\boldsymbol{C}$ 对应的齐次方程组都不同解,其中

$$\boldsymbol{A}=\begin{pmatrix}1&-3&0&0&1\\0&0&1&0&-1\\0&0&0&1&2\\0&0&0&0&0\end{pmatrix},\boldsymbol{B}=\begin{pmatrix}1&-3&0&2&0\\0&0&1&-1&0\\0&0&0&0&1\\0&0&0&0&0\end{pmatrix},\boldsymbol{C}=\begin{pmatrix}1&-3&0&2&0\\0&0&1&4&0\\0&0&0&0&1\\0&0&0&0&0\end{pmatrix}.$$

证明　我们看到 $\boldsymbol{A},\boldsymbol{B},\boldsymbol{C}$ 的前 3 列都相同,第 4 列都不同,故我们来讨论前 4 列对

应的齐次方程组,

(1) $\begin{cases} x_1-3x_2 = 0, \\ x_3 = 0, \\ x_4 = 0. \end{cases}$　(2) $\begin{cases} x_1-3x_2+2x_4=0, \\ x_3-x_4=0. \end{cases}$　(3) $\begin{cases} x_1-3x_2+2x_4=0, \\ x_3+4x_4=0. \end{cases}$

即 $\boldsymbol{A},\boldsymbol{B},\boldsymbol{C}$ 对应的齐次方程组中令 $x_5=0$ 得到的齐次方程组.

显然(2)中令 $x_2=0,x_4=-1$,得(2)的解 $x_1=2,x_2=0,x_3=-1,x_4=-1$,代入(1)不满足方程组,因为(1)有方程 $x_4=0$,矛盾.故(1)与(2)不同解.

同理(1)与(3)不同解.

进一步,(2)的解 $x_1=2,x_2=0,x_3=-1,x_4=-1$,不是(3)的解,因为不满足(3)中方程 $x_3+4x_4=0$,故(2)与(3)不同解.

现在来看 $\boldsymbol{A},\boldsymbol{B},\boldsymbol{C}$ 对应的方程组

(4) $\begin{cases} x_1-3x_2+x_5=0, \\ x_3-x_5=0, \\ x_4+2x_5=0. \end{cases}$　(5) $\begin{cases} x_1-3x_2+2x_4=0, \\ x_3-x_4=0, \\ x_5=0. \end{cases}$

(6) $\begin{cases} x_1-3x_2+2x_4=0, \\ x_3+4x_4=0, \\ x_5=0. \end{cases}$

当加上 $x_5=0$ 时,(1),(2),(3)的解就是(4),(5),(6)的解.

故(5)有解 $x_1=2,x_2=0,x_3=-1,x_4=-1,x_5=0$,该解不是(4)的解,因为不满足(4)的方程 $x_4+2x_5=0$.

同理(6)有解 $x_1=2,x_2=0,x_3=4,x_4=-1,x_5=0$,也不是(4)的解.

(5)的解 $x_1=2,x_2=0,x_3=-1,x_4=-1,x_5=0$ 不是(6)的解,因为不满足(6)的方程 $x_3+4x_4=0$.

故(4),(5),(6),即 $\boldsymbol{A},\boldsymbol{B},\boldsymbol{C}$ 对应的齐次方程组都不同解. □

定理 1.4　(1) 简化阶梯形矩阵非零行数小于列数,则对应齐次方程组有非零解.

(2) 相同行相同列的不同简化阶梯形矩阵对应的齐次方程组有不同的解.

证明　(1) 由定理 1.2 知该结论成立.

(2) 设 $\boldsymbol{A}$ 和 $\boldsymbol{B}$ 为 $m\times n$ 阶的不同简化阶梯形矩阵,考虑最左边的不同列第 k 列,则两个矩阵的第 1 列到第 $k-1$ 列完全一样,且 $\boldsymbol{A}$ 与 $\boldsymbol{B}$ 第 k 列至少有一个是非首元素对应的列.

不妨设 $\boldsymbol{A}$ 的第 k 列对应非首元素,则令 $x_{k+1}=\cdots=x_n=0$,可得未知量为 $x_1,\cdots,x_k$ 的 $\boldsymbol{A}$ 对应的缩小的方程组,即 $\boldsymbol{A}$ 的前 k 列对应的方程组.设前 $k-1$ 列有 r 个非零

行，不妨设非零行首元素为 $x_1, x_2, \cdots, x_r$，则方程组为

$$\begin{cases} x_1 \qquad + a_{1,r+1}x_{r+1} + \cdots + a_{1,k-1}x_{k-1} + a_{1k}x_k = 0, \\ \quad x_2 \quad + a_{2,r+1}x_{r+1} + \cdots + a_{2,k-1}x_{k-1} + a_{2k}x_k = 0, \\ \qquad \vdots \\ \qquad x_r + a_{r,r+1}x_{r+1} + \cdots + a_{r,k-1}x_{k-1} + a_{rk}x_k = 0. \end{cases} \tag{$*$}$$

若 $\boldsymbol{B}$ 的第 k 列是首元素对应的列，则令 $x_{k+1} = \cdots = x_n = 0$，由于 $\boldsymbol{A}$ 与 $\boldsymbol{B}$ 前 $k-1$ 列完全一样，故得未知量为 $x_1, \cdots, x_k$ 的 $\boldsymbol{B}$ 对应的缩小的方程组，也即 $\boldsymbol{B}$ 的前 k 列对应的方程组.

$$\begin{cases} x_1 \qquad + a_{1,r+1}x_{r+1} + \cdots + a_{1,k-1}x_{k-1} \quad = 0, \\ \quad x_2 \quad + a_{2,r+1}x_{r+1} + \cdots + a_{2,k-1}x_{k-1} \quad = 0, \\ \qquad \vdots \\ \qquad x_r + a_{r,r+1}x_{r+1} + \cdots + a_{r,k-1}x_{k-1} \quad = 0, \\ \qquad\qquad\qquad\qquad x_k = 0. \end{cases} \tag{$**$}$$

显然，($*$)中取 $x_k = -1$ 时有解 $x_1 = a_{1k}, \cdots, x_r = a_{rk}, x_{r+1} = \cdots = x_{k-1} = 0$，$x_k = -1$，但不是($**$)的解，因为不满足($**$)的方程 $x_k = 0$. 故加上 $x_{k+1} = \cdots = x_n = 0$ 后，$\boldsymbol{A}$ 对应的齐次方程组有解不满足 $\boldsymbol{B}$ 对应的齐次方程组，故不同解.

若 $\boldsymbol{B}$ 的第 k 列是非首元素对应的列，与 $\boldsymbol{A}$ 前 $k-1$ 列相同，第 k 列不同. 令 $x_{k+1} = \cdots = x_n = 0$ 可得未知量 $x_1, \cdots, x_k$ 的 $\boldsymbol{B}$ 对应的缩小的方程组，

$$\begin{cases} x_1 \qquad + a_{1,r+1}x_{r+1} + \cdots + a_{1,k-1}x_{k-1} + b_{1k}x_k = 0, \\ \quad x_2 \quad + a_{2,r+1}x_{r+1} + \cdots + a_{2,k-1}x_{k-1} + b_{2k}x_k = 0, \\ \qquad \vdots \\ \qquad x_r + a_{r,r+1}x_{r+1} + \cdots + a_{r,k-1}x_{k-1} + b_{rk}x_k = 0, \end{cases} \tag{$***$}$$

其中 $b_{1k}, b_{2k}, \cdots, b_{rk}$ 不同于 $a_{1k}, a_{2k}, \cdots, a_{rk}$.

($*$)中的解 $x_1 = a_{1k}, \cdots, x_r = a_{rk}, x_{r+1} = \cdots = x_{k-1} = 0, x_k = -1$ 不是($***$)的解，否则有 $a_{1k} = b_{1k}, a_{2k} = b_{2k}, \cdots, a_{rk} = b_{rk}$，与 $\boldsymbol{A}$ 和 $\boldsymbol{B}$ 的第 k 列不同的假设矛盾，故加上 $x_{k+1} = \cdots = x_n = 0$ 后，$\boldsymbol{A}$ 和 $\boldsymbol{B}$ 对应的齐次方程组不同解. □

接下来我们考虑用初等行变换将矩阵化简，化成简化阶梯形矩阵. 我们先来看一个例子.

【例 1.10】 将矩阵 $\boldsymbol{A}$ 通过一系列的初等行变换化成简化阶梯形矩阵，其中

$$\boldsymbol{A} = \begin{pmatrix} 0 & 0 & 2 & -1 & 11 & 0 \\ 0 & 2 & 14 & 3 & 5 & -4 \\ 0 & 1 & 8 & 1 & 2 & -4 \\ 0 & 5 & 18 & 16 & -54 & -1 \end{pmatrix}.$$

解 $\boldsymbol{A}$ 的第一列为零列,第二列为非零列,在第二列找一个非零元素如 1,然后该行(第三行)与第一行交换,即

$$\boldsymbol{A}=\begin{pmatrix}0&0&2&-1&11&0\\0&2&14&3&5&-4\\0&1&8&1&2&-4\\0&5&18&16&-54&-1\end{pmatrix}\xrightarrow{r_1\leftrightarrow r_3}\begin{pmatrix}0&1&8&1&2&-4\\0&2&14&3&5&-4\\0&0&2&-1&11&0\\0&5&18&16&-54&-1\end{pmatrix}=\boldsymbol{A}_2.$$

将矩阵 $\boldsymbol{A}_2$ 第二列中 1 下面的元素全部消去为 0,即

$$\boldsymbol{A}_2\xrightarrow{r_2-2r_1}\begin{pmatrix}0&1&8&1&2&-4\\0&0&-2&1&1&4\\0&0&2&-1&11&0\\0&5&18&16&-54&-1\end{pmatrix}\xrightarrow{r_4-5r_1}\begin{pmatrix}0&1&8&1&2&-4\\0&0&-2&1&1&4\\0&0&2&-1&11&0\\0&0&-22&11&-64&19\end{pmatrix}=\boldsymbol{A}_3.$$

再对 $\boldsymbol{A}_3$ 的下面 3 行构成的矩阵做上述同样的简化步骤,如下

$$\boldsymbol{A}_3\xrightarrow{r_3+r_2}\begin{pmatrix}0&1&8&1&2&-4\\0&0&-2&1&1&4\\0&0&0&0&12&4\\0&0&-22&11&-64&19\end{pmatrix}\xrightarrow{r_4-11r_2}\begin{pmatrix}0&1&8&1&2&-4\\0&0&-2&1&1&4\\0&0&0&0&12&4\\0&0&0&0&-75&-25\end{pmatrix}=\boldsymbol{A}_4.$$

再对 $\boldsymbol{A}_4$ 的下面两行构成的矩阵做简化步骤,如下

$$\boldsymbol{A}_4\xrightarrow{r_4+\frac{25}{4}r_3}\begin{pmatrix}0&1&8&1&2&-4\\0&0&-2&1&1&4\\0&0&0&0&12&4\\0&0&0&0&0&0\end{pmatrix}=\boldsymbol{A}_5.$$

矩阵 $\boldsymbol{A}_5$ 就是阶梯形矩阵. 进一步,将每一个非零行除以该行首元素的值

$$\boldsymbol{A}_5\xrightarrow[r_3\div 12]{r_2\div(-2)}\begin{pmatrix}0&1&8&1&2&-4\\0&0&1&-1/2&-1/2&-2\\0&0&0&0&1&1/3\\0&0&0&0&0&0\end{pmatrix}=\boldsymbol{A}_6.$$

再消去每一个非零行首元素 1 所在列上面的非零元素,如下

$$\boldsymbol{A}_6\xrightarrow{r_1-8r_2}\begin{pmatrix}0&1&0&5&6&12\\0&0&1&-1/2&-1/2&-2\\0&0&0&0&1&1/3\\0&0&0&0&0&0\end{pmatrix}\xrightarrow[r_2+\frac{1}{2}r_3]{r_1-6r_3}\begin{pmatrix}0&1&0&5&0&10\\0&0&1&-1/2&0&-11/6\\0&0&0&0&1&1/3\\0&0&0&0&0&0\end{pmatrix}=\boldsymbol{A}_7.$$

最后得到简化阶梯形矩阵 $\boldsymbol{A}_7$. □

定理 1.5　矩阵一定能通过一系列的初等行变换化成阶梯形矩阵,进一步可化成简化阶梯形矩阵,并且一个矩阵通过初等行变换得到的简化阶梯形矩阵是唯一的.

证明　设有矩阵

$$\boldsymbol{A}=\begin{pmatrix} a_{11} & a_{12} & \cdots & a_{1n} \\ a_{21} & a_{22} & \cdots & a_{2n} \\ \vdots & \vdots & & \vdots \\ a_{m1} & a_{m2} & \cdots & a_{mn} \end{pmatrix}.$$

若 $\boldsymbol{A}$ 是零矩阵,则结论成立.

现在考虑 $\boldsymbol{A}$ 非零,先用数学归纳法证明任意矩阵可以用初等行变换化为简化阶梯形矩阵.

设 $m=1$ 时,矩阵只有一行,该行除以首元素即得一行的简化阶梯形矩阵.

假设 $m=k\geqslant 1$ 时,结论成立,即矩阵可以化成简化阶梯形矩阵.

当 $m=k+1$ 时,若 $\boldsymbol{A}$ 的第一个非零列为第 j 列($j\geqslant 1$),在第 j 列中找非零元素,并将找到的非零元素所在行与第一行交换,则得矩阵

$$\boldsymbol{B}=\begin{pmatrix} 0 & \cdots & 0 & b_{1j} & \cdots & b_{1n} \\ 0 & \cdots & 0 & b_{2j} & \cdots & b_{2n} \\ \vdots & & \vdots & \vdots & & \vdots \\ 0 & \cdots & 0 & b_{mj} & \cdots & b_{mn} \end{pmatrix},\text{其中 } b_{1j}\neq 0.$$

将第一行乘以某个倍数加到下面各行上使得原来的 b_{ij} 元素消为 0,然后第一行除以 b_{1j} 得矩阵

$$\boldsymbol{B}_2=\left(\begin{array}{ccccccc} 0 & \cdots & 0 & 1 & b'_{1,j+1} & \cdots & b'_{1n} \\ \hline 0 & \cdots & 0 & 0 & b'_{2,j+1} & \cdots & b'_{2n} \\ \vdots & & \vdots & \vdots & \vdots & & \vdots \\ 0 & \cdots & 0 & 0 & b'_{m,j+1} & \cdots & b'_{mn} \end{array}\right),$$

利用归纳假设可以将 $\boldsymbol{B}_2$ 方框中的 $m-1=k$ 行的矩阵部分化成简化阶梯形矩阵,设 $\boldsymbol{B}_2$ 此时变成矩阵

$$\boldsymbol{C}=\left(\begin{array}{ccccccccccccccc} 0 & \cdots & 0 & 1 & b'_{1,j+1} & \cdots & b'_{1,j+t-1} & b'_{1,j+t} & \cdots & b'_{2,j+u-1} & b'_{1,j+u} & \cdots & b'_{1,j+s-1} & \cdots & b'_{1n} \\ \hline 0 & \cdots & 0 & 0 & 0 & \cdots & 1 & c_{2,j+t} & \cdots & 0 & c_{2,j+u} & \cdots & 0 & \cdots & c_{2n} \\ 0 & \cdots & 0 & 0 & 0 & \cdots & 0 & 0 & \cdots & 1 & c_{3,j+u} & \cdots & 0 & \cdots & c_{3n} \\ \vdots & & \vdots & \vdots & \vdots & & \vdots & \vdots & & & & & \vdots & & \vdots \\ 0 & \cdots & 0 & 0 & 0 & \cdots & 0 & 0 & \cdots & 0 & 0 & \cdots & 1 & \cdots & c_{rn} \\ 0 & \cdots & 0 & 0 & 0 & \cdots & 0 & 0 & \cdots & 0 & 0 & \cdots & 0 & \cdots & 0 \end{array}\right).$$

对矩阵 $\boldsymbol{C}$ 再做初等行变换:$\boldsymbol{C}$ 第 2 行开始的所有非零行乘以一个数加到 $\boldsymbol{C}$ 的第一行使得 $\boldsymbol{C}$ 的第 2 行开始的非零行的所有首元素 1 所在列的第一行 $b'_{1,j+t-1}$,$b'_{1,j+u-1}$,$b'_{1,j+s-1}$ 等元素消为 0,最后就得到简化阶梯形矩阵. 显然简化阶梯形矩阵也是阶梯形矩阵.

现在证明简化阶梯形矩阵是唯一的.

假设矩阵化成两个不同的简化阶梯形矩阵,利用定理 1.4(2),则对应的齐次方程组不同解,但是两个简化阶梯形矩阵对应的都是原矩阵对应齐次方程组的同解方程组,产生矛盾,故简化阶梯形矩阵是唯一的. □

前面我们说过方程组化成最简方程组后,有些方程会消失,最后剩下几个有效方程.

相应于简化阶梯形矩阵,剩下的有效方程对应非零行,消失的方程对应零行. 进一步,这个非零行个数,即有效方程个数对于齐次方程组和非齐次方程组来说都很重要,它决定了方程组的解集的大小.

另外,矩阵所化成的阶梯形矩阵非零行个数显然与化成的简化阶梯形矩阵的非零行个数是相同.

【注 1.3】 为描述方便,矩阵 $\boldsymbol{A}$ 经过一系列的初等行变换变成的阶梯形矩阵的非零行个数记为 $\mathrm{r}(\boldsymbol{A})$.

若一个非齐次方程组,系数矩阵记为 $\boldsymbol{A}$,方程组右端列记为 $\boldsymbol{b}$,则增广矩阵可以记为 $(\boldsymbol{A},\boldsymbol{b})$,$\boldsymbol{b}$ 为增广列.

定理 1.6 **若方程组有 n 个未知量,其系数矩阵为 $\boldsymbol{A}$,增广矩阵为 $(\boldsymbol{A},\boldsymbol{b})$,则 $\mathrm{r}(\boldsymbol{A})\leqslant n$,$\mathrm{r}(\boldsymbol{A},\boldsymbol{b})\leqslant n+1$. 方程组有解的充要条件是 $\mathrm{r}(\boldsymbol{A},\boldsymbol{b})=\mathrm{r}(\boldsymbol{A})$,其中当 $\mathrm{r}(\boldsymbol{A},\boldsymbol{b})=\mathrm{r}(\boldsymbol{A})=n$ 时有唯一解,当 $\mathrm{r}(\boldsymbol{A},\boldsymbol{b})=\mathrm{r}(\boldsymbol{A})<n$ 时有无穷多组解. 齐次方程组系数矩阵为 $\boldsymbol{A}$,则齐次方程组有非零解的充要条件是 $\mathrm{r}(\boldsymbol{A})<n$.**

证明 设方程组为

$$\begin{cases} a_{11}x_1+a_{12}x_2+\cdots+a_{1n}x_n=b_1, \\ a_{21}x_1+a_{22}x_2+\cdots+a_{2n}x_n=b_2, \\ \qquad\qquad\vdots \\ a_{m1}x_1+a_{m2}x_2+\cdots+a_{mn}x_n=b_m, \end{cases}$$

则系数矩阵为 $\boldsymbol{A}=\begin{pmatrix} a_{11} & a_{12} & \cdots & a_{1n} \\ a_{21} & a_{22} & \cdots & a_{2n} \\ \vdots & \vdots & & \vdots \\ a_{m1} & a_{m2} & \cdots & a_{mn} \end{pmatrix}$,增广矩阵为 $(\boldsymbol{A},\boldsymbol{b})=\left(\begin{array}{cccc:c} a_{11} & a_{12} & \cdots & a_{1n} & b_1 \\ a_{21} & a_{22} & \cdots & a_{2n} & b_2 \\ \vdots & \vdots & & \vdots & \vdots \\ a_{m1} & a_{m2} & \cdots & a_{mn} & b_m \end{array}\right)$.

$(\boldsymbol{A},\boldsymbol{b})$ 经过一系列的初等行变换化成阶梯形矩阵(必要时交换列和未知量)为

$$
(\boldsymbol{B},\boldsymbol{d})=\left(\begin{array}{ccccccc:c}
1 & 0 & \cdots & 0 & b_{1,r+1} & \cdots & b_{1n} & d_1 \\
0 & 1 & \cdots & 0 & b_{2,r+1} & \cdots & b_{2n} & d_2 \\
\vdots & \vdots & & \vdots & \vdots & & \vdots & \vdots \\
0 & 0 & \cdots & 1 & b_{r,r+1} & \cdots & b_{rn} & d_r \\
0 & 0 & \cdots & 0 & 0 & \cdots & 0 & d_{r+1} \\
0 & 0 & \cdots & 0 & 0 & \cdots & 0 & 0 \\
\vdots & \vdots & & \vdots & \vdots & & \vdots & \vdots \\
0 & 0 & \cdots & 0 & 0 & \cdots & 0 & 0
\end{array}\right),
$$

对应同解方程组为 $\begin{cases} x_1 \qquad +b_{1,r+1}x_{r+1}+\cdots+b_{1,n}x_n=d_1, \\ \quad x_2 \quad +b_{2,r+1}x_{r+1}+\cdots+b_{2n}x_n=d_2, \\ \qquad\qquad \vdots \\ \qquad x_r+b_{r,r+1}x_{r+1}+\cdots+b_{rn}x_n=d_r, \\ \qquad\qquad\qquad\qquad\qquad 0=d_{r+1}. \end{cases}$

因为 $\boldsymbol{B}$ 为 $\boldsymbol{A}$ 化成的阶梯形矩阵，有 r 个非零行，故 $\mathrm{r}(\boldsymbol{A})=r$.

由于 $\boldsymbol{B}$ 中每一行的下面一行至少向右缩进一列，故 $\boldsymbol{B}$ 中最多有 n 个非零行，故 $\mathrm{r}(\boldsymbol{A})=r\leqslant n$. 同理 $\mathrm{r}(\boldsymbol{A},\boldsymbol{b})\leqslant n+1$.

若 $d_{r+1}\neq 0$，则 $(\boldsymbol{A},\boldsymbol{b})$ 化成的阶梯形矩阵非零行有 $r+1$ 个，故 $\mathrm{r}(\boldsymbol{A},\boldsymbol{b})=r+1\neq r=\mathrm{r}(\boldsymbol{A})$，此时同解方程组有矛盾方程 $0=d_{r+1}$，所以方程组无解.

若 $d_{r+1}=0$，则 $(\boldsymbol{A},\boldsymbol{b})$ 化成的阶梯形矩阵非零行仍然是 r 个，故 $\mathrm{r}(\boldsymbol{A},\boldsymbol{b})=r=\mathrm{r}(\boldsymbol{A})$，此时可以令 $x_{r+1}=x_{r+2}=\cdots=x_n=0$，得到 $x_1=d_1,x_2=d_2,\cdots,x_r=d_r$，故方程组有解

$$x_1=d_1,x_2=d_2,\cdots,x_r=d_r,x_{r+1}=x_{r+2}=\cdots=x_n=0.$$

当 $\mathrm{r}(\boldsymbol{A},\boldsymbol{b})=\mathrm{r}(\boldsymbol{A})=n$ 时，化成的同解方程组为

$$x_1=d_1,x_2=d_2,\cdots,x_n=d_n.$$

有唯一解.

当 $\mathrm{r}(\boldsymbol{A},\boldsymbol{b})=\mathrm{r}(\boldsymbol{A})=r<n$ 时，同解方程组中方程数只有 r 个，只能确定 r 个未知量，这样就有多余的未知量 $x_{r+1},x_{r+2},\cdots,x_n$，取 $x_{r+1}=x_{r+2}=\cdots=x_{n-1}=0,x_n=-t$，则有 $x_1=d_1+tb_{1n},x_2=d_2+tb_{2n},\cdots,x_r=d_r+tb_{rn}$，$t$ 可取任意值，则方程组有无穷多组解

$$x_1=d_1+tb_{1n},x_2=d_2+tb_{2n},\cdots,x_r=d_r+tb_{rn},$$
$$x_{r+1}=x_{r+2}=\cdots=x_{n-1}=0,x_n=-t.$$

对于齐次方程组，必有零解，当 $\mathrm{r}(\boldsymbol{A})=n$ 时只有零解，当 $\mathrm{r}(\boldsymbol{A})<n$ 时有无穷多组非零解. □

【例 1.11】 判断方程组

$$\begin{cases} x_1+5x_2+x_3=3, \\ 2x_1+2x_2+3x_3=-3, \\ x_1+3x_2-x_3=3 \end{cases}$$

是否有解.

解 $(\boldsymbol{A},\boldsymbol{b})=\left(\begin{array}{ccc:c} 1 & 5 & 1 & 3 \\ 2 & 2 & 3 & -3 \\ 1 & 3 & -1 & 3 \end{array}\right)\rightarrow\left(\begin{array}{ccc:c} 0 & 2 & 2 & 0 \\ 0 & -4 & 5 & -9 \\ 1 & 3 & -1 & 3 \end{array}\right)\rightarrow\left(\begin{array}{ccc:c} 1 & 0 & 0 & -1 \\ 0 & 1 & 0 & 1 \\ 0 & 0 & 1 & -1 \end{array}\right)$,

$$\mathrm{r}(\boldsymbol{A})=\mathrm{r}(\boldsymbol{A},\boldsymbol{b})=3,$$

故有唯一解. □

矩阵变换时初等变换的符号表示以后一般省略。

【例 1.12】 判断方程组

$$\begin{cases} x_1+2x_2+3x_3=-1, \\ 4x_1+3x_2+x_3=1, \\ 2x_1-x_2-5x_3=3 \end{cases}$$

是否有解.

解 $(\boldsymbol{A},\boldsymbol{b})=\left(\begin{array}{ccc:c} 1 & 2 & 3 & -1 \\ 4 & 3 & 1 & 1 \\ 2 & -1 & -5 & 3 \end{array}\right)\rightarrow\left(\begin{array}{ccc:c} 1 & 2 & 3 & -1 \\ 0 & -5 & -11 & 5 \\ 0 & -5 & -11 & 5 \end{array}\right)\rightarrow$

$\left(\begin{array}{ccc:c} 1 & 2 & 3 & -1 \\ 0 & -5 & -11 & 5 \\ 0 & 0 & 0 & 0 \end{array}\right)$, $\mathrm{r}(\boldsymbol{A})=\mathrm{r}(\boldsymbol{A},\boldsymbol{b})=2<3$,

故方程组有无穷多组解. □

【例 1.13】 判断方程组

$$\begin{cases} x_1+2x_2+3x_3=1, \\ 4x_1+3x_2+x_3=1, \\ 2x_1-x_2-5x_3=1 \end{cases}$$

是否有解.

解 $(\boldsymbol{A},\boldsymbol{b})=\left(\begin{array}{ccc:c} 1 & 2 & 3 & 1 \\ 4 & 3 & 1 & 1 \\ 2 & -1 & -5 & 1 \end{array}\right)\rightarrow\left(\begin{array}{ccc:c} 1 & 2 & 3 & 1 \\ 0 & -5 & -11 & -3 \\ 0 & -5 & -11 & -1 \end{array}\right)\rightarrow\left(\begin{array}{ccc:c} 1 & 2 & 3 & 1 \\ 0 & -5 & -11 & -3 \\ 0 & 0 & 0 & 2 \end{array}\right)$,

$$\mathrm{r}(\boldsymbol{A})=2<\mathrm{r}(\boldsymbol{A},\boldsymbol{b})=3,$$

故方程组无解. □

1.3 向量组的冗余——方程组的冗余

我们再来看用初等行变换的方式解方程组.

【例 1.14】 解方程组

$$\begin{cases} x_1 - x_2 + x_3 = 0, \\ 3x_1 - x_2 - 3x_3 = 0, \\ x_1 - 3x_2 + 7x_3 = 0. \end{cases}$$

解 $\begin{pmatrix} 1 & -1 & 1 \\ 3 & -1 & -3 \\ 1 & -3 & 7 \end{pmatrix} \xrightarrow{r_2 - 3r_1} \begin{pmatrix} 1 & -1 & 1 \\ 0 & 2 & -6 \\ 1 & -3 & 7 \end{pmatrix} \xrightarrow{r_3 - r_1} \begin{pmatrix} 1 & -1 & 1 \\ 0 & 2 & -6 \\ 0 & -2 & 6 \end{pmatrix} \xrightarrow{r_3 + r_2}$

$$\begin{pmatrix} 1 & -1 & 1 \\ 0 & 2 & -6 \\ 0 & 0 & 0 \end{pmatrix} \xrightarrow{r_2 \div 2} \begin{pmatrix} 1 & -1 & 1 \\ 0 & 1 & -3 \\ 0 & 0 & 0 \end{pmatrix} \xrightarrow{r_1 + r_2} \begin{pmatrix} 1 & 0 & -2 \\ 0 & 1 & -3 \\ 0 & 0 & 0 \end{pmatrix}.$$

最后矩阵对应方程组为

$$\begin{cases} x_1 - 2x_3 = 0, \\ x_2 - 3x_3 = 0. \end{cases}$$

将 x_3 移到右边并设 $x_3 = t \in \mathbf{R}$,则解为

$$\begin{cases} x_1 = 2t, \\ x_2 = 3t, \quad t \in \mathbf{R}. \\ x_3 = t, \end{cases}$$ □

该题有 3 个方程,但是最后简化出来的方程组中只有两个方程,即该方程组只有两个有效方程,有一个方程是多余的方程. 下面,我们分析一个方程组到底是否有多余方程,哪些方程是多余的方程.

由于方程组的方程与相应矩阵的行一一对应,所以方程的关系可以用行的关系表现出来,多余的方程可以用多余的行表现出来.

我们通过该题的解答过程来进行分析. 首先该题的解答过程就是行的变换过程. 可以用符号表示原矩阵的行:

$$\boldsymbol{\alpha}_1 = (1, -1, 1), \boldsymbol{\alpha}_2 = (3, -1, -3), \boldsymbol{\alpha}_3 = (1, -3, 7),$$

初始时矩阵的三行为

$$\boldsymbol{r}_1 = \boldsymbol{\alpha}_1, \boldsymbol{r}_2 = \boldsymbol{\alpha}_2, \boldsymbol{r}_3 = \boldsymbol{\alpha}_3,$$

每一次的变换，矩阵的三行 $\boldsymbol{r}_1,\boldsymbol{r}_2,\boldsymbol{r}_3$ 都会有若干行发生变化，变化用表格显示如下.

表 1.1　例 1.14 中方程组矩阵写法中行的变化

初等行变换	各行表示式
初始	$\boldsymbol{r}_1=\boldsymbol{\alpha}_1$ $\boldsymbol{r}_2=\boldsymbol{\alpha}_2$ $\boldsymbol{r}_3=\boldsymbol{\alpha}_3$
$\boldsymbol{r}_2-3\boldsymbol{r}_1$	$\boldsymbol{r}_1=\boldsymbol{\alpha}_1$ $\boldsymbol{r}_2=-3\boldsymbol{\alpha}_1+\boldsymbol{\alpha}_2$ $\boldsymbol{r}_3=\boldsymbol{\alpha}_3$
$\boldsymbol{r}_3-\boldsymbol{r}_1$	$\boldsymbol{r}_1=\boldsymbol{\alpha}_1$ $\boldsymbol{r}_2=-3\boldsymbol{\alpha}_1+\boldsymbol{\alpha}_2$ $\boldsymbol{r}_3=-\boldsymbol{\alpha}_1+\boldsymbol{\alpha}_3$
$\boldsymbol{r}_3+\boldsymbol{r}_2$	$\boldsymbol{r}_1=\boldsymbol{\alpha}_1$ $\boldsymbol{r}_2=-3\boldsymbol{\alpha}_1+\boldsymbol{\alpha}_2$ $\boldsymbol{r}_3=-4\boldsymbol{\alpha}_1+\boldsymbol{\alpha}_2+\boldsymbol{\alpha}_3$
$\boldsymbol{r}_2\div 2$	$\boldsymbol{r}_1=\boldsymbol{\alpha}_1$ $\boldsymbol{r}_2=-\frac{3}{2}\boldsymbol{\alpha}_1+\frac{1}{2}\boldsymbol{\alpha}_2$ $\boldsymbol{r}_3=-4\boldsymbol{\alpha}_1+\boldsymbol{\alpha}_2+\boldsymbol{\alpha}_3$
$\boldsymbol{r}_1+\boldsymbol{r}_2$	$\boldsymbol{r}_1=-\frac{1}{2}\boldsymbol{\alpha}_1+\frac{1}{2}\boldsymbol{\alpha}_2$ $\boldsymbol{r}_2=-\frac{3}{2}\boldsymbol{\alpha}_1+\frac{1}{2}\boldsymbol{\alpha}_2$ $\boldsymbol{r}_3=-4\boldsymbol{\alpha}_1+\boldsymbol{\alpha}_2+\boldsymbol{\alpha}_3$

由于 $\boldsymbol{r}_3$ 化出了零行，故有

$$\boldsymbol{r}_3=-4\boldsymbol{\alpha}_1+\boldsymbol{\alpha}_2+\boldsymbol{\alpha}_3=(0,0,0).$$

于是有

$$\boldsymbol{\alpha}_3=4\boldsymbol{\alpha}_1-\boldsymbol{\alpha}_2,$$

即 $\boldsymbol{\alpha}_3$ 是多余的行，或者对应的原方程组的方程(3)是多余的方程，可以由 4 倍的方程(1)减去方程(2)得到. 当然此方程组中方程(1)或方程(2)也可以当成多余的方程.

我们看到用矩阵方式解方程组，其实就是矩阵的行相互间的操作，即初等行变换：两行交换、某行乘以非零倍数、某行的倍数加到另一行上，最后简化阶梯形矩阵的行就是原矩阵的各行倍数的和，即原矩阵各行的组合.

现在我们看看行到底是什么？行其实就是向量.

回顾一下几何空间中的向量及坐标形式，平面中的向量在建立坐标系后可以用坐标表示为(x,y)，向量的加法和数乘(向量的倍数)用坐标形式表示为：

$$(x_1,y_1)+(x_2,y_2)=(x_1+x_2,y_1+y_2),$$
$$k(x,y)=(kx,ky) \quad (\text{向量的 } k \text{ 倍}).$$

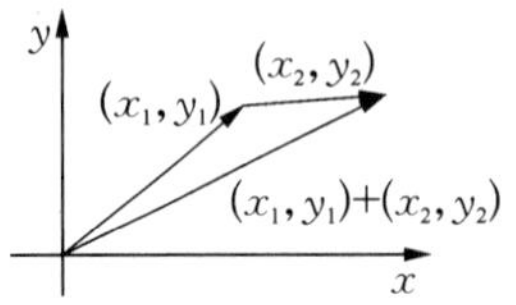

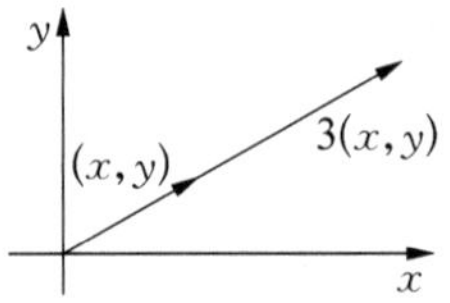

若是三维空间中的向量,可以用坐标表示为(x,y,z),向量加法和数乘表示为

$$(x_1,y_1,z_1)+(x_2,y_2,z_2)=(x_1+x_2,y_1+y_2,z_1+z_2),$$
$$k(x,y,z)=(kx,ky,kz).$$

矩阵的初等行变换,就是将矩阵中的多个行当成向量进行操作,即交换向量、数乘向量、一个向量的倍数加到另一个向量上.

现在我们知道,方程组有多余方程,就是对应矩阵中的向量组中有多余的向量,就是有向量可以由其他向量表示出来,此处由其他向量表示出来是指等于其他向量的倍数的和,即其他向量的组合.

判断是否有多余向量,通常想法是测试每一个向量是否可以由其他向量表示出来,但是这不是一个好的办法,因为要进行太多的测试.

例 1.14 解答中行变化的分析给了我们一个启发,我们可以通过将向量组合出 **0** 向量来判断出哪个向量是多余的向量.

就像该例子中最后有

$$\boldsymbol{r}_3=-4\boldsymbol{\alpha}_1+\boldsymbol{\alpha}_2+\boldsymbol{\alpha}_3=(0,0,0).$$

于是很容易地我们知道 $\boldsymbol{\alpha}_1,\boldsymbol{\alpha}_2,\boldsymbol{\alpha}_3$ 都可以看成多余的向量,因为它们的组合系数-4,1,1 都不是 0. 如系数为-4 的向量 $\boldsymbol{\alpha}_1$,可以将 $\boldsymbol{\alpha}_1$ 的项留在左边,其他项移到右边,然后等式两边除以-4,得

$$\boldsymbol{\alpha}_1=\frac{1}{4}\boldsymbol{\alpha}_2+\frac{1}{4}\boldsymbol{\alpha}_3,$$

这样 $\boldsymbol{\alpha}_1$ 可以由其他向量表示,$\boldsymbol{\alpha}_1$ 就是多余的向量.

于是我们可以用向量的组合等于 **0** 向量,看是否有非零组合系数来判断是否有多余的向量. 若有非零组合系数组合出 **0** 向量,则一定有多余的向量.

反之若有多余的向量,如:

$$\boldsymbol{\alpha}_3=4\boldsymbol{\alpha}_1-\boldsymbol{\alpha}_2,$$

则向量移到左边得

$$-4\boldsymbol{\alpha}_1+\boldsymbol{\alpha}_2+\boldsymbol{\alpha}_3=\boldsymbol{0},$$

此处 **0** 表示 **0** 向量. 式子中多余向量 $\boldsymbol{\alpha}_3$ 的系数为 1,为非零,故一定有非零组合系数组

合出 $\mathbf{0}$ 向量.

下面我们来判断一个方程组是否有多余的方程.

【例 1.15】 判断下列方程组是否含多余方程

$$\begin{cases} x_1 - x_2 - x_3 = 3, \\ 2x_1 - 4x_2 - 3x_3 = 9, \\ 3x_1 + x_2 - x_3 = 3. \end{cases}$$

解　方程组的增广矩阵为

$$\left(\begin{array}{ccc:c} 1 & -1 & -1 & 3 \\ 2 & -4 & -3 & 9 \\ 3 & 1 & -1 & 3 \end{array}\right),$$

3 个向量为

$$\boldsymbol{\alpha}_1 = (1, -1, -1, 3), \boldsymbol{\alpha}_2 = (2, -4, -3, 9), \boldsymbol{\alpha}_3 = (3, 1, -1, 3).$$

原方程组有多余的方程等价于 $\boldsymbol{\alpha}_1, \boldsymbol{\alpha}_2, \boldsymbol{\alpha}_3$ 有多余的向量，即

$$k_1\boldsymbol{\alpha}_1 + k_2\boldsymbol{\alpha}_2 + k_3\boldsymbol{\alpha}_3 = \mathbf{0}$$

有非零的组合系数 k_1, k_2, k_3.

将 k_1, k_2, k_3 看成未知量，则该式为

$$(k_1 + 2k_2 + 3k_3, -k_1 - 4k_2 + k_3, -k_1 - 3k_2 - k_3, 3k_1 + 9k_2 + 3k_3) = (0, 0, 0, 0),$$

即为齐次方程组

$$\begin{cases} k_1 + 2k_2 + 3k_3 = 0, \\ -k_1 - 4k_2 + k_3 = 0, \\ -k_1 - 3k_2 - k_3 = 0, \\ 3k_1 + 9k_2 + 3k_3 = 0. \end{cases}$$

解该方程组如下，

$$\begin{pmatrix} 1 & 2 & 3 \\ -1 & -4 & 1 \\ -1 & -3 & -1 \\ 3 & 9 & 3 \end{pmatrix} \xrightarrow[r_4 - 3r_1]{\substack{r_2 + r_1 \\ r_3 + r_1}} \begin{pmatrix} 1 & 2 & 3 \\ 0 & -2 & 4 \\ 0 & -1 & 2 \\ 0 & 3 & -6 \end{pmatrix} \xrightarrow[r_4 + 3r_3]{\substack{r_1 + 2r_3 \\ r_2 - 2r_3}} \begin{pmatrix} 1 & 0 & 7 \\ 0 & 0 & 0 \\ 0 & -1 & 2 \\ 0 & 0 & 0 \end{pmatrix} \xrightarrow[r_2 \leftrightarrow r_3]{r_3 \times (-1)} \begin{pmatrix} 1 & 0 & 7 \\ 0 & 1 & -2 \\ 0 & 0 & 0 \\ 0 & 0 & 0 \end{pmatrix}.$$

对应的最简方程组为

$$\begin{cases} k_1 + 7k_3 = 0, \\ k_2 - 2k_3 = 0. \end{cases}$$

令 $k_3=t$，则有 $k_1=-7t,k_2=2t,k_3=t$. 取 $t=-1$，则有非零解 $(k_1,k_2,k_3)=(7,-2,-1)$，即有组合式

$$7\boldsymbol{\alpha}_1-2\boldsymbol{\alpha}_2-\boldsymbol{\alpha}_3=\mathbf{0},$$

故方程组有多余方程. □

本例中我们看到解答过程中涉及了两个矩阵，一个是方程组的增广矩阵

$$\boldsymbol{A}=\left(\begin{array}{ccc:c}1 & -1 & -1 & 3\\ 2 & -4 & -3 & 9\\ 3 & 1 & -1 & 3\end{array}\right),$$

另一个是在求向量组合出 $\mathbf{0}$ 向量的组合系数时得到的齐次方程组对应的矩阵

$$\boldsymbol{B}=\begin{pmatrix}1 & 2 & 3\\ -1 & -4 & 1\\ -1 & -3 & -1\\ 3 & 9 & 3\end{pmatrix},$$

显然 $\boldsymbol{A}$ 的行构成了 $\boldsymbol{B}$ 的列，$\boldsymbol{A}$ 的行写成列的形式就得到了 $\boldsymbol{B}$，而 $\boldsymbol{B}$ 的行写成列的形式就得到了 $\boldsymbol{A}$，$\boldsymbol{A}$ 与 $\boldsymbol{B}$ 就是行列互换得到的矩阵，这样的矩阵关系称为转置.

定义 1.6(转置矩阵)　矩阵 $\boldsymbol{A}=(a_{ij})_{m\times n}$ 的行列进行互换得到新的矩阵 $\boldsymbol{B}=(b_{ij})_{n\times m}$，其中 $b_{ij}=a_{ji}, i=1,2,\cdots,n, j=1,2,\cdots,m$，称矩阵 $\boldsymbol{B}$ 为矩阵 $\boldsymbol{A}$ 的转置矩阵，记为 $\boldsymbol{A}^{\mathrm{T}}$ 或 $\boldsymbol{A}'$.

向量可以看成是只有一行的矩阵，将向量转置后就得到了一列形式的向量，这就是列向量，原来的向量称为行向量，行向量和列向量都能表示一个向量，只是书写形式不同而已.

练习一

1. 用矩阵形式简化写法解方程组.

(1) $\begin{cases}2x_1+x_2+4x_3=0,\\ 5x_1-3x_2-x_3=0,\\ x_1+x_2+3x_3=0.\end{cases}$　　(2) $\begin{cases}x_1+2x_2+x_3=-3,\\ 2x_1+x_2-2x_3=1,\\ 3x_1+x_2+x_3=5.\end{cases}$

2. 用矩阵形式简化写法解方程组.

(1) $\begin{cases}x_1+3x_2+x_3=0,\\ 2x_1-3x_2-2x_3=1,\\ 3x_1+x_2-5x_3=-8.\end{cases}$　　(2) $\begin{cases}x_1+x_2+2x_3+11x_4=0,\\ 3x_1+x_2+x_3+10x_4=0,\\ 2x_1-x_2-x_3=0,\\ 3x_1+3x_2+2x_3+13x_4=0.\end{cases}$

(3) $\begin{cases} 2x_1-5x_2+3x_3=-1, \\ 3x_1-8x_2+5x_3=-2, \\ x_1-3x_2+2x_3=-1. \end{cases}$　(4) $\begin{cases} x_1+2x_2+x_3=1, \\ 3x_1+3x_2+x_3=2, \\ 5x_1+x_2-x_3=3. \end{cases}$

3. 判断方程组是否有解,若有解是唯一解还是无穷多解.

(1) $\begin{cases} 2x_1+3x_2+x_3=2, \\ x_1+2x_2+3x_3=1, \\ 3x_1+4x_2+x_3=3. \end{cases}$　(2) $\begin{cases} 5x_1+x_2+2x_3=2, \\ 5x_1+3x_2-4x_3=-1, \\ 7x_1+2x_2+x_3=2. \end{cases}$

第二章 方程组的列向量形式

2.1 列向量的线性组合——方程组向量形式

从 1.3 可知，方程组的方程可以看成一个个的行向量，方程组的同解变换可以看成是一组行向量进行一系列的向量交换、向量数乘、向量数乘后加到另一个向量上. 或者当用矩阵表示方程组时，矩阵的初等行变换就是行向量的交换、数乘、倍加运算.

从 1.3 的例 1.15 还可以看到由方程组多余方程的问题引出了一个新的齐次方程组，这个齐次方程组是由表示原方程组中方程的行向量组合成 **0** 向量得到的. 原方程组的增广矩阵与引出的齐次方程组的系数矩阵正好是行列互换，即转置.

当把原来的行向量转置为列向量后，这些列向量组合出 **0** 向量与齐次方程组就有更加直观的联系，见下面由例 1.15 引出的问题.

【例 2.1】 已知 $\boldsymbol{\beta}_1=\begin{pmatrix}1\\-1\\-1\\3\end{pmatrix}$，$\boldsymbol{\beta}_2=\begin{pmatrix}2\\-4\\-3\\9\end{pmatrix}$，$\boldsymbol{\beta}_3=\begin{pmatrix}3\\1\\-1\\3\end{pmatrix}$，问 $x_1\boldsymbol{\beta}_1+x_2\boldsymbol{\beta}_2+x_3\boldsymbol{\beta}_3=\mathbf{0}$ 是否有非零的组合系数 x_1,x_2,x_3？

解
$$x_1\boldsymbol{\beta}_1+x_2\boldsymbol{\beta}_2+x_3\boldsymbol{\beta}_3=x_1\begin{pmatrix}1\\-1\\-1\\3\end{pmatrix}+x_2\begin{pmatrix}2\\-4\\-3\\9\end{pmatrix}+x_3\begin{pmatrix}3\\1\\-1\\3\end{pmatrix}=\begin{pmatrix}x_1\\-x_1\\-x_1\\3x_1\end{pmatrix}+$$
$$\begin{pmatrix}2x_2\\-4x_2\\-3x_2\\9x_2\end{pmatrix}+\begin{pmatrix}3x_3\\x_3\\-x_3\\3x_3\end{pmatrix}=\begin{pmatrix}x_1+2x_2+3x_3\\-x_1-4x_2+x_3\\-x_1-3x_2-x_3\\3x_1+9x_2+3x_3\end{pmatrix}=\begin{pmatrix}0\\0\\0\\0\end{pmatrix}.$$

此即方程组

$$\begin{cases} x_1+2x_2+3x_3=0, \\ -x_1-4x_2+\ \ x_3=0, \\ -x_1-3x_2-\ \ x_3=0, \\ 3x_1+9x_2+3x_3=0. \end{cases}$$

解该方程组

$$\begin{pmatrix} 1 & 2 & 3 \\ -1 & -4 & 1 \\ -1 & -3 & -1 \\ 3 & 9 & 3 \end{pmatrix} \xrightarrow[r_4-3r_1]{\substack{r_2+r_1 \\ r_3+r_1}} \begin{pmatrix} 1 & 2 & 3 \\ 0 & -2 & 4 \\ 0 & -1 & 2 \\ 0 & 3 & -6 \end{pmatrix} \xrightarrow[r_4+3r_3]{\substack{r_1+2r_3 \\ r_2-2r_3}} \begin{pmatrix} 1 & 0 & 7 \\ 0 & 0 & 0 \\ 0 & -1 & 2 \\ 0 & 0 & 0 \end{pmatrix} \xrightarrow[r_2\leftrightarrow r_3]{r_3\times(-1)}$$

$$\begin{pmatrix} 1 & 0 & 7 \\ 0 & 1 & -2 \\ 0 & 0 & 0 \\ 0 & 0 & 0 \end{pmatrix}.$$

对应方程组为

$$\begin{cases} x_1+7x_3=0, \\ x_2-2x_3=0. \end{cases}$$

解为

$$\begin{cases} x_1=-7t, \\ x_2=2t, \\ x_3=t, \end{cases} \quad 其中\ t\in \mathbf{R}.$$

取 $t=-1$ 得非零解 $x_1=7,x_2=-2,x_3=-1$,此即非零组合系数. □

从上述例子我们看到,组合系数未知的列向量组合成 **0** 向量,本质上就是齐次方程组. 显然组合系数未知的列向量组合成某个列向量本质上就是非齐次方程组. 反之,方程组本质上是列向量的未知组合.

现在考虑一般方程组

$$\begin{cases} a_{11}x_1+a_{12}x_2+\cdots+a_{1n}x_n=b_1, \\ a_{21}x_1+a_{22}x_2+\cdots+a_{2n}x_n=b_2, \\ \qquad\qquad\vdots \\ a_{m1}x_1+a_{m2}x_2+\cdots+a_{mn}x_n=b_m. \end{cases}$$

对应矩阵

$$(\boldsymbol{A},\boldsymbol{b})=\left(\begin{array}{cccc|c} a_{11} & a_{12} & \cdots & a_{1n} & b_1 \\ a_{21} & a_{22} & \cdots & a_{2n} & b_2 \\ \vdots & \vdots & & \vdots & \vdots \\ a_{m1} & a_{m2} & \cdots & a_{mn} & b_m \end{array}\right),$$

则每个方程：

$$a_{i1}x_1+a_{i2}x_2+\cdots+a_{in}x_n=b_i,$$

对应$(\boldsymbol{A},\boldsymbol{b})$的第 i 行，对应行向量

$$(a_{i1},a_{i2},\cdots,a_{in},b_i)，其中\ i=1,2,\cdots,m.$$

方程组每个未知量的系数以及右端常量，对应$(\boldsymbol{A},\boldsymbol{b})$的列，是列向量. 如 x_j 的系数，对应$(\boldsymbol{A},\boldsymbol{b})$的第 j 列，就是向量

$$\begin{pmatrix} a_{1j} \\ a_{2j} \\ \vdots \\ a_{mj} \end{pmatrix}，其中\ j=1,2,\cdots,n.$$

于是方程组有

$$\begin{pmatrix} b_1 \\ b_2 \\ \vdots \\ b_m \end{pmatrix}=\begin{pmatrix} a_{11}x_1+a_{12}x_2+\cdots+a_{1n}x_n \\ a_{21}x_1+a_{22}x_2+\cdots+a_{2n}x_n \\ \vdots \\ a_{m1}x_1+a_{m2}x_2+\cdots+a_{mn}x_n \end{pmatrix}=\begin{pmatrix} a_{11}x_1 \\ a_{21}x_1 \\ \vdots \\ a_{m1}x_1 \end{pmatrix}+\begin{pmatrix} a_{12}x_2 \\ a_{22}x_2 \\ \vdots \\ a_{m2}x_2 \end{pmatrix}+\cdots+$$

$$\begin{pmatrix} a_{1n}x_n \\ a_{2n}x_n \\ \vdots \\ a_{mn}x_n \end{pmatrix}=x_1\begin{pmatrix} a_{11} \\ a_{21} \\ \vdots \\ a_{m1} \end{pmatrix}+x_2\begin{pmatrix} a_{12} \\ a_{22} \\ \vdots \\ a_{m2} \end{pmatrix}+\cdots+x_n\begin{pmatrix} a_{1n} \\ a_{2n} \\ \vdots \\ a_{mn} \end{pmatrix}.$$

即方程组可以写成列向量方程的形式

$$x_1\boldsymbol{\alpha}_1+x_2\boldsymbol{\alpha}_2+\cdots+x_n\boldsymbol{\alpha}_n=\boldsymbol{b},$$

其中

$$\boldsymbol{\alpha}_1=\begin{pmatrix} a_{11} \\ a_{21} \\ \vdots \\ a_{m1} \end{pmatrix},\boldsymbol{\alpha}_2=\begin{pmatrix} a_{12} \\ a_{22} \\ \vdots \\ a_{m2} \end{pmatrix},\cdots,\boldsymbol{\alpha}_n=\begin{pmatrix} a_{1n} \\ a_{2n} \\ \vdots \\ a_{mn} \end{pmatrix},\boldsymbol{b}=\begin{pmatrix} b_1 \\ b_2 \\ \vdots \\ b_m \end{pmatrix}.$$

对于一般的齐次线性方程组

$$\begin{cases} a_{11}x_1+a_{12}x_2+\cdots+a_{1n}x_n=0, \\ a_{21}x_1+a_{22}x_2+\cdots+a_{2n}x_n=0, \\ \qquad\qquad\vdots \\ a_{m1}x_1+a_{m2}x_2+\cdots+a_{mn}x_n=0, \end{cases}$$

其列向量方程的形式就是

$$x_1\boldsymbol{\alpha}_1+x_2\boldsymbol{\alpha}_2+\cdots+x_n\boldsymbol{\alpha}_n=\mathbf{0},$$

此处 **0** 表示 **0** 向量.

定义 2.1(向量、行向量、列向量)　一个有序的含 n 个元素 $a_1,a_2,\cdots,a_n$ 的数组称为 n 维向量,向量可以写成行的形式

$$(a_1,a_2,\cdots,a_n),$$

称为行向量,也可以写成列的形式

$$\begin{pmatrix} a_1 \\ a_2 \\ \vdots \\ a_n \end{pmatrix}=(a_1,a_2,\cdots,a_n)^{\mathrm{T}},$$

称为列向量,行向量和列向量统称向量. 向量中的每个元素 $a_1,a_2,\cdots,a_n$ 称为向量的分量.

由于列向量使用起来更加方便,故本书中我们默认使用的向量都是列向量,除非我们特意指出是行向量.

定义 2.2(向量的加法、减法、数乘)　向量

$$\boldsymbol{\alpha}=\begin{pmatrix} a_1 \\ a_2 \\ \vdots \\ a_n \end{pmatrix} 与 \boldsymbol{\beta}=\begin{pmatrix} b_1 \\ b_2 \\ \vdots \\ b_n \end{pmatrix}$$

的加法定义为

$$\boldsymbol{\alpha}+\boldsymbol{\beta}=\begin{pmatrix} a_1+b_1 \\ a_2+b_2 \\ \vdots \\ a_n+b_n \end{pmatrix},$$

$\boldsymbol{\alpha}$ 与 $\boldsymbol{\beta}$ 的减法定义为

$$\boldsymbol{\alpha}-\boldsymbol{\beta}=\begin{pmatrix} a_1-b_1 \\ a_2-b_2 \\ \vdots \\ a_n-b_n \end{pmatrix},$$

实数 k 与向量 $\boldsymbol{\alpha}$ 的数乘定义为

$$k\boldsymbol{\alpha}=\begin{pmatrix} ka_1 \\ ka_2 \\ \vdots \\ ka_n \end{pmatrix}.$$

【注 2.1】 两个向量相等是指都是行向量或列向量，维数相同，对应的分量相同. 零向量用 **0** 表示. 一般向量习惯上用小写希腊字母表示.

定义 2.3(向量的线性组合、向量的线性表出)　若 $\boldsymbol{\alpha}_1,\boldsymbol{\alpha}_2,\cdots,\boldsymbol{\alpha}_m$ 为维数相同的向量组，则称

$$k_1\boldsymbol{\alpha}_1+k_2\boldsymbol{\alpha}_2+\cdots+k_m\boldsymbol{\alpha}_m$$

为向量组 $\boldsymbol{\alpha}_1,\boldsymbol{\alpha}_2,\cdots,\boldsymbol{\alpha}_m$ 的线性组合，其中 $k_1,k_2,\cdots,k_m$ 为实数，称为线性组合的组合系数. 对向量 $\boldsymbol{\beta}$ 而言，若存在实数 $k_1,k_2,\cdots,k_m$，使得

$$\boldsymbol{\beta}=k_1\boldsymbol{\alpha}_1+k_2\boldsymbol{\alpha}_2+\cdots+k_m\boldsymbol{\alpha}_m,$$

则称 $\boldsymbol{\beta}$ 可由 $\boldsymbol{\alpha}_1,\boldsymbol{\alpha}_2,\cdots,\boldsymbol{\alpha}_m$ 线性表出.

由前述可知，方程组写成向量形式(即列向量方程的形式)就是某个向量表示成一批向量的线性组合.

【例 2.2】 试用向量组 $\boldsymbol{\alpha}_1=\begin{pmatrix} 2 \\ 3 \\ -2 \end{pmatrix}$，$\boldsymbol{\alpha}_2=\begin{pmatrix} -1 \\ 2 \\ 1 \end{pmatrix}$，$\boldsymbol{\alpha}_3=\begin{pmatrix} 1 \\ -1 \\ 3 \end{pmatrix}$ 表示向量 $\boldsymbol{\beta}=\begin{pmatrix} 3 \\ 3 \\ 5 \end{pmatrix}$.

解　设 $x_1\boldsymbol{\alpha}_1+x_2\boldsymbol{\alpha}_2+x_3\boldsymbol{\alpha}_3=\boldsymbol{\beta}$，此即方程组

$$\begin{cases} 2x_1-x_2+x_3=3, \\ 3x_1+2x_2-x_3=3, \\ -2x_1+x_2+3x_3=5 \end{cases}$$

的向量形式.

解此方程组

$$\left(\begin{array}{ccc:c} 2 & -1 & 1 & 3 \\ 3 & 2 & -1 & 3 \\ -2 & 1 & 3 & 5 \end{array}\right) \to \left(\begin{array}{ccc:c} 2 & -1 & 1 & 3 \\ 1 & 3 & -2 & 0 \\ 0 & 0 & 4 & 8 \end{array}\right) \to \left(\begin{array}{ccc:c} 1 & 0 & 0 & 1 \\ 0 & 1 & 0 & 1 \\ 0 & 0 & 1 & 2 \end{array}\right),$$

解为 $x_1=1, x_2=1, x_3=2$. 故有 $\boldsymbol{\beta}=\boldsymbol{\alpha}_1+\boldsymbol{\alpha}_2+2\boldsymbol{\alpha}_3$. □

【例 2.3】 试用向量组 $\boldsymbol{\alpha}_1=\begin{pmatrix}1\\-1\\4\end{pmatrix}, \boldsymbol{\alpha}_2=\begin{pmatrix}3\\1\\2\end{pmatrix}, \boldsymbol{\alpha}_3=\begin{pmatrix}1\\1\\-1\end{pmatrix}$ 表示向量 $\boldsymbol{\beta}=\begin{pmatrix}6\\0\\9\end{pmatrix}$.

解 设 $x_1\boldsymbol{\alpha}_1+x_2\boldsymbol{\alpha}_2+x_3\boldsymbol{\alpha}_3=\boldsymbol{\beta}$,此即方程组

$$\begin{cases} x_1+3x_2+x_3=6, \\ -x_1+x_2+x_3=0, \\ 4x_1+2x_2-x_3=9. \end{cases}$$

解此方程组

$$\left(\begin{array}{ccc:c} 1 & 3 & 1 & 6 \\ -1 & 1 & 1 & 0 \\ 4 & 2 & -1 & 9 \end{array}\right) \to \left(\begin{array}{ccc:c} 1 & 3 & 1 & 6 \\ 0 & 4 & 2 & 6 \\ 0 & -10 & -5 & -15 \end{array}\right) \to \left(\begin{array}{ccc:c} 1 & 0 & -1/2 & 3/2 \\ 0 & 1 & 1/2 & 3/2 \\ 0 & 0 & 0 & 0 \end{array}\right)$$

得到其中的一个解 $x_1=2, x_2=1, x_3=1$,故有 $\boldsymbol{\beta}=2\boldsymbol{\alpha}_1+\boldsymbol{\alpha}_2+\boldsymbol{\alpha}_3$. □

【例 2.4】 试用向量组 $\boldsymbol{\alpha}_1=\begin{pmatrix}1\\2\\-1\end{pmatrix}, \boldsymbol{\alpha}_2=\begin{pmatrix}3\\5\\4\end{pmatrix}$ 表示向量 $\boldsymbol{\beta}=\begin{pmatrix}1\\1\\1\end{pmatrix}$.

解 设 $x_1\boldsymbol{\alpha}_1+x_2\boldsymbol{\alpha}_2=\boldsymbol{\beta}$,得方程组

$$\begin{cases} x_1+3x_2=1, \\ 2x_1+5x_2=1, \\ -x_1+4x_2=1. \end{cases}$$

解方程组

$$(\boldsymbol{A},\boldsymbol{b})=\left(\begin{array}{cc:c} 1 & 3 & 1 \\ 2 & 5 & 1 \\ -1 & 4 & 1 \end{array}\right) \to \left(\begin{array}{cc:c} 1 & 3 & 1 \\ 0 & -1 & -1 \\ 0 & 7 & 2 \end{array}\right) \to \left(\begin{array}{cc:c} 1 & 3 & 1 \\ 0 & 1 & 1 \\ 0 & 0 & -5 \end{array}\right),$$

因为 $\mathrm{r}(\boldsymbol{A})<\mathrm{r}(\boldsymbol{A},\boldsymbol{b})$,故方程组无解,即向量组 $\boldsymbol{\alpha}_1, \boldsymbol{\alpha}_2$ 无法组合出 $\boldsymbol{\beta}$. □

由于齐次方程组的向量形式是向量组合出 $\mathbf{0}$ 的组合问题,齐次方程组有非零解就

是向量组有非零组合系数组合出 **0** 向量，也就是向量组有多余的向量，这样的情形我们称之为向量组线性相关，反之则称线性无关.

定义 2.4(向量组的线性相关、线性无关) **对于向量组 $\boldsymbol{\alpha}_1,\boldsymbol{\alpha}_2,\cdots,\boldsymbol{\alpha}_m$，若存在不全为零的系数 $k_1,k_2,\cdots,k_m$，使得**

$$k_1\boldsymbol{\alpha}_1+k_2\boldsymbol{\alpha}_2+\cdots+k_m\boldsymbol{\alpha}_m=\boldsymbol{0},$$

则称向量组线性相关. 若只有零组合系数才能组合出零向量，称向量组线性无关.

【例 2.5】 判断向量组 $\boldsymbol{\alpha}_1=\begin{pmatrix}2\\2\\-5\end{pmatrix},\boldsymbol{\alpha}_2=\begin{pmatrix}4\\-3\\1\end{pmatrix},\boldsymbol{\alpha}_3=\begin{pmatrix}-2\\7\\-1\end{pmatrix}$ 是否线性相关.

解 设 $x_1\boldsymbol{\alpha}_1+x_2\boldsymbol{\alpha}_2+x_3\boldsymbol{\alpha}_3=\boldsymbol{0}$，即方程组

$$\begin{cases}2x_1+4x_2-2x_3=0,\\2x_1-3x_2+7x_3=0,\\-5x_1+x_2-x_3=0,\end{cases}$$

解方程组

$$\boldsymbol{A}=\begin{pmatrix}2&4&-2\\2&-3&7\\-5&1&-1\end{pmatrix}\to\begin{pmatrix}1&0&0\\0&1&0\\0&0&1\end{pmatrix},$$

对应

$$\begin{cases}x_1=0,\\x_2=0,\\x_3=0,\end{cases}$$

即齐次方程组的解只有零解，向量组合成零向量只有零组合系数，故向量组线性无关.

□

由上述例子可以看出，向量组的相关性问题是作为齐次方程组的非零解问题来求解的，而齐次方程组的非零解就是向量组的非零组合系数.

根据定理 1.6，只要系数矩阵 $\boldsymbol{A}$ 所化出的阶梯形矩阵非零行个数 $\mathrm{r}(\boldsymbol{A})$ 小于未知量个数(即向量个数)，就有非零解，向量组就线性相关. 所以我们可以直接用向量组构成的矩阵化成阶梯形矩阵，然后根据阶梯形矩阵的非零行个数是否小于列数(即向量个数)来判断向量组是否相关.

定理 2.1 **若有向量组 $\boldsymbol{\alpha}_1,\boldsymbol{\alpha}_2,\cdots,\boldsymbol{\alpha}_n$，这些向量构成矩阵 $\boldsymbol{A}=(\boldsymbol{\alpha}_1,\boldsymbol{\alpha}_2,\cdots,\boldsymbol{\alpha}_n)$，则 $\mathrm{r}(\boldsymbol{A})\leqslant n$(向量个数). 当 $\mathrm{r}(\boldsymbol{A})<n$ 时，向量组线性相关，当 $\mathrm{r}(\boldsymbol{A})=n$ 时，向量组线性无关. 特别地，当向量组的维数小于向量个数时，向量组线性相关.**

证明　判断向量组线性相关我们只要判断

$$x_1\boldsymbol{\alpha}_1+x_2\boldsymbol{\alpha}_2+\cdots+x_n\boldsymbol{\alpha}_n=\mathbf{0}$$

是否有非零组合系数 $x_1,x_2,\cdots,x_n$，而组合式 $x_1\boldsymbol{\alpha}_1+x_2\boldsymbol{\alpha}_2+\cdots+x_n\boldsymbol{\alpha}_n=\mathbf{0}$ 即是齐次方程组的向量形式.

根据定理 1.6，系数矩阵 $\mathbf{A}=(\boldsymbol{\alpha}_1,\boldsymbol{\alpha}_2,\cdots,\boldsymbol{\alpha}_n)$ 有 $\mathrm{r}(\mathbf{A})\leqslant n$，且有非零解的充要条件是 $\mathrm{r}(\mathbf{A})<n$，即向量组线性相关的充要条件是 $\mathrm{r}(\mathbf{A})<n$.

故当 $\mathrm{r}(\mathbf{A})<n$ 时，向量组线性相关，当 $\mathrm{r}(\mathbf{A})=n$ 时，向量组线性无关.

当向量组的维数 $m<$ 个数 n 时，由于 $\mathbf{A}$ 为 $m\times n$ 阶矩阵，故 $\mathrm{r}(\mathbf{A})\leqslant m<n$，向量组线性相关. □

【例 2.6】　判断 $\boldsymbol{\alpha}_1=\begin{pmatrix}2\\1\\-1\end{pmatrix},\boldsymbol{\alpha}_2=\begin{pmatrix}2\\11\\-7\end{pmatrix},\boldsymbol{\alpha}_3=\begin{pmatrix}1\\-2\\1\end{pmatrix}$ 是否线性相关.

解　$\mathbf{A}=(\boldsymbol{\alpha}_1,\boldsymbol{\alpha}_2,\boldsymbol{\alpha}_3)=\begin{pmatrix}2&2&1\\1&11&-2\\-1&-7&1\end{pmatrix}\to\begin{pmatrix}1&11&-2\\0&4&-1\\0&0&0\end{pmatrix}$，$\mathrm{r}(\mathbf{A})=2<$向量个数 3，向量组线性相关. □

【例 2.7】　若 $\boldsymbol{\alpha}_1=\begin{pmatrix}2\\1\\1\end{pmatrix},\boldsymbol{\alpha}_2=\begin{pmatrix}1\\-3\\1\end{pmatrix},\boldsymbol{\alpha}_3=\begin{pmatrix}1\\1\\-1\end{pmatrix},\boldsymbol{\alpha}_4=\begin{pmatrix}2\\-11\\7\end{pmatrix}$.

(1) 判断 $\boldsymbol{\alpha}_1,\boldsymbol{\alpha}_2,\boldsymbol{\alpha}_3$ 的相关性；　(2) 判断 $\boldsymbol{\alpha}_1,\boldsymbol{\alpha}_2,\boldsymbol{\alpha}_3,\boldsymbol{\alpha}_4$ 的相关性.

解　(1) $\mathbf{A}=(\boldsymbol{\alpha}_1,\boldsymbol{\alpha}_2,\boldsymbol{\alpha}_3)=\begin{pmatrix}2&1&1\\1&-3&1\\1&1&-1\end{pmatrix}\to\begin{pmatrix}1&1&-1\\0&-1&3\\0&0&-10\end{pmatrix}$，$\mathrm{r}(\mathbf{A})=$向量个数 3，故 $\boldsymbol{\alpha}_1,\boldsymbol{\alpha}_2,\boldsymbol{\alpha}_3$ 线性无关.

(2) 由于 $\boldsymbol{\alpha}_1,\boldsymbol{\alpha}_2,\boldsymbol{\alpha}_3,\boldsymbol{\alpha}_4$ 的维数是 3，维数小于向量个数，所以 $\boldsymbol{\alpha}_1,\boldsymbol{\alpha}_2,\boldsymbol{\alpha}_3,\boldsymbol{\alpha}_4$ 线性相关. □

【例 2.8】　若两个向量 $\boldsymbol{\alpha}_1,\boldsymbol{\alpha}_2$ 线性无关，且有

$$\boldsymbol{\beta}_1=2\boldsymbol{\alpha}_1-\boldsymbol{\alpha}_2,\boldsymbol{\beta}_2=\boldsymbol{\alpha}_1+\boldsymbol{\alpha}_2,\boldsymbol{\beta}_3=5\boldsymbol{\alpha}_1-2\boldsymbol{\alpha}_2,$$

判断 $\boldsymbol{\beta}_1,\boldsymbol{\beta}_2,\boldsymbol{\beta}_3$ 的相关性.

解　设 $k_1\boldsymbol{\beta}_1+k_2\boldsymbol{\beta}_2+k_3\boldsymbol{\beta}_3=\mathbf{0}$，代入关系

$$\boldsymbol{\beta}_1=2\boldsymbol{\alpha}_1-\boldsymbol{\alpha}_2,\boldsymbol{\beta}_2=\boldsymbol{\alpha}_1+\boldsymbol{\alpha}_2,\boldsymbol{\beta}_3=5\boldsymbol{\alpha}_1-2\boldsymbol{\alpha}_2,$$

得

$$(2k_1+k_2+5k_3)\boldsymbol{\alpha}_1+(-k_1+k_2-2k_3)\boldsymbol{\alpha}_2=\mathbf{0},$$

由于 $\boldsymbol{\alpha}_1,\boldsymbol{\alpha}_2$ 线性无关，故组合成 $\mathbf{0}$ 的组合系数必为 0，故有

$$\begin{cases} 2k_1+k_2+5k_3=0, \\ -k_1+k_2-2k_3=0. \end{cases}$$

解得一组非零解 $k_1=7,k_2=1,k_3=-3$，故 $\boldsymbol{\beta}_1,\boldsymbol{\beta}_2,\boldsymbol{\beta}_3$ 线性相关. □

下面我们看看线性相关和线性无关的向量组有些什么性质.

向量组的线性相关，反映了向量组中有多余的向量，于是我们有如下定理.

定理 2.2　向量组 $\boldsymbol{\alpha}_1,\boldsymbol{\alpha}_2,\cdots,\boldsymbol{\alpha}_n$ 线性相关的充要条件是 $\boldsymbol{\alpha}_1,\boldsymbol{\alpha}_2,\cdots,\boldsymbol{\alpha}_n$ 中有某个向量 $\boldsymbol{\alpha}_i$ 可由其他向量线性表出.

证明　必要性：设向量组 $\boldsymbol{\alpha}_1,\boldsymbol{\alpha}_2,\cdots,\boldsymbol{\alpha}_n$ 线性相关，则存在不全为零的系数 $k_1,k_2,\cdots,k_n$，使得

$$k_1\boldsymbol{\alpha}_1+k_2\boldsymbol{\alpha}_2+\cdots+k_n\boldsymbol{\alpha}_n=\mathbf{0}.$$

假设其中的 $k_i\neq 0$，则有

$$\boldsymbol{\alpha}_i=-\frac{k_1}{k_i}\boldsymbol{\alpha}_1-\frac{k_2}{k_i}\boldsymbol{\alpha}_2-\cdots-\frac{k_{i-1}}{k_i}\boldsymbol{\alpha}_{i-1}-\frac{k_{i+1}}{k_i}\boldsymbol{\alpha}_{i+1}-\cdots-\frac{k_n}{k_i}\boldsymbol{\alpha}_n,$$

即 $\boldsymbol{\alpha}_i$ 可以由其他向量表示出来，是多余的向量.

充分性：向量组 $\boldsymbol{\alpha}_1,\boldsymbol{\alpha}_2,\cdots,\boldsymbol{\alpha}_n$ 中有某个向量如 $\boldsymbol{\alpha}_i$ 可由其他向量线性表出，即

$$\boldsymbol{\alpha}_i=t_1\boldsymbol{\alpha}_1+\cdots t_{i-1}\boldsymbol{\alpha}_{i-1}+t_{i+1}\boldsymbol{\alpha}_{i+1}+\cdots+t_n\boldsymbol{\alpha}_n,$$

此即

$$t_1\boldsymbol{\alpha}_1+\cdots t_{i-1}\boldsymbol{\alpha}_{i-1}+(-1)\boldsymbol{\alpha}_i+t_{i+1}\boldsymbol{\alpha}_{i+1}+\cdots+t_n\boldsymbol{\alpha}_n=\mathbf{0},$$

组合系数为 $t_1,t_2,\cdots,t_{i-1},-1,t_{i+1},\cdots,t_n$，不全为 0，故向量组 $\boldsymbol{\alpha}_1,\boldsymbol{\alpha}_2,\cdots,\boldsymbol{\alpha}_n$ 线性相关. □

向量组的一部分有多余向量，则整个向量组就有多余向量. 若整个向量组没有多余向量，则其一部分也一定没有多余向量，这就有如下定理.

定理 2.3　(1) 含 0 向量的向量组线性相关；

(2) 若一个向量组中有一个部分向量组线性相关，则原向量组线性相关；

(3) 若一个向量组线性无关，则该向量组的部分向量组线性无关.

证明　(1) 若含 $\mathbf{0}$ 向量的向量组为 $\boldsymbol{\alpha}_1,\boldsymbol{\alpha}_2,\cdots,\boldsymbol{\alpha}_{i-1},\mathbf{0},\boldsymbol{\alpha}_{i+1},\cdots,\boldsymbol{\alpha}_n$，则有组合关系

$$0\boldsymbol{\alpha}_1+0\boldsymbol{\alpha}_2+\cdots+0\boldsymbol{\alpha}_{i-1}+1\times\mathbf{0}+0\boldsymbol{\alpha}_{i+1}+\cdots+0\boldsymbol{\alpha}_n=\mathbf{0},$$

组合系数 $0,0,\cdots,0,1,0,\cdots,0$ 不全为 0，故向量组线性相关.

(2) 若向量组 $\boldsymbol{\alpha}_1,\boldsymbol{\alpha}_2,\cdots,\boldsymbol{\alpha}_n$ 有一个部分向量组线性相关，不妨设为 $\boldsymbol{\alpha}_1,\boldsymbol{\alpha}_2,\cdots,\boldsymbol{\alpha}_r$，则有不全为 0 的组合系数 $k_1,k_2,\cdots,k_r$ 使得

$$k_1\boldsymbol{\alpha}_1+k_2\boldsymbol{\alpha}_2+\cdots+k_r\boldsymbol{\alpha}_r=\mathbf{0}.$$

于是有关系式

$$k_1\boldsymbol{\alpha}_1+k_2\boldsymbol{\alpha}_2+\cdots+k_r\boldsymbol{\alpha}_r+0\boldsymbol{\alpha}_{r+1}+\cdots+0\boldsymbol{\alpha}_n=\boldsymbol{0},$$

组合系数 $k_1,k_2,\cdots,k_r,0,\cdots,0$ 显然不全为 0，故向量组 $\boldsymbol{\alpha}_1,\boldsymbol{\alpha}_2,\cdots,\boldsymbol{\alpha}_n$ 线性相关.

(3)与(2)是等价的结论，因为(3)与(2)的结论互为逆否命题. □

【例 2.9】 判断 n 维向量组 $\boldsymbol{e}_1=\begin{pmatrix}1\\0\\\vdots\\0\end{pmatrix},\boldsymbol{e}_2=\begin{pmatrix}0\\1\\\vdots\\0\end{pmatrix},\cdots,\boldsymbol{e}_n=\begin{pmatrix}0\\0\\\vdots\\1\end{pmatrix}$ 是否线性相关.

解 $\boldsymbol{A}=(\boldsymbol{e}_1,\boldsymbol{e}_2,\cdots,\boldsymbol{e}_n)=\begin{pmatrix}1&0&\cdots&0\\0&1&\cdots&0\\\vdots&\vdots&&\vdots\\0&0&\cdots&1\end{pmatrix}$，$\mathrm{r}(\boldsymbol{A})=$向量个数 n，

故 $\boldsymbol{e}_1,\boldsymbol{e}_2,\cdots,\boldsymbol{e}_n$ 线性无关，向量组 $\boldsymbol{e}_1,\boldsymbol{e}_2,\cdots,\boldsymbol{e}_n$ 的任意部分向量组也线性无关. □

当一个没有多余向量的向量组，添加一个向量后就有多余向量了，那添加的向量一定是多余向量，见如下定理.

定理 2.4　若向量组 $\boldsymbol{\alpha}_1,\boldsymbol{\alpha}_2,\cdots,\boldsymbol{\alpha}_n$ 线性无关，而向量组 $\boldsymbol{\alpha}_1,\boldsymbol{\alpha}_2,\cdots,\boldsymbol{\alpha}_n,\boldsymbol{\beta}$ 线性相关，则向量 $\boldsymbol{\beta}$ 可由 $\boldsymbol{\alpha}_1,\boldsymbol{\alpha}_2,\cdots,\boldsymbol{\alpha}_n$ 线性表出，并且该线性表出是唯一的.

证明　设向量组 $\boldsymbol{\alpha}_1,\boldsymbol{\alpha}_2,\cdots,\boldsymbol{\alpha}_n$ 线性无关，而向量组 $\boldsymbol{\alpha}_1,\boldsymbol{\alpha}_2,\cdots,\boldsymbol{\alpha}_n,\boldsymbol{\beta}$ 线性相关，则有不全为 0 的组合系数使得

$$k_1\boldsymbol{\alpha}_1+k_2\boldsymbol{\alpha}_2+\cdots+k_n\boldsymbol{\alpha}_n+k\boldsymbol{\beta}=\boldsymbol{0}.$$

若 $k=0$，则 $k_1,k_2,\cdots,k_n$ 不全为 0，且

$$k_1\boldsymbol{\alpha}_1+k_2\boldsymbol{\alpha}_2+\cdots+k_n\boldsymbol{\alpha}_n=k_1\boldsymbol{\alpha}_1+k_2\boldsymbol{\alpha}_2+\cdots+k_n\boldsymbol{\alpha}_n+0\boldsymbol{\beta}=\boldsymbol{0},$$

与 $\boldsymbol{\alpha}_1,\boldsymbol{\alpha}_2,\cdots,\boldsymbol{\alpha}_n$ 线性无关矛盾，故必有 $k\neq0$，于是有

$$\boldsymbol{\beta}=-\frac{k_1}{k}\boldsymbol{\alpha}_1-\frac{k_2}{k}\boldsymbol{\alpha}_2-\cdots-\frac{k_n}{k}\boldsymbol{\alpha}_n,$$

即向量 $\boldsymbol{\beta}$ 可由 $\boldsymbol{\alpha}_1,\boldsymbol{\alpha}_2,\cdots,\boldsymbol{\alpha}_n$ 线性表出.

现在假设 $\boldsymbol{\beta}$ 有两个 $\boldsymbol{\alpha}_1,\boldsymbol{\alpha}_2,\cdots,\boldsymbol{\alpha}_n$ 的线性表出

$$\boldsymbol{\beta}=t_1\boldsymbol{\alpha}_1+t_2\boldsymbol{\alpha}_2+\cdots+t_n\boldsymbol{\alpha}_n$$

和

$$\boldsymbol{\beta}=s_1\boldsymbol{\alpha}_1+s_2\boldsymbol{\alpha}_2+\cdots+s_n\boldsymbol{\alpha}_n,$$

两式相减得到

$$(t_1-s_1)\boldsymbol{\alpha}_1+(t_2-s_2)\boldsymbol{\alpha}_2+\cdots+(t_n-s_n)\boldsymbol{\alpha}_n=\boldsymbol{0},$$

因为 $\boldsymbol{\alpha}_1,\boldsymbol{\alpha}_2,\cdots,\boldsymbol{\alpha}_n$ 线性无关,故上述关系式的组合系数都为 0,即

$$t_1-s_1=0,t_2-s_2=0,\cdots,t_n-s_n=0,$$

于是有 $t_1=s_1,t_2=s_2,\cdots,t_n=s_n$,即 $\boldsymbol{\beta}$ 由 $\boldsymbol{\alpha}_1,\boldsymbol{\alpha}_2,\cdots,\boldsymbol{\alpha}_n$ 线性表出只有唯一的表示式. □

2.2 方程组的基础解系及通解——解的向量形式

我们已经知道方程组有向量形式,那同解变换后得到的最简方程组也有向量形式,甚至方程组的解也应该有向量形式,我们关心的是方程组的解的向量形式是怎样的.

我们先来看解方程组的过程,最后设法将解写成向量形式.

【例 2.10】 解下列两个线性方程组并用向量形式表示解.

$$(1)\begin{cases}x_1-2x_2-3x_3+4x_4=8,\\2x_1+x_2-x_3+3x_4=1,\\4x_1+3x_2-x_3+5x_4=-1.\end{cases}\qquad(2)\begin{cases}x_1-2x_2-3x_3+4x_4=0,\\2x_1+x_2-x_3+3x_4=0,\\4x_1+3x_2-x_3+5x_4=0.\end{cases}$$

解 (1) $$\left(\begin{array}{cccc:c}1&-2&-3&4&8\\2&1&-1&3&1\\4&3&-1&5&-1\end{array}\right)\xrightarrow[r_2-2r_1]{r_3-2r_2}\left(\begin{array}{cccc:c}1&-2&-3&4&8\\0&5&5&-5&-15\\0&1&1&-1&-3\end{array}\right)$$

$$\xrightarrow[r_2-5r_3]{r_1+2r_3}\left(\begin{array}{cccc:c}1&0&-1&2&2\\0&0&0&0&0\\0&1&1&-1&-3\end{array}\right)\xrightarrow{r_2\leftrightarrow r_3}\left(\begin{array}{cccc:c}1&0&-1&2&2\\0&1&1&-1&-3\\0&0&0&0&0\end{array}\right).$$

得到同解方程组

$$\begin{cases}x_1-x_3+2x_4=2,\\x_2+x_3-x_4=-3.\end{cases}$$

将含 x_3,x_4 的项移到右边,令 $x_3=s,x_4=t$ 得方程组的解

$$\begin{cases}x_1=2+s-2t,\\x_2=-3-s+t,\\x_3=s,\\x_4=t.\end{cases}$$

该解可以写成向量形式

$$\begin{pmatrix}x_1\\x_2\\x_3\\x_4\end{pmatrix}=\begin{pmatrix}2\\-3\\0\\0\end{pmatrix}+s\begin{pmatrix}1\\-1\\1\\0\end{pmatrix}+t\begin{pmatrix}-2\\1\\0\\1\end{pmatrix}.$$

令

$$\boldsymbol{x}=\begin{pmatrix}x_1\\x_2\\x_3\\x_4\end{pmatrix},\boldsymbol{\gamma}=\begin{pmatrix}2\\-3\\0\\0\end{pmatrix},\boldsymbol{\alpha}_1=\begin{pmatrix}1\\-1\\1\\0\end{pmatrix},\boldsymbol{\alpha}_2=\begin{pmatrix}-2\\1\\0\\1\end{pmatrix},$$

则解的向量形式可以写成

$$\boldsymbol{x}=\boldsymbol{\gamma}+s\boldsymbol{\alpha}_1+t\boldsymbol{\alpha}_2,$$

其中列向量 $\boldsymbol{x}$ 称为方程组的未知向量，$\boldsymbol{\gamma}$ 为取参数 $s=t=0$ 时的解，称为方程组的解向量.

(2) 显然方程组(2)是方程组(1)的右端变为 $\mathbf{0}$ 的齐次方程组，我们称(2)是(1)对应的齐次方程组. 此时增广矩阵的简化变为

$$\left(\begin{array}{cccc:c}1&-2&-3&4&0\\2&1&-1&3&0\\4&3&-1&5&0\end{array}\right)\to\left(\begin{array}{cccc:c}1&0&-1&2&0\\0&1&1&-1&0\\0&0&0&0&0\end{array}\right),$$

解的向量形式为

$$\boldsymbol{x}=\mathbf{0}+s\boldsymbol{\alpha}_1+t\boldsymbol{\alpha}_2=s\boldsymbol{\alpha}_1+t\boldsymbol{\alpha}_2,$$

这是方程组(2)的所有解.

显然取 $s=1,t=0$ 时得 $\boldsymbol{\alpha}_1$ 是方程组的解，取 $s=0,t=1$ 时得 $\boldsymbol{\alpha}_2$ 是方程组的解. 而且易知 $s\boldsymbol{\alpha}_1+t\boldsymbol{\alpha}_2=(s-2t,-s+t,s,t)^{\mathrm{T}}=\mathbf{0}$ 一定有 $s=t=0$，即 $\boldsymbol{\alpha}_1,\boldsymbol{\alpha}_2$ 线性无关. □

从例 2.10 我们得知不管是齐次方程组还是非齐次方程组，方程组的解都有向量形式. 齐次方程组的解是某些线性无关的非零解向量的任意线性组合.

定义 2.5(方程组的特解、通解)　方程组的任意一个解都称为方程组的一个特解. 方程组的所有解称为方程组的通解.

定理 2.5　齐次方程组解的线性组合仍是方程组的解.

证明　若齐次方程组的向量形式为

$$x_1\boldsymbol{\alpha}_1+x_2\boldsymbol{\alpha}_2+\cdots+x_n\boldsymbol{\alpha}_n=\mathbf{0},$$

若 $\boldsymbol{y}=(y_1,y_2,\cdots,y_n)^{\mathrm{T}}$ 和 $\boldsymbol{z}=(z_1,z_2,\cdots,z_n)^{\mathrm{T}}$ 都是方程组的解向量，则

$$k_1\boldsymbol{y}+k_2\boldsymbol{z}=(k_1y_1+k_2z_1,k_1y_2+k_2z_2,\cdots,k_1y_n+k_2z_n)^{\mathrm{T}},$$

于是

$$\begin{aligned}&(k_1y_1+k_2z_1)\boldsymbol{\alpha}_1+(k_1y_2+k_2z_2)\boldsymbol{\alpha}_2+\cdots+(k_1y_n+k_2z_n)\boldsymbol{\alpha}_n\\=&k_1(y_1\boldsymbol{\alpha}_1+y_2\boldsymbol{\alpha}_2+\cdots+y_n\boldsymbol{\alpha}_n)+k_2(z_1\boldsymbol{\alpha}_1+z_2\boldsymbol{\alpha}_2+\cdots+z_n\boldsymbol{\alpha}_n)\\=&k_1\times\mathbf{0}+k_2\times\mathbf{0}=\mathbf{0}.\end{aligned}$$

进一步,若方程组有解 $\boldsymbol{\xi}_1,\boldsymbol{\xi}_2,\cdots,\boldsymbol{\xi}_s$,则 $\boldsymbol{\eta}=k_1\boldsymbol{\xi}_1+k_2\boldsymbol{\xi}_2$ 也是解,于是

$$1\boldsymbol{\eta}+k_3\boldsymbol{\xi}_3=1(k_1\boldsymbol{\xi}_1+k_2\boldsymbol{\xi}_2)+k_3\boldsymbol{\xi}_3=k_1\boldsymbol{\xi}_1+k_2\boldsymbol{\xi}_2+k_3\boldsymbol{\xi}_3$$

也是解,依次类推,$k_1\boldsymbol{\xi}_1+k_2\boldsymbol{\xi}_2+\cdots+k_s\boldsymbol{\xi}_s$ 也是解. □

定义 2.6(基础解系)　若齐次方程组的解向量组 $\boldsymbol{\xi}_1,\boldsymbol{\xi}_2,\cdots,\boldsymbol{\xi}_s$ 线性无关,且方程组的任意解都可以表示为该向量组的线性组合

$$\boldsymbol{x}=k_1\boldsymbol{\xi}_1+k_2\boldsymbol{\xi}_2+\cdots+k_s\boldsymbol{\xi}_s,$$

则称该向量组为齐次方程组的一个基础解系.

例 2.10(2)的向量 $\boldsymbol{\alpha}_1,\boldsymbol{\alpha}_2$ 显然是齐次方程组(2)的基础解系.

从例 2.10(2)的同解方程组

$$\begin{cases}x_1-x_3+2x_4=0,\\x_2+x_3-\ \ x_4=0\end{cases}$$

出发,如果我们不是将含 x_3,x_4 的项移到右边,而是将含 x_1,x_2 的项移到右边,我们得到

$$\begin{cases}-x_3+2x_4=-x_1,\\\ \ \ x_3-\ \ x_4=-x_2.\end{cases}$$

再对 x_3,x_4 消元得

$$\begin{cases}x_3=-x_1-2x_2,\\x_4=-x_1-\ \ x_2.\end{cases}$$

令 $x_1=k,x_2=r$ 得方程组的解

$$\begin{cases}x_1=k,\\x_2=r,\\x_3=-k-2r,\\x_4=-k-\ \ r.\end{cases}$$

向量形式为

$$\boldsymbol{x}=\begin{pmatrix}x_1\\x_2\\x_3\\x_4\end{pmatrix}=k\begin{pmatrix}1\\0\\-1\\-1\end{pmatrix}+r\begin{pmatrix}0\\1\\-2\\-1\end{pmatrix}=k\boldsymbol{\beta}_1+r\boldsymbol{\beta}_2.$$

易知 $\boldsymbol{\beta}_1,\boldsymbol{\beta}_2$ 线性无关,故也是例 2.10 方程组(2)的基础解系.

【注 2.2】 基础解系并不唯一.

回顾例 2.10(2)的方程组

$$\begin{cases}x_1-2x_2-3x_3+4x_4=0,\\2x_1+x_2-x_3+3x_4=0,\\4x_1+3x_2-x_3+5x_4=0\end{cases}$$

的求解过程,我们先化简

$$\begin{pmatrix}1&-2&-3&4\\2&1&-1&3\\4&3&-1&5\end{pmatrix}\to\begin{pmatrix}1&0&-1&2\\0&1&1&-1\\0&0&0&0\end{pmatrix},$$

对应同解方程组为

$$\begin{cases}x_1-x_3+2x_4=0,\\x_2+x_3-x_4=0.\end{cases}$$

将非首元素对应的未知量 x_3,x_4 的项移到右边,再补上 $x_3=x_3,x_4=x_4$ 两个方程得同解方程组

$$\begin{cases}x_1=x_3-2x_4,\\x_2=-x_3+x_4,\\x_3=x_3,\\x_4=x_4.\end{cases}$$

令 $x_3=s,x_4=t$ 得方程组的解

$$\begin{cases}x_1=s-2t,\\x_2=-s+t,\\x_3=s,\\x_4=t.\end{cases}$$

向量形式为

$$\begin{pmatrix} x_1 \\ x_2 \\ x_3 \\ x_4 \end{pmatrix} = s\begin{pmatrix} 1 \\ -1 \\ 1 \\ 0 \end{pmatrix} + t\begin{pmatrix} -2 \\ 1 \\ 0 \\ 1 \end{pmatrix}.$$

则

$$\boldsymbol{\alpha}_1 = \begin{pmatrix} 1 \\ -1 \\ 1 \\ 0 \end{pmatrix}, \boldsymbol{\alpha}_2 = \begin{pmatrix} -2 \\ 1 \\ 0 \\ 1 \end{pmatrix}$$

即为方程组的基础解系.

对照简化阶梯形矩阵

$$\begin{pmatrix} 1 & 0 & -1 & 2 \\ 0 & 1 & 1 & -1 \\ 0 & 0 & 0 & 0 \end{pmatrix},$$

则有效方程对应于矩阵去掉 **0** 行得

$$\begin{pmatrix} 1 & 0 & -1 & 2 \\ 0 & 1 & 1 & -1 \end{pmatrix},$$

补上 $x_3 = x_3, x_4 = x_4$ 两个方程对应于插入两行(0,0,−1,0),(0,0,0,−1)变为新的矩阵

$$\begin{pmatrix} 1 & 0 & -1 & 2 \\ 0 & 1 & 1 & -1 \\ 0 & 0 & -1 & 0 \\ 0 & 0 & 0 & -1 \end{pmatrix},$$

然后取对角元素为−1 的列取负即得基础解系.

其中列取负是因为实际的基础解系是要移项到右边的,需要变号.

定理 2.6　若有齐次方程组

$$\begin{cases} a_{11}x_1 + a_{12}x_2 + \cdots + a_{1n}x_n = 0, \\ a_{21}x_1 + a_{22}x_2 + \cdots + a_{2n}x_n = 0, \\ \qquad\vdots \\ a_{m1}x_1 + a_{m2}x_2 + \cdots + a_{mn}x_n = 0, \end{cases}$$

系数矩阵 A 经过一系列初等行变换后得到简化阶梯形矩阵 B，有 r 个非零行. 矩阵 B 去掉 0 行，插入 $n-r$ 行使得首元素 1 都在对角线上，插入的行均为对角元素取 -1，其余为 0，这样得到方阵 C，C 中对角元素为 -1 的列共有 $n-r$ 列，取负得到的向量组 $\xi_1,\cdots,\xi_{n-r}$ 即为原方程组的一个基础解系. 方程组的通解就是

$$x=k_1\xi_1+k_2\xi_2+\cdots+k_{n-r}\xi_{n-r},$$

其中 $k_1,k_2,\cdots,k_{n-r}$ 为任意实数.

齐次方程组系数矩阵和基础解系向量个数有关系：r(A)＋基础解系向量个数＝未知量个数 n.

证明　先证明所得到的向量组 $\xi_1,\cdots,\xi_{n-r}$ 为原齐次方程组的基础解系.

设

$$B=\begin{pmatrix} 1 & b_{1i_{r+1}} & \cdots & 0 & b_{1i_{r+t}} & \cdots & 0 & b_{1i_{r+u}} & \cdots & b_{1i_n} \\ 0 & 0 & \cdots & 1 & b_{2i_{r+t}} & \cdots & 0 & b_{2i_{r+u}} & \cdots & b_{2i_n} \\ \vdots & \vdots & & \vdots & \vdots & & \vdots & \vdots & & \vdots \\ 0 & 0 & \cdots & 0 & 0 & \cdots & 1 & b_{ri_{r+u}} & \cdots & b_{ri_n} \\ 0 & 0 & \cdots & 0 & 0 & \cdots & 0 & 0 & \cdots & 0 \\ \vdots & \vdots & & \vdots & \vdots & & \vdots & \vdots & & \vdots \\ 0 & 0 & \cdots & 0 & 0 & \cdots & 0 & 0 & \cdots & 0 \end{pmatrix},$$

对应

$$\begin{cases} x_{i_1}+b_{1i_{r+1}}x_{i_{r+1}}+\cdots+b_{1i_{r+t}}x_{i_{r+t}}+\cdots+b_{1i_{r+u}}x_{i_{r+u}}+\cdots+b_{1i_n}x_{i_n}=0, \\ x_{i_2}+b_{2i_{r+t}}x_{i_{r+t}}+\cdots+b_{2i_{r+u}}x_{i_{r+u}}+\cdots+b_{2i_n}x_{i_n}=0, \\ \vdots \\ x_{i_r}+b_{ri_{r+u}}x_{i_{r+u}}+\cdots+b_{ri_n}x_{i_n}=0. \end{cases}$$

非首元素对应的未知量右移得

$$\begin{cases} x_{i_1}=-b_{1i_{r+1}}x_{i_{r+1}}-\cdots-b_{1i_{r+t}}x_{i_{r+t}}-\cdots-b_{1i_{r+u}}x_{i_{r+u}}-\cdots-b_{1i_n}x_{i_n}, \\ x_{i_2}=-b_{2i_{r+t}}x_{i_{r+t}}-\cdots-b_{2i_{r+u}}x_{i_{r+u}}-\cdots-b_{2i_n}x_{i_n}, \\ \vdots \\ x_{i_r}=-b_{ri_{r+u}}x_{i_{r+u}}-\cdots-b_{ri_n}x_{i_n}. \end{cases}$$

补上右移未知量的方程 $x_{i_{r+1}}=x_{i_{r+1}},\cdots,x_{i_n}=x_{i_n}$，得原方程组的同解方程组

$$\begin{cases} x_{i_1}=-b_{1i_{r+1}}x_{i_{r+1}}-\cdots-b_{1i_{r+t}}x_{i_{r+t}}-\cdots-b_{1i_{r+u}}x_{i_{r+u}}-\cdots-b_{1i_n}x_{i_n}, \\ x_{i_{r+1}}=x_{i_{r+1}}, \\ \qquad\vdots \\ x_{i_2}=-b_{2i_{r+t}}x_{i_{r+t}}-\cdots-b_{2i_{r+u}}x_{i_{r+u}}-\cdots-b_{2i_n}x_{i_n}, \\ x_{i_{r+t}}=x_{i_{r+t}}, \\ \qquad\vdots \\ x_{i_r}=-b_{ri_{r+u}}x_{i_{r+u}}-\cdots-b_{ri_n}x_{i_n}, \\ \qquad\vdots \\ x_{i_n}=x_{i_n}. \end{cases} \tag{$*$}$$

(*)右端 $x_{i_{r+1}},\cdots,x_{i_n}$ 的 $n-r$ 组系数构成的列向量记为 $\boldsymbol{\eta}_1,\cdots,\boldsymbol{\eta}_{n-r}$，则方程组(*)的向量形式为

$$\boldsymbol{x}=x_{i_{r+1}}\boldsymbol{\eta}_1+\cdots+x_{i_n}\boldsymbol{\eta}_{n-r}.$$

$x_{i_{r+1}},\cdots,x_{i_n}$ 可取任意实数 $k_1,\cdots,k_{n-r}$，故得到原方程组解的向量形式为

$$\boldsymbol{x}=k_1\boldsymbol{\eta}_1+\cdots k_{n-r}\boldsymbol{\eta}_{n-r},k_1,\cdots,k_{n-r}\in\mathbf{R}.$$

下面我们证明 $\boldsymbol{\eta}_1,\cdots,\boldsymbol{\eta}_{n-r}$ 就是原方程组的基础解系.

因为由解的向量形式，$k_1,\cdots,k_{n-r}$ 取$(1,0,\cdots,0),(0,1,0,\cdots,0),\cdots,(0,\cdots,0,1)$，可以得出 $\boldsymbol{\eta}_1,\cdots,\boldsymbol{\eta}_{n-r}$ 是原方程组的非零解. 而由

$$k_1\boldsymbol{\eta}_1+\cdots k_{n-r}\boldsymbol{\eta}_{n-r}=(*,k_1,*,\cdots,k_2,*,\cdots,k_{n-r},*,\cdots)^{\mathrm{T}}=\mathbf{0}$$

可得 $k_1=\cdots=k_{n-r}=0$，即 $\boldsymbol{\eta}_1,\cdots,\boldsymbol{\eta}_{n-r}$ 线性无关.

另外，原方程组的任意解 $\boldsymbol{y}=(y_1,\cdots,y_n)^{\mathrm{T}}$ 一定满足方程

$$\boldsymbol{x}=x_{i_{r+1}}\boldsymbol{\eta}_1+\cdots+x_{i_n}\boldsymbol{\eta}_{n-r},$$

即有 $\boldsymbol{y}=y_{i_{r+1}}\boldsymbol{\eta}_1+\cdots+y_{i_n}\boldsymbol{\eta}_{n-r}$，$\boldsymbol{y}$ 是 $\boldsymbol{\eta}_1,\cdots,\boldsymbol{\eta}_{n-r}$ 的一个线性组合. 故 $\boldsymbol{\eta}_1,\cdots,\boldsymbol{\eta}_{n-r}$ 为原方程组的基础解系.

通过比较知 $\boldsymbol{\eta}_1,\cdots,\boldsymbol{\eta}_{n-r}$ 就是 $\boldsymbol{B}$ 调整后的方阵

$$
C=\begin{pmatrix}
1 & b_{1i_{r+1}} & \cdots & 0 & b_{1i_{r+t}} & \cdots & 0 & b_{1i_{r+u}} & \cdots & b_{1i_n} \\
 & -1 & \cdots & 0 & 0 & \cdots & 0 & 0 & \cdots & 0 \\
 & & \ddots & \vdots & \vdots & & \vdots & \vdots & & \vdots \\
 & & & 1 & b_{2i_{r+t}} & \cdots & 0 & b_{2i_{r+u}} & \cdots & b_{2i_n} \\
 & & & & -1 & \cdots & 0 & 0 & \cdots & 0 \\
 & & & & & \ddots & \vdots & \vdots & & \vdots \\
 & & & & & & 1 & b_{ri_{r+u}} & \cdots & b_{ri_n} \\
 & & & & & & & -1 & \cdots & 0 \\
 & & & & & & & & \ddots & \vdots \\
 & & & & & & & & & -1
\end{pmatrix}
$$

的对角元素 -1 的列取负得到的列向量 $\boldsymbol{\xi}_1,\cdots,\boldsymbol{\xi}_{n-r}$，即 $\boldsymbol{\eta}_1=\boldsymbol{\xi}_1,\cdots,\boldsymbol{\eta}_{n-r}=\boldsymbol{\xi}_{n-r}$. 故 $\boldsymbol{\xi}_1,\cdots,\boldsymbol{\xi}_{n-r}$ 就是原方程组的基础解系.

由基础解系的定义知方程组的通解为

$$
\boldsymbol{x}=k_1\boldsymbol{\xi}_1+k_2\boldsymbol{\xi}_2+\cdots+k_{n-r}\boldsymbol{\xi}_{n-r},
$$

其中 $k_1,k_2,\cdots,k_{n-r}$ 为任意实数.

易知 $\mathrm{r}(\boldsymbol{A})$+基础解系向量个数$=r+(n-r)=n$，即未知量个数. □

【注 2.3】 若齐次方程组只有零解时，没有基础解系.

【例 2.11】 求齐次方程组

$$
\begin{cases}
x_1+2x_2+4x_3=0, \\
2x_1-x_2+3x_3=0, \\
-3x_1+2x_2-4x_3=0, \\
2x_1+4x_3=0
\end{cases}
$$

的基础解系和通解.

解 $\begin{pmatrix} 1 & 2 & 4 \\ 2 & -1 & 3 \\ -3 & 2 & -4 \\ 2 & 0 & 4 \end{pmatrix} \to \begin{pmatrix} 0 & 2 & 2 \\ 0 & -1 & -1 \\ 0 & 2 & 2 \\ 1 & 0 & 2 \end{pmatrix} \to \begin{pmatrix} 1 & 0 & 2 \\ 0 & 1 & 1 \\ 0 & 0 & 0 \\ 0 & 0 & 0 \end{pmatrix}$,

调整矩阵为

$$
\begin{pmatrix} 1 & 0 & 2 \\ 0 & 1 & 1 \\ 0 & 0 & -1 \end{pmatrix},
$$

基础解系为 $\boldsymbol{\xi}=\begin{pmatrix}-2\\-1\\1\end{pmatrix}$，通解为 $k\boldsymbol{\xi},k\in\mathbf{R}$. □

【例 2.12】 求齐次方程组

$$\begin{cases}x_1+3x_2+6x_3=0,\\5x_1+3x_2\qquad\quad=0,\\x_1+\ x_2+\ x_3=0\end{cases}$$

的基础解系.

解 $\begin{pmatrix}1&3&6\\5&3&0\\1&1&1\end{pmatrix}\to\begin{pmatrix}0&2&5\\0&-2&-5\\1&1&1\end{pmatrix}\to\begin{pmatrix}1&0&-3/2\\0&1&5/2\\0&0&0\end{pmatrix}$，

调整矩阵为

$$\begin{pmatrix}1&0&-3/2\\0&1&5/2\\0&0&-1\end{pmatrix},$$

基础解系为 $\boldsymbol{\xi}=\begin{pmatrix}3/2\\-5/2\\1\end{pmatrix}$. 显然 $\boldsymbol{\eta}=2\boldsymbol{\xi}=\begin{pmatrix}3\\-5\\2\end{pmatrix}$ 也是基础解系. □

【例 2.13】 求齐次方程组

$$\begin{cases}x_1+x_2-x_3+\ x_4=0,\\x_1-x_2+x_3+\ x_4=0,\\5x_1+x_2-x_3+5x_4=0\end{cases}$$

的基础解系.

解 $\begin{pmatrix}1&1&-1&1\\1&-1&1&1\\5&1&-1&5\end{pmatrix}\to\begin{pmatrix}1&1&-1&1\\0&-2&2&0\\0&-4&4&0\end{pmatrix}\to\begin{pmatrix}1&0&0&1\\0&1&-1&0\\0&0&0&0\end{pmatrix}$，

调整矩阵为

$$\begin{pmatrix}1&0&0&1\\0&1&-1&0\\0&0&-1&0\\0&0&0&-1\end{pmatrix},$$

基础解系为 $\boldsymbol{\xi}_1=(0,1,1,0)^{\mathrm{T}},\boldsymbol{\xi}_2=(-1,0,0,1)^{\mathrm{T}}$. □

【例 2.14】 求齐次方程组

$$\begin{cases} x_1+2x_2+\ x_3+2x_4=0, \\ 2x_1+4x_2+3x_2+2x_4=0, \\ 3x_1+6x_2+5x_3+2x_4=0 \end{cases}$$

的基础解系.

解 $\begin{pmatrix} 1 & 2 & 1 & 2 \\ 2 & 4 & 3 & 2 \\ 3 & 6 & 5 & 2 \end{pmatrix} \to \begin{pmatrix} 1 & 2 & 1 & 2 \\ 0 & 0 & 1 & -2 \\ 0 & 0 & 2 & -4 \end{pmatrix} \to \begin{pmatrix} 1 & 2 & 0 & 4 \\ 0 & 0 & 1 & -2 \\ 0 & 0 & 0 & 0 \end{pmatrix}$,

调整矩阵为

$$\begin{pmatrix} 1 & 2 & 0 & 4 \\ 0 & -1 & 0 & 0 \\ 0 & 0 & 1 & -2 \\ 0 & 0 & 0 & -1 \end{pmatrix},$$

得基础解系为 $\boldsymbol{\xi}_1=(-2,1,0,0)^{\mathrm{T}},\boldsymbol{\xi}_2=(-4,0,2,1)^{\mathrm{T}}$. □

现在讨论非齐次线性方程组的通解.

再看例 2.10 的方程组(1)

$$\begin{cases} x_1-2x_2-3x_3+4x_4=8, \\ 2x_1+\ x_2-\ x_3+3x_4=1, \\ 4x_1+3x_2-\ x_3+5x_4=-1. \end{cases}$$

的解的向量形式 $\boldsymbol{x}=\boldsymbol{\gamma}+s\boldsymbol{\alpha}_1+t\boldsymbol{\alpha}_2$,则 $\boldsymbol{\gamma}$ 为取参数 $s=t=0$ 时的特解,$\boldsymbol{x}=s\boldsymbol{\alpha}_1+t\boldsymbol{\alpha}_2$ 则是该方程组对应的齐次方程组的通解. 于是非齐次线性方程组的通解可以写成一个特解加上对应齐次方程组的通解. 这就是下面的定理.

定理 2.7 若含 n 个未知量的非齐次方程组有一个特解为 γ,对应齐次方程组的一个基础解系为 $\xi_1,\xi_2,\cdots,\xi_s$,则非齐次方程组的通解为

$$x=\gamma+k_1\xi_1+k_2\xi_2+\cdots+k_s\xi_s,$$

其中 $k_1,k_2,\cdots,k_s$ 为任意实数. 进一步,若方程组的增广矩阵化成简化阶梯形矩阵 (B,d),且 $\mathrm{r}(B)=\mathrm{r}(B,d)=r$,将 (B,d) 做调整,去掉 0 行,然后插入 $n-r$ 行使得原来非零行的首元素 1 在 B 部分的对角线上,插入的 $n-r$ 行都是对角元素为 -1,其余都是 0(包括增广列的部分),调整后矩阵为 $n\times(n+1)$ 阶的矩阵 (C,γ),则最后一列 γ 就是原方程组的一个特解,C 中对角线上元素为 -1 的列取负得到的向量有 $n-r$ 个,就是对应齐次方程组的基础解系 $\xi_1,\xi_2,\cdots,\xi_{n-r}$,原方程组的通解为

$$\boldsymbol{x}=\boldsymbol{\gamma}+k_1\boldsymbol{\xi}_1+k_2\boldsymbol{\xi}_2+\cdots+k_{n-r}\boldsymbol{\xi}_{n-r},$$

其中 $k_1,k_2,\cdots,k_{n-r}$ 为任意实数.

证明 先证通解为 $\boldsymbol{\gamma}+k_1\boldsymbol{\xi}_1+k_2\boldsymbol{\xi}_2+\cdots+k_s\boldsymbol{\xi}_s$.

设非齐次方程组的向量形式为

$$x_1\boldsymbol{\alpha}_1+x_2\boldsymbol{\alpha}_2+\cdots+x_n\boldsymbol{\alpha}_n=\boldsymbol{b}.$$

设 $\boldsymbol{\gamma}=(r_1,r_2,\cdots,r_n)^{\mathrm{T}}$，$\boldsymbol{w}=(w_1,w_2,\cdots,w_n)^{\mathrm{T}}=k_1\boldsymbol{\xi}_1+k_2\boldsymbol{\xi}_2+\cdots+k_s\boldsymbol{\xi}_s$，则有

$$r_1\boldsymbol{\alpha}_1+r_2\boldsymbol{\alpha}_2+\cdots+r_n\boldsymbol{\alpha}_n=\boldsymbol{b}$$

和

$$w_1\boldsymbol{\alpha}_1+w_2\boldsymbol{\alpha}_2+\cdots+w_n\boldsymbol{\alpha}_n=\boldsymbol{0}.$$

于是

$$(r_1+w_1)\boldsymbol{\alpha}_1+(r_2+w_2)\boldsymbol{\alpha}_2+\cdots+(r_n+w_n)\boldsymbol{\alpha}_n=(r_1\boldsymbol{\alpha}_1+r_2\boldsymbol{\alpha}_2+\cdots+r_n\boldsymbol{\alpha}_n)+(w_1\boldsymbol{\alpha}_1+w_2\boldsymbol{\alpha}_2+\cdots+w_n\boldsymbol{\alpha}_n)=\boldsymbol{b}+\boldsymbol{0}=\boldsymbol{b}.$$

故

$$(r_1+w_1,r_2+w_2,\cdots,r_n+w_n)^{\mathrm{T}}=\boldsymbol{\gamma}+k_1\boldsymbol{\xi}_1+k_2\boldsymbol{\xi}_2+\cdots+k_s\boldsymbol{\xi}_s$$

是非齐次方程组的解.

设 $\boldsymbol{\eta}=(t_1,t_2,\cdots,t_n)^{\mathrm{T}}$ 是非齐次方程组的任意一个解，则将 $\boldsymbol{\eta}-\boldsymbol{\gamma}=(t_1-r_1,t_2-r_2,\cdots,t_n-r_n)^{\mathrm{T}}$ 代入方程组得

$$(t_1-r_1)\boldsymbol{\alpha}_1+(t_2-r_2)\boldsymbol{\alpha}_2+\cdots+(t_n-r_n)\boldsymbol{\alpha}_n=(t_1\boldsymbol{\alpha}_1+t_2\boldsymbol{\alpha}_2+\cdots+t_n\boldsymbol{\alpha}_n)-(r_1\boldsymbol{\alpha}_1+r_2\boldsymbol{\alpha}_2+\cdots+r_n\boldsymbol{\alpha}_n)=\boldsymbol{b}-\boldsymbol{b}=\boldsymbol{0}.$$

故 $\boldsymbol{\eta}-\boldsymbol{\gamma}$ 是对应齐次方程组的解，可表示为

$$\boldsymbol{\eta}-\boldsymbol{\gamma}=k_1\boldsymbol{\xi}_1+k_2\boldsymbol{\xi}_2+\cdots+k_s\boldsymbol{\xi}_s,$$

即

$$\boldsymbol{\eta}=\boldsymbol{\gamma}+k_1\boldsymbol{\xi}_1+k_2\boldsymbol{\xi}_2+\cdots+k_s\boldsymbol{\xi}_s,$$

于是通解即为 $\boldsymbol{\gamma}+k_1\boldsymbol{\xi}_1+k_2\boldsymbol{\xi}_2+\cdots+k_s\boldsymbol{\xi}_s$.

进一步，由本定理的描述以及定理 2.6 知，$\boldsymbol{C}$ 中对角线上元素为 -1 的列取负得到的向量有 $n-r$ 个，就是对应齐次方程组的基础解系 $\boldsymbol{\xi}_1,\boldsymbol{\xi}_2,\cdots,\boldsymbol{\xi}_{n-r}$.

下面证明$(\boldsymbol{C},\boldsymbol{\gamma})$中的 $\boldsymbol{\gamma}$ 是原方程组的一个特解.

简化阶梯形矩阵$(\boldsymbol{B},\boldsymbol{d})$对应的同解方程组(共 r 个方程)的每个方程第一个未知量分别为 $x_{i_1},x_{i_2},\cdots,x_{i_r}$，即$(\boldsymbol{B},\boldsymbol{d})$中首元素 1 对应的未知量，多余未知量为 $x_{i_{r+1}}$，$x_{i_{r+2}},\cdots,x_{i_n}$. 我们取 $x_{i_{r+1}}=x_{i_{r+2}}=\cdots=x_{i_n}=0$，则有

$$x_{i_1}=d_1, x_{i_2}=d_2, \cdots, x_{i_r}=d_r,$$

其中 $\boldsymbol{d}=(d_1,d_2,\cdots,d_r,0,\cdots,0)^{\mathrm{T}}$，这样得到解向量

$$\boldsymbol{g}=(x_1,x_2,\cdots,x_n)^{\mathrm{T}}=(d_1,0,\cdots,d_2,\cdots)^{\mathrm{T}},$$

即为原方程组的一个特解，而$(\boldsymbol{C},\boldsymbol{\gamma})$中的 $\boldsymbol{\gamma}$ 就等于 $\boldsymbol{g}$，故 $\boldsymbol{\gamma}$ 为原方程组的特解. □

利用定理 2.7 我们可以求得非齐次方程组的通解.

【例 2.15】 解方程组

$$\begin{cases} x_1-2x_2-x_3=3, \\ 4x_1-3x_2+x_3=7, \\ 2x_1+3x_2+5x_3=-1. \end{cases}$$

解 $\left(\begin{array}{ccc:c} 1 & -2 & -1 & 3 \\ 4 & -3 & 1 & 7 \\ 2 & 3 & 5 & -1 \end{array}\right) \to \left(\begin{array}{ccc:c} 1 & -2 & -1 & 3 \\ 0 & 5 & 5 & -5 \\ 0 & 7 & 7 & -7 \end{array}\right) \to \left(\begin{array}{ccc:c} 1 & 0 & 1 & 1 \\ 0 & 1 & 1 & -1 \\ 0 & 0 & 0 & 0 \end{array}\right)$,

调整矩阵为

$$\left(\begin{array}{ccc:c} 1 & 0 & 1 & 1 \\ 0 & 1 & 1 & -1 \\ 0 & 0 & -1 & 0 \end{array}\right),$$

得一个特解为 $\boldsymbol{\gamma}=\begin{pmatrix} 1 \\ -1 \\ 0 \end{pmatrix}$，对应齐次方程组的基础解系为 $\boldsymbol{\xi}=\begin{pmatrix} -1 \\ -1 \\ 1 \end{pmatrix}$，故通解为 $\boldsymbol{\gamma}+k\boldsymbol{\xi}, k\in\mathbf{R}$. □

【例 2.16】 解方程组

$$\begin{cases} 2x_1+6x_2+x_3+3x_4=0, \\ x_1+3x_2-5x_3+7x_4=-11, \\ x_1+3x_2-x_3+3x_4=-3. \end{cases}$$

解 $\left(\begin{array}{cccc:c} 2 & 6 & 1 & 3 & 0 \\ 1 & 3 & -5 & 7 & -11 \\ 1 & 3 & -1 & 3 & -3 \end{array}\right) \to \left(\begin{array}{cccc:c} 0 & 0 & 3 & -3 & 6 \\ 0 & 0 & -4 & 4 & -8 \\ 1 & 3 & -1 & 3 & -3 \end{array}\right) \to$

$\left(\begin{array}{cccc:c} 1 & 3 & 0 & 2 & -1 \\ 0 & 0 & 1 & -1 & 2 \\ 0 & 0 & 0 & 0 & 0 \end{array}\right)$,

调整矩阵为

$$\left(\begin{array}{cccc:c} 1 & 3 & 0 & 2 & -1 \\ 0 & -1 & 0 & 0 & 0 \\ 0 & 0 & 1 & -1 & 2 \\ 0 & 0 & 0 & -1 & 0 \end{array}\right),$$

得一个特解 $\boldsymbol{\gamma}=\begin{pmatrix}-1\\0\\2\\0\end{pmatrix}$，基础解系为 $\boldsymbol{\alpha}_1=\begin{pmatrix}-3\\1\\0\\0\end{pmatrix}$，$\boldsymbol{\alpha}_2=\begin{pmatrix}-2\\0\\1\\1\end{pmatrix}$，故通解为 $\boldsymbol{x}=\boldsymbol{\gamma}+k_1\boldsymbol{\alpha}_1+k_2\boldsymbol{\alpha}_2$，其中 k_1,k_2 为任意实数. □

【例 2.17】 解方程组

$$\begin{cases} x_1+3x_2+3x_3=1, \\ 3x_1+4x_2-2x_3=1, \\ 2x_1+x_2-5x_3=1. \end{cases}$$

解 $(\boldsymbol{A},\boldsymbol{b})=\left(\begin{array}{ccc:c} 1 & 3 & 3 & 1 \\ 3 & 4 & -2 & 1 \\ 2 & 1 & -5 & 1 \end{array}\right)\to\left(\begin{array}{ccc:c} 1 & 3 & 3 & 1 \\ 0 & -5 & -11 & -2 \\ 0 & -5 & -11 & -1 \end{array}\right)$

$\to\left(\begin{array}{ccc:c} 1 & 3 & 3 & 1 \\ 0 & -5 & -11 & -2 \\ 0 & 0 & 0 & 1 \end{array}\right)$，$\mathrm{r}(\boldsymbol{A})=2<\mathrm{r}(\boldsymbol{A},\boldsymbol{b})=3$，故方程组无解. □

2.3 向量组的极大无关组

从上一节我们知道，齐次线性方程组如果有基础解系，则基础解系并不唯一. 由于基础解系的所有组合表示了齐次方程组的解集，所以这些不同的基础解系它们的全部组合的集合是相同的，就是方程组的解集. 由于基础解系可以表示所有的解向量，所以一个基础解系的向量可以用另一个基础解系的向量组合出来，反过来也一样，即两个基础解系可以相互表示. 这种情况我们称两个向量组是等价向量组. 两个等价的向量组可以组合出相同的向量集合.

定义 2.7(等价向量组) **若向量组 $\boldsymbol{\alpha}_1,\boldsymbol{\alpha}_2,\cdots,\boldsymbol{\alpha}_m$ 的每一个向量 $\boldsymbol{\alpha}_i$ 都可以由向量组 $\boldsymbol{\beta}_1,\boldsymbol{\beta}_2,\cdots,\boldsymbol{\beta}_n$ 线性表出，称向量组 $\boldsymbol{\alpha}_1,\boldsymbol{\alpha}_2,\cdots,\boldsymbol{\alpha}_m$ 可由向量组 $\boldsymbol{\beta}_1,\boldsymbol{\beta}_2,\cdots,\boldsymbol{\beta}_n$ 线性表出. 若两个向量组可以相互线性表出，则称两个向量组是等价向量组.**

【例 2.18】　向量组 $\boldsymbol{\alpha}_1=\begin{pmatrix}1\\-1\\1\end{pmatrix}$，$\boldsymbol{\alpha}_2=\begin{pmatrix}1\\-2\\3\end{pmatrix}$ 和向量组 $\boldsymbol{\beta}_1=\begin{pmatrix}1\\0\\-1\end{pmatrix}$，$\boldsymbol{\beta}_2=\begin{pmatrix}0\\-1\\2\end{pmatrix}$，$\boldsymbol{\beta}_3=\begin{pmatrix}1\\-1\\1\end{pmatrix}$ 是否等价？

解　因为一方面有

$$\boldsymbol{\alpha}_1=\boldsymbol{\beta}_3,\boldsymbol{\alpha}_2=\boldsymbol{\beta}_1+2\boldsymbol{\beta}_2.$$

另一方面有

$$\boldsymbol{\beta}_1=2\boldsymbol{\alpha}_1-\boldsymbol{\alpha}_2,\boldsymbol{\beta}_2=-\boldsymbol{\alpha}_1+\boldsymbol{\alpha}_2,\boldsymbol{\beta}_3=\boldsymbol{\alpha}_1.$$

故两个向量组等价. □

【例 2.19】　将向量组

$$\boldsymbol{\alpha}_1=\begin{pmatrix}3\\1\\2\end{pmatrix},\boldsymbol{\alpha}_2=\begin{pmatrix}2\\-1\\-1\end{pmatrix},\boldsymbol{\alpha}_3=\begin{pmatrix}1\\2\\3\end{pmatrix},\boldsymbol{\alpha}_4=\begin{pmatrix}7\\-1\\0\end{pmatrix}$$

的多余向量剔除，得到最精简的与原向量组等价的部分向量组.

解　令 $k_1\boldsymbol{\alpha}_1+k_2\boldsymbol{\alpha}_2+k_3\boldsymbol{\alpha}_3+k_4\boldsymbol{\alpha}_4=\mathbf{0}$.

若有非零的组合系数 k_1,k_2,k_3,k_4，则向量组线性相关. 而且若 $k_1\neq 0$，则 $\boldsymbol{\alpha}_1$ 可以表示为其他向量的组合，于是 $\boldsymbol{\alpha}_1$ 是多余的向量，同样地，其他非零系数对应的向量也一定是多余的向量.

$$(1)\ (\boldsymbol{\alpha}_1,\boldsymbol{\alpha}_2,\boldsymbol{\alpha}_3,\boldsymbol{\alpha}_4)=\begin{pmatrix}3&2&1&7\\1&-1&2&-1\\2&-1&3&0\end{pmatrix}\rightarrow\begin{pmatrix}1&0&1&1\\0&1&-1&2\\0&0&0&0\end{pmatrix},$$

有非零组合系数 $-1,-2,0,1$，剔除 1 对应的 $\boldsymbol{\alpha}_4$，得到新向量组 $\boldsymbol{\alpha}_1,\boldsymbol{\alpha}_2,\boldsymbol{\alpha}_3$.

向量组 $\boldsymbol{\alpha}_1,\boldsymbol{\alpha}_2,\boldsymbol{\alpha}_3$ 与 $\boldsymbol{\alpha}_1,\boldsymbol{\alpha}_2,\boldsymbol{\alpha}_3,\boldsymbol{\alpha}_4$ 可以相互表示，故 $\boldsymbol{\alpha}_1,\boldsymbol{\alpha}_2,\boldsymbol{\alpha}_3$ 与 $\boldsymbol{\alpha}_1,\boldsymbol{\alpha}_2,\boldsymbol{\alpha}_3,\boldsymbol{\alpha}_4$ 是等价向量组.

$$(2)\ (\boldsymbol{\alpha}_1,\boldsymbol{\alpha}_2,\boldsymbol{\alpha}_3)=\begin{pmatrix}3&2&1\\1&-1&2\\2&-1&3\end{pmatrix}\rightarrow\begin{pmatrix}1&0&1\\0&1&-1\\0&0&0\end{pmatrix},$$

有非零组合系数 $-1,1,1$，剔除第 3 个系数 1 对应的 $\boldsymbol{\alpha}_3$，得到新向量组 $\boldsymbol{\alpha}_1,\boldsymbol{\alpha}_2$.

向量组 $\boldsymbol{\alpha}_1,\boldsymbol{\alpha}_2$ 与 $\boldsymbol{\alpha}_1,\boldsymbol{\alpha}_2,\boldsymbol{\alpha}_3$ 可以相互表示，从而与 $\boldsymbol{\alpha}_1,\boldsymbol{\alpha}_2,\boldsymbol{\alpha}_3,\boldsymbol{\alpha}_4$ 也可以相互表示，故 $\boldsymbol{\alpha}_1,\boldsymbol{\alpha}_2$ 与 $\boldsymbol{\alpha}_1,\boldsymbol{\alpha}_2,\boldsymbol{\alpha}_3,\boldsymbol{\alpha}_4$ 是等价向量组.

$$(3)\ (\boldsymbol{\alpha}_1,\boldsymbol{\alpha}_2)=\begin{pmatrix}3&2\\1&-1\\2&-1\end{pmatrix}\to\begin{pmatrix}1&0\\0&1\\0&0\end{pmatrix},$$

只有零组合系数,故向量组 $\boldsymbol{\alpha}_1,\boldsymbol{\alpha}_2$ 线性无关,没有多余向量.

于是经过不断地删除多余向量,得到线性无关的等价向量组 $\boldsymbol{\alpha}_1,\boldsymbol{\alpha}_2$. 这就是最精简的等价向量组. □

上述例子所得到的向量组 $\boldsymbol{\alpha}_1,\boldsymbol{\alpha}_2$,是最精简的向量组,因为它们线性无关,再没有多余的向量了. 同时,它们与原向量组 $\boldsymbol{\alpha}_1,\boldsymbol{\alpha}_2,\boldsymbol{\alpha}_3,\boldsymbol{\alpha}_4$ 是等价向量组,所以可以表示原向量组 $\boldsymbol{\alpha}_1,\boldsymbol{\alpha}_2,\boldsymbol{\alpha}_3,\boldsymbol{\alpha}_4$ 的每个向量. 我们称 $\boldsymbol{\alpha}_1,\boldsymbol{\alpha}_2$ 为向量组 $\boldsymbol{\alpha}_1,\boldsymbol{\alpha}_2,\boldsymbol{\alpha}_3,\boldsymbol{\alpha}_4$ 的极大无关组.

因为极大无关组的向量能表示其他向量,且没有多余的向量,若再加入原向量组的任意一个向量,显然就有多余向量,就线性相关. 所以有一个等价的说法,极大无关组是不能再扩展向量的线性无关部分向量组,线性代数课程将这一说法作为极大无关组的定义.

定义 2.8(极大无关组)　若向量组 $\boldsymbol{\alpha}_1,\boldsymbol{\alpha}_2,\cdots,\boldsymbol{\alpha}_n$ 的某个部分向量组线性无关,且再增加任意一个向量都将线性相关,则称此部分向量组为该向量组的一个极大线性无关组,简称极大无关组.

【注 2.4】 部分向量组是极大无关组当且仅当部分向量组线性无关并且可以表示其他向量.

因为极大无关组线性无关,且再加原向量组的任意一个向量就线性相关,故向量组的任意一个向量都可以由极大无关组表示. 若线性无关的部分向量组可以表示向量组的任意一个向量,则加入任意一个向量就会有多余的向量,即线性相关,故是极大无关组.

前述例子告诉我们,对于一个线性相关的向量组,我们可以通过不断地删除多余向量得到极大无关组. 但是每次删除多余向量时,可以选择不同的多余向量删除,这样就会得到不同的极大无关组.

例如向量组 $\boldsymbol{\alpha}_1=(1,0)^{\mathrm{T}},\boldsymbol{\alpha}_2=(0,1)^{\mathrm{T}},\boldsymbol{\alpha}_3=(1,1)^{\mathrm{T}}$,则 $\boldsymbol{\alpha}_1,\boldsymbol{\alpha}_2$ 为向量组的一个极大无关组,此外 $\boldsymbol{\alpha}_1,\boldsymbol{\alpha}_3$ 和 $\boldsymbol{\alpha}_2,\boldsymbol{\alpha}_3$ 都是极大无关组.

【注 2.5】 向量组的极大无关组不唯一.

向量组可以有多个不同的极大无关组,是否可以在这些极大无关组中找一个向量个数最少的极大无关组?事实是不需要,因为极大无关组向量个数是确定的.

定理 2.8　向量组的任意两个极大无关组向量个数都相同.

证明　假设某个向量组有两个极大无关组 $\boldsymbol{\alpha}_1,\boldsymbol{\alpha}_2,\cdots,\boldsymbol{\alpha}_r$ 和 $\boldsymbol{\beta}_1,\boldsymbol{\beta}_2,\cdots,\boldsymbol{\beta}_s$. 显然两个向量组等价.

假设 $r<s$，因为向量组 $\boldsymbol{\beta}_1,\boldsymbol{\beta}_2,\cdots,\boldsymbol{\beta}_s$ 可由向量组 $\boldsymbol{\alpha}_1,\boldsymbol{\alpha}_2,\cdots,\boldsymbol{\alpha}_r$ 线性表出，设

$$\boldsymbol{\beta}_j=a_{1j}\boldsymbol{\alpha}_1+a_{2j}\boldsymbol{\alpha}_2+\cdots+a_{rj}\boldsymbol{\alpha}_r,j=1,2,\cdots,s.$$

再设

$$x_1\boldsymbol{\beta}_1+x_2\boldsymbol{\beta}_2+\cdots+x_s\boldsymbol{\beta}_s=\mathbf{0},$$

将 $\boldsymbol{\beta}_1,\boldsymbol{\beta}_2,\cdots,\boldsymbol{\beta}_s$ 替换成 $\boldsymbol{\alpha}_1,\boldsymbol{\alpha}_2,\cdots,\boldsymbol{\alpha}_r$ 的线性组合得

$$(a_{11}x_1+a_{12}x_2+\cdots+a_{1s}x_s)\boldsymbol{\alpha}_1+(a_{21}x_1+a_{22}x_2+\cdots+a_{2s}x_s)\boldsymbol{\alpha}_2+\cdots+(a_{r1}x_1+a_{r2}x_2+\cdots+a_{rs}x_s)\boldsymbol{\alpha}_r=\mathbf{0}.$$

因为 $\boldsymbol{\alpha}_1,\boldsymbol{\alpha}_2,\cdots,\boldsymbol{\alpha}_r$ 是极大无关组，线性无关，故组合成 $\mathbf{0}$ 向量的组合系数为 0，即

$$\begin{cases}a_{11}x_1+a_{12}x_2+\cdots+a_{1s}x_s=0,\\a_{21}x_1+a_{22}x_2+\cdots+a_{2s}x_s=0,\\\qquad\qquad\vdots\\a_{r1}x_1+a_{r2}x_2+\cdots+a_{rs}x_s=0.\end{cases}$$

由于 $r<s$，故由定理 1.2 知有非零解，即 $\boldsymbol{\beta}_1,\boldsymbol{\beta}_2,\cdots,\boldsymbol{\beta}_s$ 线性相关，与 $\boldsymbol{\beta}_1,\boldsymbol{\beta}_2,\cdots,\boldsymbol{\beta}_s$ 是极大无关组矛盾.

若 $r>s$，同理也导出矛盾. 故一定有 $r=s$. □

向量组的极大无关组向量个数是一个确定的数，表示向量组可以等价缩减到的最精简部分向量组的向量个数，即向量组的核心部分组的大小. 我们称其为向量组的秩.

定义 2.9（向量组的秩）　向量组 $\boldsymbol{\alpha}_1,\boldsymbol{\alpha}_2,\cdots,\boldsymbol{\alpha}_n$ 的一个极大无关组的向量个数称为该向量组的秩，记为 $\mathrm{r}\{\boldsymbol{\alpha}_1,\boldsymbol{\alpha}_2,\cdots,\boldsymbol{\alpha}_n\}$.

例 2.19 告诉我们可以如何在一个向量组中求一个极大无关组. 但是也能看出每次查找和删去多余向量的方法太繁琐了，不是一个实用的方法. 如何能够更好地求出极大无关组？

首先，当一个向量组非常简单时，我们可以很容易地看出一个极大无关组，见下例.

【例 2.20】　求向量组

$$\boldsymbol{\beta}_1=\begin{pmatrix}1\\0\\0\end{pmatrix},\boldsymbol{\beta}_2=\begin{pmatrix}0\\1\\0\end{pmatrix},\boldsymbol{\beta}_3=\begin{pmatrix}1\\-1\\0\end{pmatrix},\boldsymbol{\beta}_4=\begin{pmatrix}1\\2\\0\end{pmatrix}$$

的一个极大无关组.

解　易知 $\boldsymbol{\beta}_1,\boldsymbol{\beta}_2$ 线性无关，并且有

$$\boldsymbol{\beta}_3=\boldsymbol{\beta}_1-\boldsymbol{\beta}_2,\boldsymbol{\beta}_4=\boldsymbol{\beta}_1+2\boldsymbol{\beta}_2,$$

故 $\boldsymbol{\beta}_1,\boldsymbol{\beta}_2$ 是一个极大无关组. □

如果一个向量组很复杂，我们就不容易直接看出它的一个极大无关组，此时我们考虑将复杂的向量组简化成简单的向量组，然后再来找极大无关组.

【例 2.21】 求例 2.19 中向量组

$$\boldsymbol{\alpha}_1=\begin{pmatrix}3\\1\\2\end{pmatrix},\boldsymbol{\alpha}_2=\begin{pmatrix}2\\-1\\-1\end{pmatrix},\boldsymbol{\alpha}_3=\begin{pmatrix}1\\2\\3\end{pmatrix},\boldsymbol{\alpha}_4=\begin{pmatrix}7\\-1\\0\end{pmatrix}$$

的一个极大无关组，且表示其他向量.

解 由于要找出 $\boldsymbol{\alpha}_1,\boldsymbol{\alpha}_2,\boldsymbol{\alpha}_3,\boldsymbol{\alpha}_4$ 的多余向量并删去，考虑向量形式的方程组

$$x_1\boldsymbol{\alpha}_1+x_2\boldsymbol{\alpha}_2+x_3\boldsymbol{\alpha}_3+x_4\boldsymbol{\alpha}_4=\mathbf{0}.$$

解方程组

$$(\boldsymbol{\alpha}_1,\boldsymbol{\alpha}_2,\boldsymbol{\alpha}_3,\boldsymbol{\alpha}_4)=\begin{pmatrix}3&2&1&7\\1&-1&2&-1\\2&-1&3&0\end{pmatrix}\to\begin{pmatrix}1&0&1&1\\0&1&-1&2\\0&0&0&0\end{pmatrix}=(\boldsymbol{\beta}_1,\boldsymbol{\beta}_2,\boldsymbol{\beta}_3,\boldsymbol{\beta}_4),$$

得同解方程组

$$x_1\boldsymbol{\beta}_1+x_2\boldsymbol{\beta}_2+x_3\boldsymbol{\beta}_3+x_4\boldsymbol{\beta}_4=\mathbf{0},$$

其中

$$\boldsymbol{\beta}_1=\begin{pmatrix}1\\0\\0\end{pmatrix},\boldsymbol{\beta}_2=\begin{pmatrix}0\\1\\0\end{pmatrix},\boldsymbol{\beta}_3=\begin{pmatrix}1\\-1\\0\end{pmatrix},\boldsymbol{\beta}_4=\begin{pmatrix}1\\2\\0\end{pmatrix}.$$

由例 2.20 知 $\boldsymbol{\beta}_1,\boldsymbol{\beta}_2$ 线性无关，并且有

$$\boldsymbol{\beta}_3=\boldsymbol{\beta}_1-\boldsymbol{\beta}_2,\boldsymbol{\beta}_4=\boldsymbol{\beta}_1+2\boldsymbol{\beta}_2,$$

即 $\boldsymbol{\beta}_1,\boldsymbol{\beta}_2$ 是 $\boldsymbol{\beta}_1,\boldsymbol{\beta}_2,\boldsymbol{\beta}_3,\boldsymbol{\beta}_4$ 的一个极大无关组.

$\boldsymbol{\beta}_1,\boldsymbol{\beta}_2$ 线性无关知 $x_1\boldsymbol{\beta}_1+x_2\boldsymbol{\beta}_2+x_3\boldsymbol{\beta}_3+x_4\boldsymbol{\beta}_4=\mathbf{0}$ 无非零解 $(x_1,x_2,0,0)^{\mathrm{T}}$.

$\boldsymbol{\beta}_3=\boldsymbol{\beta}_1-\boldsymbol{\beta}_2,\boldsymbol{\beta}_4=\boldsymbol{\beta}_1+2\boldsymbol{\beta}_2$ 知 $x_1\boldsymbol{\beta}_1+x_2\boldsymbol{\beta}_2+x_3\boldsymbol{\beta}_3+x_4\boldsymbol{\beta}_4=\mathbf{0}$ 有解 $(-1,1,1,0)^{\mathrm{T}}$ 和 $(-1,-2,0,1)^{\mathrm{T}}$.

由于 $x_1\boldsymbol{\alpha}_1+x_2\boldsymbol{\alpha}_2+x_3\boldsymbol{\alpha}_3+x_4\boldsymbol{\alpha}_4=\mathbf{0}$ 和 $x_1\boldsymbol{\beta}_1+x_2\boldsymbol{\beta}_2+x_3\boldsymbol{\beta}_3+x_4\boldsymbol{\beta}_4=\mathbf{0}$ 是同解方程组，故知

$$x_1\boldsymbol{\alpha}_1+x_2\boldsymbol{\alpha}_2+x_3\boldsymbol{\alpha}_3+x_4\boldsymbol{\alpha}_4=\mathbf{0}$$

无非零解 $(x_1,x_2,0,0)^{\mathrm{T}}$，有解 $(-1,1,1,0)^{\mathrm{T}}$ 和 $(-1,-2,0,1)^{\mathrm{T}}$. 也即 $\boldsymbol{\alpha}_1,\boldsymbol{\alpha}_2$ 线性无关，并且有

$$\boldsymbol{\alpha}_3=\boldsymbol{\alpha}_1-\boldsymbol{\alpha}_2,\boldsymbol{\alpha}_4=\boldsymbol{\alpha}_1+2\boldsymbol{\alpha}_2.$$

这样我们得知 $\boldsymbol{\alpha}_1,\boldsymbol{\alpha}_2$ 是向量组 $\boldsymbol{\alpha}_1,\boldsymbol{\alpha}_2,\boldsymbol{\alpha}_3,\boldsymbol{\alpha}_4$ 的一个极大无关组. 并有 $\boldsymbol{\alpha}_3=\boldsymbol{\alpha}_1-\boldsymbol{\alpha}_2$，$\boldsymbol{\alpha}_4=\boldsymbol{\alpha}_1+2\boldsymbol{\alpha}_2$. □

上述例子我们利用了列向量组进行同步的初等行变换后得到简化的列向量组，两个列向量组对应同解的齐次方程组，故有相同的组合关系.

定理 2.9　矩阵经过一系列初等行变换后，矩阵列的关系不变. 具体地说，若有向量组 $\boldsymbol{\alpha}_1,\boldsymbol{\alpha}_2,\cdots,\boldsymbol{\alpha}_n,\boldsymbol{\beta}$ 和向量组 $\xi_1,\xi_2,\cdots,\xi_n,\boldsymbol{\eta}$，且有矩阵 $\boldsymbol{A}=(\boldsymbol{\alpha}_1,\boldsymbol{\alpha}_2,\cdots,\boldsymbol{\alpha}_n,\boldsymbol{\beta})$ 经过一系列初等行变换后得到矩阵 $\boldsymbol{B}=(\xi_1,\xi_2,\cdots,\xi_n,\boldsymbol{\eta})$，则若有

$$\boldsymbol{\beta}=k_1\boldsymbol{\alpha}_1+k_2\boldsymbol{\alpha}_2+\cdots+k_n\boldsymbol{\alpha}_n,$$

也有关系

$$\boldsymbol{\eta}=k_1\xi_1+k_2\xi_2+\cdots+k_n\xi_n.$$

反之亦然.

若有向量组 $\boldsymbol{\alpha}_1,\boldsymbol{\alpha}_2,\cdots,\boldsymbol{\alpha}_n$ 和向量组 $\xi_1,\xi_2,\cdots,\xi_n$，且有矩阵 $(\boldsymbol{\alpha}_1,\boldsymbol{\alpha}_2,\cdots,\boldsymbol{\alpha}_n)$ 经过一系列初等行变换后得到 $(\xi_1,\xi_2,\cdots,\xi_n)$，则若有

$$k_1\boldsymbol{\alpha}_1+k_2\boldsymbol{\alpha}_2+\cdots+k_n\boldsymbol{\alpha}_n=\boldsymbol{0},$$

也有关系

$$k_1\boldsymbol{\alpha}_1+k_2\boldsymbol{\alpha}_2+\cdots+k_n\boldsymbol{\alpha}_n=\boldsymbol{0}.$$

反之亦然.

进一步，向量组 $\boldsymbol{\alpha}_1,\boldsymbol{\alpha}_2,\cdots,\boldsymbol{\alpha}_n$ 中的极大无关组对应向量组 $\xi_1,\xi_2,\cdots,\xi_n$ 中的极大无关组.

证明　因为向量形式的方程组

$$x_1\boldsymbol{\alpha}_1+x_2\boldsymbol{\alpha}_2+\cdots+x_n\boldsymbol{\alpha}_n=\boldsymbol{\beta},$$

增广矩阵为

$$\boldsymbol{A}=(\boldsymbol{\alpha}_1,\boldsymbol{\alpha}_2,\cdots,\boldsymbol{\alpha}_n,\boldsymbol{\beta}),$$

向量形式的方程组

$$x_1\boldsymbol{\xi}_1+x_2\boldsymbol{\xi}_2+\cdots+x_n\boldsymbol{\xi}_n=\boldsymbol{\eta},$$

增广矩阵为

$$\boldsymbol{B}=(\boldsymbol{\xi}_1,\boldsymbol{\xi}_2,\cdots,\boldsymbol{\xi}_n,\boldsymbol{\eta}),$$

而增广矩阵 $\boldsymbol{A}=(\boldsymbol{\alpha}_1,\boldsymbol{\alpha}_2,\cdots,\boldsymbol{\alpha}_n,\boldsymbol{\beta})$ 经过一系列初等行变换后得到增广矩阵 $\boldsymbol{B}=(\boldsymbol{\xi}_1,\boldsymbol{\xi}_2,\cdots,\boldsymbol{\xi}_n,\boldsymbol{\eta})$，故

$$x_1\boldsymbol{\alpha}_1+x_2\boldsymbol{\alpha}_2+\cdots+x_n\boldsymbol{\alpha}_n=\boldsymbol{\beta}$$

与

$$x_1\boldsymbol{\xi}_1+x_2\boldsymbol{\xi}_2+\cdots+x_n\boldsymbol{\xi}_n=\boldsymbol{\eta}$$

为同解方程组.

若有

$$\boldsymbol{\beta}=k_1\boldsymbol{\alpha}_1+k_2\boldsymbol{\alpha}_2+\cdots+k_n\boldsymbol{\alpha}_n,$$

则两个同解方程组都有解 $x_1=k_1,x_2=k_2,\cdots,x_n=k_n$,故有

$$\boldsymbol{\eta}=k_1\boldsymbol{\xi}_1+k_2\boldsymbol{\xi}_2+\cdots+k_n\boldsymbol{\xi}_n.$$

反之亦然.

当 $\boldsymbol{\beta}=\mathbf{0}$ 时,有 $(\boldsymbol{\alpha}_1,\boldsymbol{\alpha}_2,\cdots,\boldsymbol{\alpha}_n,\mathbf{0})$ 初等行变换后得到 $(\boldsymbol{\xi}_1,\boldsymbol{\xi}_2,\cdots,\boldsymbol{\xi}_n,\mathbf{0})$,故有相关的结论.

若 $\boldsymbol{\alpha}_{i_1},\boldsymbol{\alpha}_{i_2},\cdots,\boldsymbol{\alpha}_{i_r}$ 是向量组的一个极大无关组,则 $\boldsymbol{\alpha}_{i_1},\boldsymbol{\alpha}_{i_2},\cdots,\boldsymbol{\alpha}_{i_r}$ 线性无关,可以表示向量组中的其他向量,而对应的 $\boldsymbol{\xi}_{i_1},\boldsymbol{\xi}_{i_2},\cdots,\boldsymbol{\xi}_{i_r}$ 也线性无关(没有非零组合系数),并且可以按照同样的组合系数表示 $\boldsymbol{\xi}_1,\boldsymbol{\xi}_2,\cdots,\boldsymbol{\xi}_n$ 中的其他向量,故 $\boldsymbol{\xi}_{i_1},\boldsymbol{\xi}_{i_2},\cdots,\boldsymbol{\xi}_{i_r}$ 是 $\boldsymbol{\xi}_1,\boldsymbol{\xi}_2,\cdots,\boldsymbol{\xi}_n$ 的一个极大无关组. 反之亦然. □

利用定理 2.9,我们可以将向量组构成的矩阵化为简化阶梯形矩阵,在简化阶梯形矩阵的列中找极大无关组,并在简化阶梯形矩阵的极大无关列以外的列中找极大无关组表示该列的表示式,然后平移到原来向量组的向量中.

定理 2.10 **若有向量组 $\boldsymbol{\alpha}_1,\boldsymbol{\alpha}_2,\cdots,\boldsymbol{\alpha}_n$,矩阵 $\boldsymbol{A}=(\boldsymbol{\alpha}_1,\boldsymbol{\alpha}_2,\cdots,\boldsymbol{\alpha}_n)$ 经过一系列初等行变换后得到阶梯形矩阵 $\boldsymbol{B}=(\boldsymbol{\xi}_1,\boldsymbol{\xi}_2,\cdots,\boldsymbol{\xi}_n)$,则 $\boldsymbol{B}$ 中非零行首元素所在列对应的 $\boldsymbol{A}$ 的列 $\boldsymbol{\alpha}_{i_1},\boldsymbol{\alpha}_{i_2},\cdots,\boldsymbol{\alpha}_{i_r}$ 可以作为一个极大无关组,向量组的秩为 $\boldsymbol{B}$ 中非零行的个数. 进一步,若 $\boldsymbol{B}$ 是简化阶梯形矩阵,则极大无关组 $\boldsymbol{\alpha}_{i_1},\boldsymbol{\alpha}_{i_2},\cdots,\boldsymbol{\alpha}_{i_r}$ 表示其他向量 $\boldsymbol{\alpha}_k$ 的组合系数就是 $\boldsymbol{\xi}_k$ 的分量($\boldsymbol{\xi}_k$ 在非零行中的分量).**

证明 假设 $\boldsymbol{B}$ 是简化阶梯形矩阵,则 $\boldsymbol{B}$ 中非零行首元素 1 所在的列有

$$\boldsymbol{\xi}_{i_1}=\boldsymbol{e}_1=(1,0,\cdots,0)^{\mathrm{T}},\boldsymbol{\xi}_{i_2}=\boldsymbol{e}_2=(0,1,0,\cdots,0)^{\mathrm{T}},\cdots,\boldsymbol{\xi}_{i_r}=\boldsymbol{e}_r=(0,\cdots,0,1,0,\cdots,0)^{\mathrm{T}},$$

显然 $\boldsymbol{\xi}_{i_1},\boldsymbol{\xi}_{i_2},\cdots,\boldsymbol{\xi}_{i_r}$ 线性无关.

其他向量 $\boldsymbol{\xi}_k=(t_1,t_2,\cdots,t_r,0,\cdots,0)^{\mathrm{T}}$,则有

$$\boldsymbol{\xi}_k=t_1\boldsymbol{e}_1+t_2\boldsymbol{e}_2+\cdots+t_r\boldsymbol{e}_r=t_1\boldsymbol{\xi}_{i_1}+t_2\boldsymbol{\xi}_{i_2}+\cdots+t_r\boldsymbol{\xi}_{i_r}.$$

故 $\boldsymbol{B}$ 中非零行首元素所在列 $\boldsymbol{\xi}_{i_1},\boldsymbol{\xi}_{i_2},\cdots,\boldsymbol{\xi}_{i_r}$ 是 $\boldsymbol{B}$ 的列的一个极大无关组,且表示其他向量 $\boldsymbol{\xi}_k$ 的组合系数就是 $\boldsymbol{\xi}_k$ 在非零行中的分量.

由定理 2.9 知对应的 $\boldsymbol{A}$ 的列 $\boldsymbol{\alpha}_{i_1},\boldsymbol{\alpha}_{i_2},\cdots,\boldsymbol{\alpha}_{i_r}$ 也是 $\boldsymbol{A}$ 的列的一个极大无关组,表示其他向量 $\boldsymbol{\alpha}_k$ 的组合系数与 $\boldsymbol{\xi}_{i_1},\boldsymbol{\xi}_{i_2},\cdots,\boldsymbol{\xi}_{i_r}$ 表示 $\boldsymbol{\xi}_k$ 的组合系数一样,为 $\boldsymbol{\xi}_k$ 在非零行中的分量.

若 $\boldsymbol{B}$ 不是简化阶梯形矩阵,则进一步化成简化阶梯形矩阵 $\boldsymbol{C}$ 后,$\boldsymbol{B}$ 的首元素与 $\boldsymbol{C}$ 的首元素 1 位置对应,个数相同,非零行个数也相同,所以 $\boldsymbol{B}$ 和 $\boldsymbol{C}$ 对应相同的极大无关列,即极大无关组. 故 $\boldsymbol{B}$ 的非零行首元素所在列对应 $\boldsymbol{A}$ 的列是一个极大无关组,且向量

组的秩就是 $\boldsymbol{B}$ 的非零行首元素个数,即 $\boldsymbol{B}$ 的非零行个数. □

【注 2.6】 向量组 $\boldsymbol{\alpha}_1,\boldsymbol{\alpha}_2,\cdots,\boldsymbol{\alpha}_n$ 的秩 $\mathrm{r}\{\boldsymbol{\alpha}_1,\boldsymbol{\alpha}_2,\cdots,\boldsymbol{\alpha}_n\}$ 就是 $\mathrm{r}(\boldsymbol{\alpha}_1,\boldsymbol{\alpha}_2,\cdots,\boldsymbol{\alpha}_n)$,或 $\mathrm{r}(\boldsymbol{A})$,其中 $\boldsymbol{A}=(\boldsymbol{\alpha}_1,\boldsymbol{\alpha}_2,\cdots,\boldsymbol{\alpha}_n)$.

【例 2.22】 求向量组

$$\boldsymbol{\alpha}_1=\begin{pmatrix}2\\3\\2\end{pmatrix},\boldsymbol{\alpha}_2=\begin{pmatrix}-4\\-6\\-4\end{pmatrix},\boldsymbol{\alpha}_3=\begin{pmatrix}1\\1\\-5\end{pmatrix},\boldsymbol{\alpha}_4=\begin{pmatrix}7\\10\\1\end{pmatrix}$$

的一个极大无关组和向量组的秩.

解　由于只需要找出极大无关组,故矩阵可以只化到阶梯形矩阵.

$$(\boldsymbol{\alpha}_1,\boldsymbol{\alpha}_2,\boldsymbol{\alpha}_3,\boldsymbol{\alpha}_4)=\begin{pmatrix}2&-4&1&7\\3&-6&1&10\\2&-4&-5&1\end{pmatrix}\to\begin{pmatrix}2&-4&1&7\\0&0&1&1\\0&0&0&0\end{pmatrix},$$

故 $\boldsymbol{\alpha}_1,\boldsymbol{\alpha}_3$ 是一个极大无关组,向量组的秩为 2. □

【例 2.23】 求向量组

$$\boldsymbol{\alpha}_1=\begin{pmatrix}3\\-1\\2\\1\end{pmatrix},\boldsymbol{\alpha}_2=\begin{pmatrix}-9\\3\\-6\\-3\end{pmatrix},\boldsymbol{\alpha}_3=\begin{pmatrix}2\\-2\\1\\3\end{pmatrix},\boldsymbol{\alpha}_4=\begin{pmatrix}-1\\7\\1\\-12\end{pmatrix},\boldsymbol{\alpha}_5=\begin{pmatrix}4\\-2\\3\\3\end{pmatrix}$$

的一个极大无关组,并用极大无关组表示其他向量.

解　$$(\boldsymbol{\alpha}_1,\boldsymbol{\alpha}_2,\boldsymbol{\alpha}_3,\boldsymbol{\alpha}_4,\boldsymbol{\alpha}_5)=\begin{pmatrix}3&-9&2&-1&4\\-1&3&-2&7&-2\\2&-6&1&1&3\\1&-3&3&-12&3\end{pmatrix}\to$$

$$\begin{pmatrix}1&-3&0&3&0\\0&0&1&-5&0\\0&0&0&0&1\\0&0&0&0&0\end{pmatrix},$$

故 $\boldsymbol{\alpha}_1,\boldsymbol{\alpha}_3,\boldsymbol{\alpha}_5$ 是一个极大无关组,且有 $\boldsymbol{\alpha}_2=-3\boldsymbol{\alpha}_1,\boldsymbol{\alpha}_4=3\boldsymbol{\alpha}_1-5\boldsymbol{\alpha}_3$. □

【例 2.24】 求行向量组

$$\boldsymbol{\alpha}_1=(3,1,5),\boldsymbol{\alpha}_2=(6,2,10),\boldsymbol{\alpha}_3=(2,3,3)$$

的一个极大无关组和行向量组的秩.

解 将 $\boldsymbol{\alpha}_1^{\mathrm{T}},\boldsymbol{\alpha}_2^{\mathrm{T}},\boldsymbol{\alpha}_3^{\mathrm{T}}$ 构成矩阵 $\mathbf{A}$,对 $\mathbf{A}$ 初等行变换简化为阶梯形矩阵,即

$$\mathbf{A}=(\boldsymbol{\alpha}_1^{\mathrm{T}},\boldsymbol{\alpha}_2^{\mathrm{T}},\boldsymbol{\alpha}_3^{\mathrm{T}})=\begin{pmatrix}3&6&2\\1&2&3\\5&10&3\end{pmatrix}\rightarrow\begin{pmatrix}1&2&3\\0&0&-7\\0&0&0\end{pmatrix},$$

故 $\boldsymbol{\alpha}_1^{\mathrm{T}},\boldsymbol{\alpha}_3^{\mathrm{T}}$ 是向量组 $\boldsymbol{\alpha}_1^{\mathrm{T}},\boldsymbol{\alpha}_2^{\mathrm{T}},\boldsymbol{\alpha}_3^{\mathrm{T}}$ 的一个极大无关组,从而 $\boldsymbol{\alpha}_1,\boldsymbol{\alpha}_3$ 是向量组 $\boldsymbol{\alpha}_1,\boldsymbol{\alpha}_2,\boldsymbol{\alpha}_3$ 的一个极大无关组,向量个数为 2,故向量组的秩为 2. □

【例 2.25】 判断向量组 $\boldsymbol{\alpha}_1=\begin{pmatrix}1\\2\\2\end{pmatrix},\boldsymbol{\alpha}_2=\begin{pmatrix}5\\1\\-1\end{pmatrix}$ 和向量组 $\boldsymbol{\beta}_1=\begin{pmatrix}-3\\3\\5\end{pmatrix},\boldsymbol{\beta}_2=\begin{pmatrix}6\\3\\1\end{pmatrix},$ $\boldsymbol{\beta}_3=\begin{pmatrix}-5\\8\\12\end{pmatrix}$ 是否是等价向量组.

解 $$(\boldsymbol{\alpha}_1,\boldsymbol{\alpha}_2\mid\boldsymbol{\beta}_1,\boldsymbol{\beta}_2,\boldsymbol{\beta}_3)=\left(\begin{array}{cc:ccc}1&5&-3&6&-5\\2&1&3&3&8\\2&-1&5&1&12\end{array}\right)\rightarrow$$

$$\left(\begin{array}{cc:ccc}1&0&2&1&5\\0&1&-1&1&-2\\0&0&0&0&0\end{array}\right),$$

显然 $\boldsymbol{\alpha}_1,\boldsymbol{\alpha}_2$ 可以表示 $\boldsymbol{\beta}_1,\boldsymbol{\beta}_2,\boldsymbol{\beta}_3$.

$$(\boldsymbol{\beta}_1,\boldsymbol{\beta}_2,\boldsymbol{\beta}_3\mid\boldsymbol{\alpha}_1,\boldsymbol{\alpha}_2)=\left(\begin{array}{ccc:cc}-3&6&-5&1&5\\3&3&8&2&1\\5&1&12&2&-1\end{array}\right)\rightarrow\left(\begin{array}{ccc:cc}1&0&7/3&1/3&-1/3\\0&1&1/3&1/3&2/3\\0&0&0&0&0\end{array}\right),$$

显然 $\boldsymbol{\beta}_1,\boldsymbol{\beta}_2$ 可以表示 $\boldsymbol{\alpha}_1,\boldsymbol{\alpha}_2$,当然 $\boldsymbol{\beta}_1,\boldsymbol{\beta}_2,\boldsymbol{\beta}_3$ 也可以表示 $\boldsymbol{\alpha}_1,\boldsymbol{\alpha}_2$. 故 $\boldsymbol{\alpha}_1,\boldsymbol{\alpha}_2$ 和 $\boldsymbol{\beta}_1,\boldsymbol{\beta}_2,\boldsymbol{\beta}_3$ 是等价向量组. □

现在我们回过头来再用简化列向量组而不改变列向量组关系的角度看看解方程组.

以例 1.4 的方程组

$$\begin{cases}x-2y+z=3,\\3x-y+2z=2,\\2x+y+5z=7\end{cases}$$

为例,向量形式为

$$x\boldsymbol{\alpha}_1+y\boldsymbol{\alpha}_2+z\boldsymbol{\alpha}_3=\boldsymbol{\beta},$$

其中

$$\boldsymbol{\alpha}_1=\begin{pmatrix}1\\3\\2\end{pmatrix},\boldsymbol{\alpha}_2=\begin{pmatrix}-2\\-1\\1\end{pmatrix},\boldsymbol{\alpha}_3=\begin{pmatrix}1\\2\\5\end{pmatrix},\boldsymbol{\beta}=\begin{pmatrix}3\\2\\7\end{pmatrix}.$$

经过初等行变换化简化阶梯形矩阵,则有

$$(\boldsymbol{\alpha}_1,\boldsymbol{\alpha}_2,\boldsymbol{\alpha}_3,\boldsymbol{\beta})=\left(\begin{array}{ccc:c}1&-2&1&3\\3&-1&2&2\\2&1&5&7\end{array}\right)\rightarrow\left(\begin{array}{ccc:c}1&0&0&-1\\0&1&0&-1\\0&0&1&2\end{array}\right)=(\boldsymbol{\xi}_1,\boldsymbol{\xi}_2,\boldsymbol{\xi}_3,\boldsymbol{\gamma}).$$

因为

$$\boldsymbol{\xi}_1=\begin{pmatrix}1\\0\\0\end{pmatrix},\boldsymbol{\xi}_2=\begin{pmatrix}0\\1\\0\end{pmatrix},\boldsymbol{\xi}_3=\begin{pmatrix}0\\0\\1\end{pmatrix},\boldsymbol{\gamma}=\begin{pmatrix}-1\\-1\\2\end{pmatrix}=(-1)\boldsymbol{\xi}_1+(-1)\boldsymbol{\xi}_2+2\boldsymbol{\xi}_3,$$

同样地有

$$(-1)\boldsymbol{\alpha}_1+(-1)\boldsymbol{\alpha}_2+2\boldsymbol{\alpha}_3=\boldsymbol{\beta},$$

组合系数$-1,-1,2$就是向量形式的方程组

$$x\boldsymbol{\alpha}_1+y\boldsymbol{\alpha}_2+z\boldsymbol{\alpha}_3=\boldsymbol{\beta}$$

的解,而该解就是$\boldsymbol{\gamma}$的分量,即简化阶梯形矩阵增广的列的数据.这就是初等行变换解方程组的实质.

练习二

1. 用向量组表示向量$\boldsymbol{\beta}$.

(1) 向量组$\boldsymbol{\alpha}_1=\begin{pmatrix}1\\1\\-3\\7\end{pmatrix},\boldsymbol{\alpha}_2=\begin{pmatrix}5\\3\\2\\1\end{pmatrix}$,向量$\boldsymbol{\beta}=\begin{pmatrix}7\\3\\13\\-19\end{pmatrix}$.

(2) 向量组$\boldsymbol{\alpha}_1=\begin{pmatrix}2\\4\\2\end{pmatrix},\boldsymbol{\alpha}_2=\begin{pmatrix}-1\\3\\-6\end{pmatrix},\boldsymbol{\alpha}_3=\begin{pmatrix}2\\-1\\7\end{pmatrix}$,向量$\boldsymbol{\beta}=\begin{pmatrix}1\\12\\-9\end{pmatrix}$.

(3) 向量组$\boldsymbol{\alpha}_1=\begin{pmatrix}3\\2\\12\end{pmatrix},\boldsymbol{\alpha}_2=\begin{pmatrix}6\\4\\24\end{pmatrix},\boldsymbol{\alpha}_3=\begin{pmatrix}-1\\3\\-4\end{pmatrix}$,向量$\boldsymbol{\beta}=\begin{pmatrix}5\\7\\20\end{pmatrix}$.

(4) 向量组 $\boldsymbol{\alpha}_1=\begin{pmatrix}1\\-1\\5\end{pmatrix}$,$\boldsymbol{\alpha}_2=\begin{pmatrix}1\\3\\3\end{pmatrix}$,$\boldsymbol{\alpha}_3=\begin{pmatrix}1\\5\\2\end{pmatrix}$,向量 $\boldsymbol{\beta}=\begin{pmatrix}2\\-1\\2\end{pmatrix}$.

2. 判断向量组的相关性.

(1) $\boldsymbol{\alpha}_1=\begin{pmatrix}1\\2\\3\\2\end{pmatrix}$,$\boldsymbol{\alpha}_2=\begin{pmatrix}2\\3\\-3\\-3\end{pmatrix}$,$\boldsymbol{\alpha}_3=\begin{pmatrix}3\\-1\\2\\13\end{pmatrix}$,$\boldsymbol{\alpha}_4=\begin{pmatrix}1\\2\\1\\0\end{pmatrix}$.

(2) $\boldsymbol{\alpha}_1=\begin{pmatrix}1\\3\\1\end{pmatrix}$,$\boldsymbol{\alpha}_2=\begin{pmatrix}-2\\3\\2\end{pmatrix}$,$\boldsymbol{\alpha}_3=\begin{pmatrix}2\\1\\3\end{pmatrix}$.

(3) $\boldsymbol{\alpha}_1=\begin{pmatrix}1\\3\\2\end{pmatrix}$,$\boldsymbol{\alpha}_2=\begin{pmatrix}1\\1\\1\end{pmatrix}$,$\boldsymbol{\alpha}_3=\begin{pmatrix}3\\2\\1\end{pmatrix}$,$\boldsymbol{\alpha}_4=\begin{pmatrix}-2\\1\\1\end{pmatrix}$.

3. 求齐次方程组的基础解系.

(1) $\begin{cases}3x_1+2x_2+x_3=0,\\2x_1+x_2+2x_3=0,\\x_1-x_2+7x_3=0.\end{cases}$

(2) $\begin{cases}x_1+x_2-x_3+3x_4=0,\\3x_1-2x_2+x_3+2x_4=0,\\x_1+3x_2+x_3+4x_4=0.\end{cases}$

(3) $\begin{cases}x_1-2x_2+3x_3=0,\\-2x_1+4x_2+x_3=0,\\x_1-2x_2+2x_3=0.\end{cases}$

(4) $\begin{cases}2x_1+x_2-x_3-2x_4=0,\\x_1-2x_2-2x_3+x_4=0,\\4x_1+7x_2+x_3-8x_4=0,\\x_1-7x_2-5x_3+5x_4=0.\end{cases}$

4. 求非齐次方程组的通解.

(1) $\begin{cases}x_1+2x_2+2x_3=5,\\3x_1-2x_2+2x_3=3,\\x_1-6x_2-2x_3=-7.\end{cases}$

(2) $\begin{cases}x_1+x_2-2x_3+2x_4=3,\\2x_1-x_2-x_3+5x_4=4,\\3x_1-3x_3+7x_4=7.\end{cases}$

(3) $\begin{cases}x_1-x_2-x_3-2x_4=1,\\2x_1+x_2-2x_3-x_4=2,\\3x_1+7x_2-5x_3+2x_4=-1.\end{cases}$

(4) $\begin{cases}x_1+3x_2-2x_3+2x_4=0,\\2x_1+6x_2-3x_3+x_4=1,\\5x_1+15x_2-8x_3+4x_4=2,\\4x_1+12x_2-5x_3-x_4=3.\end{cases}$

5. 求向量组的极大无关组并表示其他向量.

(1) $\boldsymbol{\alpha}_1=\begin{pmatrix}1\\2\\2\\2\end{pmatrix}$,$\boldsymbol{\alpha}_2=\begin{pmatrix}4\\1\\4\\1\end{pmatrix}$,$\boldsymbol{\alpha}_3=\begin{pmatrix}3\\-1\\2\\-1\end{pmatrix}$,$\boldsymbol{\alpha}_4=\begin{pmatrix}0\\7\\4\\7\end{pmatrix}$.

(2) $\boldsymbol{\alpha}_1=\begin{pmatrix}1\\3\\5\\1\end{pmatrix},\boldsymbol{\alpha}_2=\begin{pmatrix}-2\\-6\\-10\\-2\end{pmatrix},\boldsymbol{\alpha}_3=\begin{pmatrix}1\\1\\0\\-3\end{pmatrix},\boldsymbol{\alpha}_4=\begin{pmatrix}-1\\3\\10\\11\end{pmatrix}$.

(3) $\boldsymbol{\alpha}_1=\begin{pmatrix}3\\2\\2\end{pmatrix},\boldsymbol{\alpha}_2=\begin{pmatrix}1\\-2\\3\end{pmatrix},\boldsymbol{\alpha}_3=\begin{pmatrix}5\\6\\1\end{pmatrix}$.

6. 求向量组的秩.

(1) $\boldsymbol{\alpha}_1=\begin{pmatrix}1\\3\\-3\\2\end{pmatrix},\boldsymbol{\alpha}_2=\begin{pmatrix}-1\\-1\\2\\-1\end{pmatrix},\boldsymbol{\alpha}_3=\begin{pmatrix}7\\9\\-15\\8\end{pmatrix},\boldsymbol{\alpha}_4=\begin{pmatrix}3\\5\\-7\\4\end{pmatrix},\boldsymbol{\alpha}_5=\begin{pmatrix}-1\\1\\1\\0\end{pmatrix}$.

(2) $\boldsymbol{\alpha}_1=\begin{pmatrix}1\\2\\-1\\-2\end{pmatrix},\boldsymbol{\alpha}_2=\begin{pmatrix}3\\4\\-1\\3\end{pmatrix},\boldsymbol{\alpha}_3=\begin{pmatrix}1\\-5\\3\\7\end{pmatrix}$.

(3) $\boldsymbol{\alpha}_1=\begin{pmatrix}1\\1\\2\\-2\end{pmatrix},\boldsymbol{\alpha}_2=\begin{pmatrix}-1\\1\\1\\-3\end{pmatrix},\boldsymbol{\alpha}_3=\begin{pmatrix}3\\1\\3\\-1\end{pmatrix}$.

7. 判断向量组是否等价.

(1) 向量组 $\boldsymbol{\alpha}_1=\begin{pmatrix}1\\1\\-2\end{pmatrix},\boldsymbol{\alpha}_2=\begin{pmatrix}4\\3\\-1\end{pmatrix}$和向量组 $\boldsymbol{\beta}_1=\begin{pmatrix}5\\4\\-3\end{pmatrix},\boldsymbol{\beta}_2=\begin{pmatrix}2\\1\\3\end{pmatrix},\boldsymbol{\beta}_3=\begin{pmatrix}10\\7\\1\end{pmatrix}$.

(2) 向量组 $\boldsymbol{\alpha}_1=\begin{pmatrix}1\\1\\-2\\1\end{pmatrix},\boldsymbol{\alpha}_2=\begin{pmatrix}-1\\0\\5\\-1\end{pmatrix},\boldsymbol{\alpha}_3=\begin{pmatrix}-3\\-1\\8\\-3\end{pmatrix}$和向量组 $\boldsymbol{\beta}_1=\begin{pmatrix}1\\1\\2\\1\end{pmatrix},\boldsymbol{\beta}_2=\begin{pmatrix}4\\1\\7\\4\end{pmatrix}$,
$\boldsymbol{\beta}_3=\begin{pmatrix}1\\-2\\1\\1\end{pmatrix}$.

第三章 方程组解的行列式形式

3.1 行列式——方程组求解公式

方程组的解有表达式,见下例.

【例 3.1】 求出二元一次方程组

$$\begin{cases} a_{11}x_1 + a_{12}x_2 = b_1, & (1) \\ a_{21}x_1 + a_{22}x_2 = b_2 & (2) \end{cases}$$

的解的表达式.

解 $a_{22}\times$方程(1)减去$a_{12}\times$方程(2)得到

$$(a_{11}a_{22} - a_{21}a_{12})x_1 = (b_1a_{22} - b_2a_{12}),$$

$a_{11}\times$方程(2)减去$a_{21}\times$方程(1)得到

$$(a_{11}a_{22} - a_{21}a_{12})x_2 = (a_{11}b_2 - a_{21}b_1).$$

令

$$\Delta = a_{11}a_{22} - a_{21}a_{12}, \Delta_1 = b_1a_{22} - b_2a_{12}, \Delta_2 = a_{11}b_2 - a_{21}b_1,$$

则方程组变为

$$\begin{cases} \Delta x_1 = \Delta_1, \\ \Delta x_2 = \Delta_2. \end{cases}$$

当$\Delta \neq 0$时,就有方程组的解为

$$\begin{cases} x_1 = \Delta_1/\Delta, \\ x_2 = \Delta_2/\Delta. \end{cases}$$

其中$\Delta = a_{11}a_{22} - a_{21}a_{12}, \Delta_1 = b_1a_{22} - b_2a_{12}, \Delta_2 = a_{11}b_2 - a_{21}b_1$. □

我们也可以求出三元一次方程组

$$\begin{cases} a_{11}x_1 + a_{12}x_2 + a_{13}x_3 = b_1, \\ a_{21}x_1 + a_{22}x_2 + a_{23}x_3 = b_2, \\ a_{31}x_1 + a_{32}x_2 + a_{33}x_3 = b_3 \end{cases}$$

的解的表达式.但是从二元一次方程组的解的表达式

$$x_1=\Delta_1/\Delta=\frac{b_1a_{22}-b_2a_{12}}{a_{11}a_{22}-a_{21}a_{12}},x_2=\Delta_2/\Delta=\frac{a_{11}b_2-a_{21}b_1}{a_{11}a_{22}-a_{21}a_{12}}$$

来看,三元方程组解的表达式肯定非常复杂,不要说四元、五元等方程组了.

我们使用比 Δ,Δ_1,Δ_2 更加合适的符号来表示这些复杂的式子,就可以给出精简的方程组解的表达式.我们充分利用系数或右端数据的空间位置信息来表示解的表达式中的复杂式子 Δ,Δ_1,Δ_2,即用符号

$$\begin{vmatrix} a_{11} & a_{12} \\ a_{21} & a_{22} \end{vmatrix}=a_{11}a_{22}-a_{21}a_{12}$$

表示 Δ,同样地用

$$\begin{vmatrix} b_1 & a_{12} \\ b_2 & a_{22} \end{vmatrix}=b_1a_{22}-b_2a_{12}$$

表示 Δ_1,用

$$\begin{vmatrix} a_{11} & b_1 \\ a_{21} & b_2 \end{vmatrix}=a_{11}b_2-a_{21}b_1$$

表示 Δ_2.

则解的表达式为

$$x_1=\begin{vmatrix} b_1 & a_{12} \\ b_2 & a_{22} \end{vmatrix}\Bigg/\begin{vmatrix} a_{11} & a_{12} \\ a_{21} & a_{22} \end{vmatrix},\ x_2=\begin{vmatrix} a_{11} & b_1 \\ a_{21} & b_2 \end{vmatrix}\Bigg/\begin{vmatrix} a_{11} & a_{12} \\ a_{21} & a_{22} \end{vmatrix}.$$

现在我们来考虑三元一次方程组

$$\begin{cases} a_{11}x_1+a_{12}x_2+a_{13}x_3=b_1, \\ a_{21}x_1+a_{22}x_2+a_{23}x_3=b_2, \\ a_{31}x_1+a_{32}x_2+a_{33}x_3=b_3 \end{cases}$$

的解的表达式.将方程组改写成

$$\begin{cases} a_{11}x_1+a_{12}x_2+a_{13}x_3=b_1, & (1) \\ a_{22}x_2+a_{23}x_3=b_2-a_{21}x_1, & (2) \\ a_{32}x_2+a_{33}x_3=b_3-a_{31}x_1. & (3) \end{cases}$$

用二元一次方程组解的表达式表示(2)(3)方程构成的方程组,求出 x_2 和 x_3 有

$$x_2=\begin{vmatrix} b_2-a_{21}x_1 & a_{23} \\ b_3-a_{31}x_1 & a_{33} \end{vmatrix}\Bigg/\begin{vmatrix} a_{22} & a_{23} \\ a_{32} & a_{33} \end{vmatrix}=\begin{vmatrix} b_2 & a_{23} \\ b_3 & a_{33} \end{vmatrix}\Bigg/\begin{vmatrix} a_{22} & a_{23} \\ a_{32} & a_{33} \end{vmatrix}-x_1\begin{vmatrix} a_{21} & a_{23} \\ a_{31} & a_{33} \end{vmatrix}\Bigg/\begin{vmatrix} a_{22} & a_{23} \\ a_{32} & a_{33} \end{vmatrix},$$

$$x_3=\begin{vmatrix} a_{22} & b_2-a_{21}x_1 \\ a_{32} & b_3-a_{31}x_1 \end{vmatrix}\Bigg/\begin{vmatrix} a_{22} & a_{23} \\ a_{32} & a_{33} \end{vmatrix}=\begin{vmatrix} a_{22} & b_2 \\ a_{32} & b_3 \end{vmatrix}\Bigg/\begin{vmatrix} a_{22} & a_{23} \\ a_{32} & a_{33} \end{vmatrix}-x_1\begin{vmatrix} a_{22} & a_{21} \\ a_{32} & a_{31} \end{vmatrix}\Bigg/\begin{vmatrix} a_{22} & a_{23} \\ a_{32} & a_{33} \end{vmatrix},$$

再改写 x_3 的表达式

$$x_3=\begin{vmatrix}a_{22}&b_2\\a_{32}&b_3\end{vmatrix}\Bigg/\begin{vmatrix}a_{22}&a_{23}\\a_{32}&a_{33}\end{vmatrix}-x_1\begin{vmatrix}a_{22}&a_{21}\\a_{32}&a_{31}\end{vmatrix}\Bigg/\begin{vmatrix}a_{22}&a_{23}\\a_{32}&a_{33}\end{vmatrix}$$

$$=-\begin{vmatrix}b_2&a_{22}\\b_3&a_{32}\end{vmatrix}\Bigg/\begin{vmatrix}a_{22}&a_{23}\\a_{32}&a_{33}\end{vmatrix}+x_1\begin{vmatrix}a_{21}&a_{22}\\a_{31}&a_{32}\end{vmatrix}\Bigg/\begin{vmatrix}a_{22}&a_{23}\\a_{32}&a_{33}\end{vmatrix}.$$

将 x_2 和 x_3 的表达式代入方程(1)并乘以分母 $\begin{vmatrix}a_{22}&a_{23}\\a_{32}&a_{33}\end{vmatrix}$，得

$$a_{11}\begin{vmatrix}a_{22}&a_{23}\\a_{32}&a_{33}\end{vmatrix}x_1+a_{12}\left(\begin{vmatrix}b_2&a_{23}\\b_3&a_{33}\end{vmatrix}-x_1\begin{vmatrix}a_{21}&a_{23}\\a_{31}&a_{33}\end{vmatrix}\right)+a_{13}\left(-\begin{vmatrix}b_2&a_{22}\\b_3&a_{32}\end{vmatrix}+x_1\begin{vmatrix}a_{21}&a_{22}\\a_{31}&a_{32}\end{vmatrix}\right)=b_1\begin{vmatrix}a_{22}&a_{23}\\a_{32}&a_{33}\end{vmatrix},$$

整理后得

$$\left(a_{11}\begin{vmatrix}a_{22}&a_{23}\\a_{32}&a_{33}\end{vmatrix}-a_{12}\begin{vmatrix}a_{21}&a_{23}\\a_{31}&a_{33}\end{vmatrix}+a_{13}\begin{vmatrix}a_{21}&a_{22}\\a_{31}&a_{32}\end{vmatrix}\right)x_1=b_1\begin{vmatrix}a_{22}&a_{23}\\a_{32}&a_{33}\end{vmatrix}-a_{12}\begin{vmatrix}b_2&a_{23}\\b_3&a_{33}\end{vmatrix}+a_{13}\begin{vmatrix}b_2&a_{22}\\b_3&a_{32}\end{vmatrix},$$

令

$$\begin{vmatrix}a_{11}&a_{12}&a_{13}\\a_{21}&a_{22}&a_{23}\\a_{31}&a_{32}&a_{33}\end{vmatrix}=a_{11}\begin{vmatrix}a_{22}&a_{23}\\a_{32}&a_{33}\end{vmatrix}-a_{12}\begin{vmatrix}a_{21}&a_{23}\\a_{31}&a_{33}\end{vmatrix}+a_{13}\begin{vmatrix}a_{21}&a_{22}\\a_{31}&a_{32}\end{vmatrix},$$

则有

$$\begin{vmatrix}b_1&a_{12}&a_{13}\\b_2&a_{22}&a_{23}\\b_3&a_{32}&a_{33}\end{vmatrix}=b_1\begin{vmatrix}a_{22}&a_{23}\\a_{32}&a_{33}\end{vmatrix}-a_{12}\begin{vmatrix}b_2&a_{23}\\b_3&a_{33}\end{vmatrix}+a_{13}\begin{vmatrix}b_2&a_{22}\\b_3&a_{32}\end{vmatrix},$$

故

$$x_1=\begin{vmatrix}b_1&a_{12}&a_{13}\\b_2&a_{22}&a_{23}\\b_3&a_{32}&a_{33}\end{vmatrix}\Bigg/\begin{vmatrix}a_{11}&a_{12}&a_{13}\\a_{21}&a_{22}&a_{23}\\a_{31}&a_{32}&a_{33}\end{vmatrix}.$$

同理可得：

$$x_2=\begin{vmatrix}a_{11}&b_1&a_{13}\\a_{21}&b_2&a_{23}\\a_{31}&b_3&a_{33}\end{vmatrix}\Bigg/\begin{vmatrix}a_{11}&a_{12}&a_{13}\\a_{21}&a_{22}&a_{23}\\a_{31}&a_{32}&a_{33}\end{vmatrix},x_3=\begin{vmatrix}a_{11}&a_{12}&b_1\\a_{21}&a_{22}&b_2\\a_{31}&a_{32}&b_3\end{vmatrix}\Bigg/\begin{vmatrix}a_{11}&a_{12}&a_{13}\\a_{21}&a_{22}&a_{23}\\a_{31}&a_{32}&a_{33}\end{vmatrix}.$$

类似地可以扩展到求 n 元一次方程组

$$\begin{cases} a_{11}x_1+a_{12}x_2+\cdots+a_{1n}x_n=b_1, \\ a_{21}x_1+a_{22}x_2+\cdots+a_{2n}x_n=b_2, \\ \qquad\vdots \\ a_{n1}x_1+a_{n2}x_2+\cdots+a_{nn}x_n=b_n \end{cases}$$

的解的表达式，可得

$$x_1=\begin{vmatrix} b_1 & a_{12} & \cdots & a_{1n} \\ b_2 & a_{22} & \cdots & a_{2n} \\ \vdots & \vdots & & \vdots \\ b_n & a_{n2} & \cdots & a_{nn} \end{vmatrix} \Bigg/ \begin{vmatrix} a_{11} & a_{12} & \cdots & a_{1n} \\ a_{21} & a_{22} & \cdots & a_{2n} \\ \vdots & \vdots & & \vdots \\ a_{n1} & a_{n2} & \cdots & a_{nn} \end{vmatrix},$$

$$x_2=\begin{vmatrix} a_{11} & b_1 & \cdots & a_{1n} \\ a_{21} & b_2 & \cdots & a_{2n} \\ \vdots & \vdots & & \vdots \\ a_{n1} & b_n & \cdots & a_{nn} \end{vmatrix} \Bigg/ \begin{vmatrix} a_{11} & a_{12} & \cdots & a_{1n} \\ a_{21} & a_{22} & \cdots & a_{2n} \\ \vdots & \vdots & & \vdots \\ a_{n1} & a_{n2} & \cdots & a_{nn} \end{vmatrix},\cdots,$$

$$x_n=\begin{vmatrix} a_{11} & a_{12} & \cdots & b_1 \\ a_{21} & a_{22} & \cdots & b_2 \\ \vdots & \vdots & & \vdots \\ a_{n1} & a_{n2} & \cdots & b_n \end{vmatrix} \Bigg/ \begin{vmatrix} a_{11} & a_{12} & \cdots & a_{1n} \\ a_{21} & a_{22} & \cdots & a_{2n} \\ \vdots & \vdots & & \vdots \\ a_{n1} & a_{n2} & \cdots & a_{nn} \end{vmatrix},$$

其中

$$\begin{vmatrix} a_{11} & a_{12} & \cdots & a_{1n} \\ a_{21} & a_{22} & \cdots & a_{2n} \\ \vdots & \vdots & & \vdots \\ a_{n1} & a_{n2} & \cdots & a_{nn} \end{vmatrix} = a_{11}\begin{vmatrix} a_{22} & a_{23} & \cdots & a_{2n} \\ a_{32} & a_{33} & \cdots & a_{3n} \\ \vdots & \vdots & & \vdots \\ a_{n2} & a_{n3} & \cdots & a_{nn} \end{vmatrix} +(-1)^{1+2}a_{12}\begin{vmatrix} a_{21} & a_{23} & \cdots & a_{2n} \\ a_{31} & a_{33} & \cdots & a_{3n} \\ \vdots & \vdots & & \vdots \\ a_{n1} & a_{n3} & \cdots & a_{nn} \end{vmatrix}$$

$$+\cdots+(-1)^{1+n}a_{1n}\begin{vmatrix} a_{21} & a_{22} & \cdots & a_{2,n-1} \\ a_{31} & a_{32} & \cdots & a_{3,n-1} \\ \vdots & \vdots & & \vdots \\ a_{n1} & a_{n2} & \cdots & a_{n,n-1} \end{vmatrix}.$$

这些用两条竖线将一个方形数据阵列括起来的符号形式称为行列式，表示一个数.

定义 3.1(行列式)　若有 n 阶方阵

$$\boldsymbol{A}=\begin{pmatrix} a_{11} & a_{12} & \cdots & a_{1n} \\ a_{21} & a_{22} & \cdots & a_{2n} \\ \vdots & \vdots & & \vdots \\ a_{n1} & a_{n2} & \cdots & a_{nn} \end{pmatrix},$$

则 $\boldsymbol{A}$ 的行列式记为 $|\boldsymbol{A}|$ 或者 $\det(\boldsymbol{A})$ 或者

$$\begin{vmatrix} a_{11} & a_{12} & \cdots & a_{1n} \\ a_{21} & a_{22} & \cdots & a_{2n} \\ \vdots & \vdots & & \vdots \\ a_{n1} & a_{n2} & \cdots & a_{nn} \end{vmatrix},$$

它表示一个数值,该数值由如下方式确定:

若 $n=1$,则 $\det(A)=\det(a_{11})=a_{11}$;

若 $n\geqslant 2$,则 $|A|=a_{11}A_{11}+a_{12}A_{12}+\cdots+a_{1n}A_{1n}$,其中 $A_{ij}=(-1)^{i+j}M_{ij}$,而 M_{ij} 为 A 中删去 a_{ij} 所在行和列后余下的子矩阵的行列式

$$M_{ij}=\begin{vmatrix} a_{11} & \cdots & a_{1,j-1} & a_{1,j+1} & \cdots & a_{1n} \\ \vdots & & \vdots & \vdots & & \vdots \\ a_{i-1,1} & \cdots & a_{i-1,j-1} & a_{i-1,j+1} & \cdots & a_{i-1,n} \\ a_{i+1,1} & \cdots & a_{i+1,j-1} & a_{i+1,j+1} & \cdots & a_{i+1,n} \\ \vdots & & \vdots & \vdots & & \vdots \\ a_{n1} & \cdots & a_{n,j-1} & a_{n,j+1} & \cdots & a_{nn} \end{vmatrix},$$

M_{ij} 称为 a_{ij} 的余子式,A_{ij} 称为 a_{ij} 的代数余子式.

三阶行列式的展开式为

$$\begin{vmatrix} a_{11} & a_{12} & a_{13} \\ a_{21} & a_{22} & a_{23} \\ a_{31} & a_{32} & a_{33} \end{vmatrix}=a_{11}A_{11}+a_{12}A_{12}+a_{13}A_{13}=a_{11}\begin{vmatrix} a_{22} & a_{23} \\ a_{32} & a_{33} \end{vmatrix}-a_{12}\begin{vmatrix} a_{21} & a_{23} \\ a_{31} & a_{33} \end{vmatrix}+a_{13}\begin{vmatrix} a_{21} & a_{22} \\ a_{31} & a_{32} \end{vmatrix}=a_{11}a_{22}a_{33}+a_{12}a_{23}a_{31}+a_{13}a_{21}a_{32}-a_{11}a_{23}a_{32}-a_{12}a_{21}a_{33}-a_{13}a_{22}a_{31}.$$

【注 3.1】 二阶三阶行列式的值可用对角线法则计算,即

$$\begin{vmatrix} a_{11} & a_{12} \\ a_{21} & a_{22} \end{vmatrix}=a_{11}a_{22}-a_{12}a_{21},$$

$$\begin{vmatrix} a_{11} & a_{12} & a_{13} \\ a_{21} & a_{22} & a_{23} \\ a_{31} & a_{32} & a_{33} \end{vmatrix}=\left|\begin{matrix} a_{11} & a_{12} & a_{13} \\ a_{21} & a_{22} & a_{23} \\ a_{31} & a_{32} & a_{33} \end{matrix}\right|\begin{matrix} a_{11} & a_{12} \\ a_{21} & a_{22} \\ a_{31} & a_{32} \end{matrix}\begin{matrix} =a_{11}a_{22}a_{33}+a_{12}a_{23}a_{31}+a_{13}a_{21}a_{32} \\ -a_{11}a_{23}a_{32}-a_{12}a_{21}a_{33}-a_{13}a_{22}a_{31}. \end{matrix}$$

【例 3.2】 计算行列式 $\begin{vmatrix} 1 & 2 \\ -2 & 3 \end{vmatrix}$ 和 $\begin{vmatrix} 2 & -1 & 1 \\ 1 & 3 & -2 \\ -1 & 2 & 1 \end{vmatrix}$.

解 $\begin{vmatrix} 1 & 2 \\ -2 & 3 \end{vmatrix}=1\times 3-2\times(-2)=3+4=7.$

$$\begin{vmatrix} 2 & -1 & 1 \\ 1 & 3 & -2 \\ -1 & 2 & 1 \end{vmatrix}=2\times3\times1+(-1)\times(-2)\times(-1)+1\times1\times2-2\times(-2)\times2-(-1)\times1\times1-1\times3\times(-1)=6-2+2+8+1+3=18.$$ □

【例 3.3】 计算下三角行列式(行列式中下三角以外的元素为 0)

$$D=\begin{vmatrix} a_{11} & 0 & \cdots & 0 \\ a_{21} & a_{22} & \cdots & 0 \\ \vdots & \vdots & \ddots & \vdots \\ a_{n1} & a_{n2} & \cdots & a_{nn} \end{vmatrix}.$$

解 $$D=\begin{vmatrix} a_{11} & 0 & \cdots & 0 \\ a_{21} & a_{22} & \cdots & 0 \\ \vdots & \vdots & \ddots & \vdots \\ a_{n1} & a_{n2} & \cdots & a_{nn} \end{vmatrix}=a_{11}\begin{vmatrix} a_{22} & 0 & \cdots & 0 \\ a_{32} & a_{33} & \cdots & 0 \\ \vdots & \vdots & \ddots & \vdots \\ a_{n2} & a_{n3} & \cdots & a_{nn} \end{vmatrix}+0+\cdots+0=$$

$$a_{11}a_{22}\begin{vmatrix} a_{33} & 0 & \cdots & 0 \\ a_{43} & a_{44} & \cdots & 0 \\ \vdots & \vdots & \ddots & \vdots \\ a_{n3} & a_{n4} & \cdots & a_{nn} \end{vmatrix}=\cdots=a_{11}a_{22}\cdots a_{nn}.$$ □

【例 3.4】 计算行列式

$$D=\begin{vmatrix} 1 & 0 & 0 & 0 \\ 0 & 1 & 0 & 0 \\ 0 & 0 & 0 & 1 \\ 0 & 0 & 1 & 0 \end{vmatrix}.$$

解 $$D=\begin{vmatrix} 1 & 0 & 0 & 0 \\ 0 & 1 & 0 & 0 \\ 0 & 0 & 0 & 1 \\ 0 & 0 & 1 & 0 \end{vmatrix}=1\times\begin{vmatrix} 1 & 0 & 0 \\ 0 & 0 & 1 \\ 0 & 1 & 0 \end{vmatrix}+0\times A_{12}+0\times A_{13}+0\times A_{14}=$$

$$\begin{vmatrix} 1 & 0 & 0 \\ 0 & 0 & 1 \\ 0 & 1 & 0 \end{vmatrix}=1\times\begin{vmatrix} 0 & 1 \\ 1 & 0 \end{vmatrix}=-1.$$ □

此题行列式为 4 阶行列式,若也像 2 阶、3 阶行列式那样用对角线法则计算,则会得出错误的结果,见图

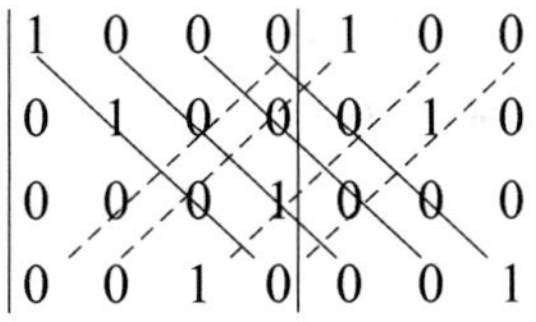

图中可以看出,所有的对角线上都有 0 元素,所以所有的对角线元素乘积都是 0,加减对角线元素乘积的结果也只能是 0,但是该行列式的值是 -1,所以从 4 阶开始,行列式不能使用对角线法则计算.

3.2 行列式性质

行列式的计算如果仅仅按照定义来进行,那么计算量将十分巨大.事实是如果利用行列式的性质特点进行简化来计算,行列式的计算也可以很高效地进行.

【例 3.5】 计算如下行列式并比较这些行列式的关系

$$D_1=\begin{vmatrix}a_{11}&a_{12}\\a_{21}&a_{22}\end{vmatrix},D_2=\begin{vmatrix}a_{21}&a_{22}\\a_{11}&a_{12}\end{vmatrix},D_3=\begin{vmatrix}a_{11}&a_{12}\\a_{21}+ka_{11}&a_{22}+ka_{12}\end{vmatrix},$$

$$D_4=\begin{vmatrix}a_{11}&a_{12}\\sa_{21}+ta_{31}&sa_{22}+ta_{32}\end{vmatrix},D_5=\begin{vmatrix}a_{11}&a_{21}\\a_{12}&a_{22}\end{vmatrix}.$$

解 $D_1=\begin{vmatrix}a_{11}&a_{12}\\a_{21}&a_{22}\end{vmatrix}=a_{11}a_{22}-a_{21}a_{12}.$

下面行列式是行列式 D_1 两行交换,第一行的 k 倍加到第二行,第二行是组合式,行列互换得到的行列式.

$$D_2=\begin{vmatrix}a_{21}&a_{22}\\a_{11}&a_{12}\end{vmatrix}=a_{21}a_{12}-a_{11}a_{22}=-(a_{11}a_{22}-a_{21}a_{12})=-\begin{vmatrix}a_{11}&a_{12}\\a_{21}&a_{22}\end{vmatrix}=-D_1.$$

$$D_3=\begin{vmatrix}a_{11}&a_{12}\\a_{21}+ka_{11}&a_{22}+ka_{12}\end{vmatrix}=a_{11}(a_{22}+ka_{12})-(a_{21}+ka_{11})a_{12}=a_{11}a_{22}-a_{21}a_{12}$$

$$=\begin{vmatrix}a_{11}&a_{12}\\a_{21}&a_{22}\end{vmatrix}=D_1.$$

$$D_4=\begin{vmatrix}a_{11}&a_{12}\\sa_{21}+ta_{31}&sa_{22}+ta_{32}\end{vmatrix}=a_{11}(sa_{22}+ta_{32})-(sa_{21}+ta_{31})a_{12}$$

$$=s(a_{11}a_{22}-a_{21}a_{12})+t(a_{11}a_{32}-a_{31}a_{12})=s\begin{vmatrix}a_{11}&a_{12}\\a_{21}&a_{22}\end{vmatrix}+t\begin{vmatrix}a_{11}&a_{12}\\a_{31}&a_{32}\end{vmatrix}.$$

$$D_5=\begin{vmatrix}a_{11}&a_{21}\\a_{12}&a_{22}\end{vmatrix}=a_{11}a_{22}-a_{12}a_{21}=\begin{vmatrix}a_{11}&a_{12}\\a_{21}&a_{22}\end{vmatrix}=D_1.$$ □

上述例子中,我们看到一个行列式变换后得到的行列式与原行列式有某种关系式成立,由此我们可以通过行列式变换简化行列式,从而最终较容易地算出行列式的值.

下面我们来讨论行列式的各种性质.

定理 3.1 设行列式

$$\boldsymbol{D}=\begin{vmatrix} a_{11} & a_{12} & \cdots & a_{1n} \\ a_{21} & a_{22} & \cdots & a_{2n} \\ \vdots & \vdots & & \vdots \\ a_{n1} & a_{n2} & \cdots & a_{nn} \end{vmatrix},$$

则有

$$a_{i1}A_{i1}+a_{i2}A_{i2}+\cdots+a_{in}A_{in}=\sum_{j=1}^{n}a_{ij}A_{ij}=D,i=1,2,\cdots,n,$$

和

$$a_{1j}A_{1j}+a_{2j}A_{2j}+\cdots+a_{nj}A_{nj}=\sum_{i=1}^{n}a_{ij}A_{ij}=D,j=1,2,\cdots,n.$$

证明见附录 2. 定理中的两个展开式分别称为按第 i 行的展开式和按第 j 列的展开式.

设 3 阶行列式

$$D=\begin{vmatrix} a_{11} & a_{12} & a_{13} \\ a_{21} & a_{22} & a_{23} \\ a_{31} & a_{32} & a_{33} \end{vmatrix}=a_{11}a_{22}a_{33}+a_{12}a_{23}a_{31}+a_{13}a_{21}a_{32}-a_{11}a_{23}a_{32}-a_{12}a_{21}a_{33}-$$

$a_{13}a_{22}a_{31}$,

我们按第 3 行展开有

$$D=a_{31}A_{31}+a_{32}A_{32}+a_{33}A_{33}=a_{31}\begin{vmatrix} a_{12} & a_{13} \\ a_{22} & a_{23} \end{vmatrix}-a_{32}\begin{vmatrix} a_{11} & a_{13} \\ a_{21} & a_{23} \end{vmatrix}+a_{33}\begin{vmatrix} a_{11} & a_{12} \\ a_{21} & a_{22} \end{vmatrix}.$$

按第 2 列展开则有

$$D=a_{12}A_{12}+a_{22}A_{22}+a_{32}A_{32}=-a_{12}\begin{vmatrix} a_{21} & a_{23} \\ a_{31} & a_{33} \end{vmatrix}+a_{22}\begin{vmatrix} a_{11} & a_{13} \\ a_{31} & a_{33} \end{vmatrix}-a_{32}\begin{vmatrix} a_{11} & a_{13} \\ a_{21} & a_{23} \end{vmatrix}.$$

由定理 3.1,我们可以导出更多行列式的重要性质.

定理 3.2 行列式有如下性质.

(1) 行列式某行(列)的公因子可以提取到行列式外,即

$$\begin{vmatrix} a_{11} & a_{12} & \cdots & a_{1n} \\ \vdots & \vdots & & \vdots \\ ka_{i1} & ka_{i2} & \cdots & ka_{in} \\ \vdots & \vdots & & \vdots \\ a_{n1} & a_{n2} & \cdots & a_{nn} \end{vmatrix}=k\begin{vmatrix} a_{11} & a_{12} & \cdots & a_{1n} \\ \vdots & \vdots & & \vdots \\ a_{i1} & a_{i2} & \cdots & a_{in} \\ \vdots & \vdots & & \vdots \\ a_{n1} & a_{n2} & \cdots & a_{nn} \end{vmatrix},$$

$$\begin{vmatrix} a_{11} & \cdots & ka_{1j} & \cdots & a_{1n} \\ a_{21} & \cdots & ka_{2j} & \cdots & a_{2n} \\ \vdots & & \vdots & & \vdots \\ a_{n1} & \cdots & ka_{nj} & \cdots & a_{nn} \end{vmatrix} = k \begin{vmatrix} a_{11} & \cdots & a_{1j} & \cdots & a_{1n} \\ a_{21} & \cdots & a_{2j} & \cdots & a_{2n} \\ \vdots & & \vdots & & \vdots \\ a_{n1} & \cdots & a_{nj} & \cdots & a_{nn} \end{vmatrix}.$$

(2) 行列式某行(列)由两组数的和构成,则行列式等于两组数各自构成的行列式的和,即

$$\begin{vmatrix} a_{11} & a_{12} & \cdots & a_{1n} \\ \vdots & \vdots & & \vdots \\ a_{i1}+b_{i1} & a_{i2}+b_{i2} & \cdots & a_{in}+b_{in} \\ \vdots & \vdots & & \vdots \\ a_{n1} & a_{n2} & \cdots & a_{nn} \end{vmatrix} = \begin{vmatrix} a_{11} & a_{12} & \cdots & a_{1n} \\ \vdots & \vdots & & \vdots \\ a_{i1} & a_{i2} & \cdots & a_{in} \\ \vdots & \vdots & & \vdots \\ a_{n1} & a_{n2} & \cdots & a_{nn} \end{vmatrix} + \begin{vmatrix} a_{11} & a_{12} & \cdots & a_{1n} \\ \vdots & \vdots & & \vdots \\ b_{i1} & b_{i2} & \cdots & b_{in} \\ \vdots & \vdots & & \vdots \\ a_{n1} & a_{n2} & \cdots & a_{nn} \end{vmatrix},$$

$$\begin{vmatrix} a_{11} & \cdots & a_{1j}+b_{1j} & \cdots & a_{1n} \\ a_{21} & \cdots & a_{2j}+b_{2j} & \cdots & a_{2n} \\ \vdots & & \vdots & & \vdots \\ a_{n1} & \cdots & a_{nj}+b_{nj} & \cdots & a_{nn} \end{vmatrix} = \begin{vmatrix} a_{11} & \cdots & a_{1j} & \cdots & a_{1n} \\ a_{21} & \cdots & a_{2j} & \cdots & a_{2n} \\ \vdots & & \vdots & & \vdots \\ a_{n1} & \cdots & a_{nj} & \cdots & a_{nn} \end{vmatrix} + \begin{vmatrix} a_{11} & \cdots & b_{1j} & \cdots & a_{1n} \\ a_{21} & \cdots & b_{2j} & \cdots & a_{2n} \\ \vdots & & \vdots & & \vdots \\ a_{n1} & \cdots & b_{nj} & \cdots & a_{nn} \end{vmatrix}.$$

(3) 行列式任意两行(列)交换,行列式反号,即

$$\begin{vmatrix} a_{11} & a_{12} & \cdots & a_{1n} \\ \vdots & \vdots & & \vdots \\ a_{i1} & a_{i2} & \cdots & a_{in} \\ \vdots & \vdots & & \vdots \\ a_{j1} & a_{j2} & \cdots & a_{jn} \\ \vdots & \vdots & & \vdots \\ a_{n1} & a_{n2} & \cdots & a_{nn} \end{vmatrix} = - \begin{vmatrix} a_{11} & a_{12} & \cdots & a_{1n} \\ \vdots & \vdots & & \vdots \\ a_{j1} & a_{j2} & \cdots & a_{jn} \\ \vdots & \vdots & & \vdots \\ a_{i1} & a_{i2} & \cdots & a_{in} \\ \vdots & \vdots & & \vdots \\ a_{n1} & a_{n2} & \cdots & a_{nn} \end{vmatrix},$$

$$\begin{vmatrix} a_{11} & \cdots & a_{1i} & \cdots & a_{1j} & \cdots & a_{1n} \\ a_{21} & \cdots & a_{2i} & \cdots & a_{2j} & \cdots & a_{2n} \\ \vdots & & \vdots & & \vdots & & \vdots \\ a_{n1} & \cdots & a_{ni} & \cdots & a_{nj} & \cdots & a_{nn} \end{vmatrix} = - \begin{vmatrix} a_{11} & \cdots & a_{1j} & \cdots & a_{1i} & \cdots & a_{1n} \\ a_{21} & \cdots & a_{2j} & \cdots & a_{2i} & \cdots & a_{2n} \\ \vdots & & \vdots & & \vdots & & \vdots \\ a_{n1} & \cdots & a_{nj} & \cdots & a_{ni} & \cdots & a_{nn} \end{vmatrix}.$$

(4) 两行(列)相同的行列式的值为 0,即

$$\begin{vmatrix} a_{11} & a_{12} & \cdots & a_{1n} \\ \vdots & \vdots & & \vdots \\ a_{i1} & a_{i2} & \cdots & a_{in} \\ \vdots & \vdots & & \vdots \\ a_{i1} & a_{i2} & \cdots & a_{in} \\ \vdots & \vdots & & \vdots \\ a_{n1} & a_{n2} & \cdots & a_{nn} \end{vmatrix} \begin{matrix} \\ \\ i\text{ 行} \\ \\ j\text{ 行} \\ \\ \\ \end{matrix} =0, \quad \begin{vmatrix} a_{11} & \cdots & a_{1j} & \cdots & a_{1j} & \cdots & a_{1n} \\ a_{21} & \cdots & a_{2j} & \cdots & a_{2j} & \cdots & a_{2n} \\ \vdots & & \vdots & & \vdots & & \vdots \\ a_{n1} & \cdots & a_{nj} & \cdots & a_{nj} & \cdots & a_{nn} \end{vmatrix} =0.$$

$$\qquad\qquad\qquad\qquad\qquad\qquad\qquad i\text{ 列} \qquad\quad j\text{ 列}$$

(5) 行列式某行(列)的倍数加到另一行(列)上,行列式的值不变,即

$$\begin{vmatrix} a_{11} & a_{12} & \cdots & a_{1n} \\ \vdots & \vdots & & \vdots \\ a_{i1} & a_{i2} & \cdots & a_{in} \\ \vdots & \vdots & & \vdots \\ a_{j1} & a_{j2} & \cdots & a_{jn} \\ \vdots & \vdots & & \vdots \\ a_{n1} & a_{n2} & \cdots & a_{nn} \end{vmatrix} = \begin{vmatrix} a_{11} & a_{12} & \cdots & a_{1n} \\ \vdots & \vdots & & \vdots \\ a_{i1}+ka_{j1} & a_{i2}+ka_{j2} & \cdots & a_{in}+ka_{jn} \\ \vdots & \vdots & & \vdots \\ a_{j1} & a_{j2} & \cdots & a_{jn} \\ \vdots & \vdots & & \vdots \\ a_{n1} & a_{n2} & \cdots & a_{nn} \end{vmatrix},$$

$$\begin{vmatrix} a_{11} & \cdots & a_{1i} & \cdots & a_{1j} & \cdots & a_{1n} \\ a_{21} & \cdots & a_{2i} & \cdots & a_{2j} & \cdots & a_{2n} \\ \vdots & & \vdots & & \vdots & & \vdots \\ a_{n1} & \cdots & a_{ni} & \cdots & a_{nj} & \cdots & a_{nn} \end{vmatrix} = \begin{vmatrix} a_{11} & \cdots & a_{1i}+ka_{1j} & \cdots & a_{1j} & \cdots & a_{1n} \\ a_{21} & \cdots & a_{2i}+ka_{2j} & \cdots & a_{2j} & \cdots & a_{2n} \\ \vdots & & \vdots & & \vdots & & \vdots \\ a_{n1} & \cdots & a_{ni}+ka_{nj} & \cdots & a_{nj} & \cdots & a_{nn} \end{vmatrix}.$$

证明　我们只证明行的性质,列的性质可以同理证明.

(1) 行列式按第 i 行展开,得

$$\begin{vmatrix} a_{11} & a_{12} & \cdots & a_{1n} \\ \vdots & \vdots & & \vdots \\ ka_{i1} & ka_{i2} & \cdots & ka_{in} \\ \vdots & \vdots & & \vdots \\ a_{n1} & a_{n2} & \cdots & a_{nn} \end{vmatrix} = ka_{i1}A_{i1} + \cdots + ka_{in}A_{in} = k(a_{i1}A_{i1} + \cdots + a_{in}A_{in}) =$$

$$k\begin{vmatrix} a_{11} & a_{12} & \cdots & a_{1n} \\ \vdots & \vdots & & \vdots \\ a_{i1} & a_{i2} & \cdots & a_{in} \\ \vdots & \vdots & & \vdots \\ a_{n1} & a_{n2} & \cdots & a_{nn} \end{vmatrix}.$$

(2) 行列式按第 i 行展开,得

$$\begin{vmatrix} a_{11} & a_{12} & \cdots & a_{1n} \\ \vdots & \vdots & & \vdots \\ a_{i1}+b_{i1} & a_{i2}+b_{i2} & \cdots & a_{in}+b_{in} \\ \vdots & \vdots & & \vdots \\ a_{n1} & a_{n2} & \cdots & a_{nn} \end{vmatrix} = (a_{i1}+b_{i1})A_{i1}+\cdots+(a_{in}+b_{in})A_{in} =$$

$$(a_{i1}A_{i1}+\cdots+a_{in}A_{in})+(b_{i1}A_{i1}+\cdots+b_{in}A_{in}) = \begin{vmatrix} a_{11} & a_{12} & \cdots & a_{1n} \\ \vdots & \vdots & & \vdots \\ a_{i1} & a_{i2} & \cdots & a_{in} \\ \vdots & \vdots & & \vdots \\ a_{n1} & a_{n2} & \cdots & a_{nn} \end{vmatrix}$$

$$+\begin{vmatrix} a_{11} & a_{12} & \cdots & a_{1n} \\ \vdots & \vdots & & \vdots \\ b_{i1} & b_{i2} & \cdots & b_{in} \\ \vdots & \vdots & & \vdots \\ a_{n1} & a_{n2} & \cdots & a_{nn} \end{vmatrix}.$$

（3）用数学归纳法.当 $n=2$ 时

$$\begin{vmatrix} a_{11} & a_{12} \\ a_{21} & a_{22} \end{vmatrix} = a_{11}a_{22}-a_{12}a_{21} = -(a_{21}a_{12}-a_{22}a_{11}) = \begin{vmatrix} a_{21} & a_{22} \\ a_{11} & a_{12} \end{vmatrix}.$$

结论成立.

假设当 $n=m\geqslant 2$ 时结论成立，当 $n=m+1$ 时，设交换的是第 i 行和第 j 行（$i\neq j$），我们将行列式按第 k 行展开，并且有 $k\neq i$，$k\neq j$，则有

$$A=\begin{vmatrix} a_{11} & a_{12} & \cdots & a_{1n} \\ \vdots & \vdots & & \vdots \\ a_{i1} & a_{i2} & \cdots & a_{in} \\ \vdots & \vdots & & \vdots \\ a_{j1} & a_{j2} & \cdots & a_{jn} \\ \vdots & \vdots & & \vdots \\ a_{n1} & a_{n2} & \cdots & a_{nn} \end{vmatrix} = \sum_{s=1}^{n} a_{ks}A_{ks} = \sum_{s=1}^{n}(-1)^{k+s}a_{ks}M_{ks},$$

$$B=\begin{vmatrix} a_{11} & a_{12} & \cdots & a_{1n} \\ \vdots & \vdots & & \vdots \\ a_{j1} & a_{j2} & \cdots & a_{jn} \\ \vdots & \vdots & & \vdots \\ a_{i1} & a_{i2} & \cdots & a_{in} \\ \vdots & \vdots & & \vdots \\ a_{n1} & a_{n2} & \cdots & a_{nn} \end{vmatrix} = \sum_{s=1}^{n} a_{ks}B_{ks} = \sum_{s=1}^{n}(-1)^{k+s}a_{ks}N_{ks}.$$

其中 M_{ks} 是行列式 A 中元素 a_{ks} 对应的余子式，且包含 A 中的第 i 行和第 j 行，N_{ks} 是行列式 B 中元素 a_{ks} 对应的余子式，同样也包含 B 中的第 i 行和第 j 行.

因为 M_{ks} 与 N_{ks} 都是 $n-1=m$ 阶的行列式，且它们对应 A 的 i,j 两行正好交换了位置而其他行相同，按照归纳假设，有

$$M_{ks}=-N_{ks}, s=1,2,\cdots,n.$$

于是有

$$A=\sum_{s=1}^{n}(-1)^{k+s}a_{ks}M_{ks}=\sum_{s=1}^{n}(-1)^{k+s}a_{ks}(-N_{ks})=-\sum_{s=1}^{n}(-1)^{k+s}a_{ks}N_{ks}=-B.$$

结论成立.

(4) 行列式交换第 i 行和第 j 行，则有

$$A=\begin{vmatrix} a_{11} & a_{12} & \cdots & a_{1n} \\ \vdots & \vdots & & \vdots \\ a_{i1} & a_{i2} & \cdots & a_{in} \\ \vdots & \vdots & & \vdots \\ a_{i1} & a_{i2} & \cdots & a_{in} \\ \vdots & \vdots & & \vdots \\ a_{n1} & a_{n2} & \cdots & a_{nn} \end{vmatrix}\begin{matrix} \\ \\ i\text{行} \\ \\ j\text{行} \\ \\ \\ \end{matrix} \xlongequal{\text{交换}\, i\,\text{行}\, j\,\text{行}} -\begin{vmatrix} a_{11} & a_{12} & \cdots & a_{1n} \\ \vdots & \vdots & & \vdots \\ a_{i1} & a_{i2} & \cdots & a_{in} \\ \vdots & \vdots & & \vdots \\ a_{i1} & a_{i2} & \cdots & a_{in} \\ \vdots & \vdots & & \vdots \\ a_{n1} & a_{n2} & \cdots & a_{nn} \end{vmatrix}\begin{matrix} \\ \\ i\text{行} \\ \\ j\text{行} \\ \\ \\ \end{matrix}=-A.$$

移项后得 $2A=0$，故 $A=0$.

(5) 利用性质(1)、(2)、(4)，有

$$\begin{vmatrix} a_{11} & a_{12} & \cdots & a_{1n} \\ \vdots & \vdots & & \vdots \\ a_{i1}+ka_{j1} & a_{i2}+ka_{j2} & \cdots & a_{in}+ka_{jn} \\ \vdots & \vdots & & \vdots \\ a_{j1} & a_{j2} & \cdots & a_{jn} \\ \vdots & \vdots & & \vdots \\ a_{n1} & a_{n2} & \cdots & a_{nn} \end{vmatrix}=\begin{vmatrix} a_{11} & a_{12} & \cdots & a_{1n} \\ \vdots & \vdots & & \vdots \\ a_{i1} & a_{i2} & \cdots & a_{in} \\ \vdots & \vdots & & \vdots \\ a_{j1} & a_{j2} & \cdots & a_{jn} \\ \vdots & \vdots & & \vdots \\ a_{n1} & a_{n2} & \cdots & a_{nn} \end{vmatrix}$$

$$+\begin{vmatrix} a_{11} & a_{12} & \cdots & a_{1n} \\ \vdots & \vdots & & \vdots \\ ka_{j1} & ka_{j2} & \cdots & ka_{jn} \\ \vdots & \vdots & & \vdots \\ a_{j1} & a_{j2} & \cdots & a_{jn} \\ \vdots & \vdots & & \vdots \\ a_{n1} & a_{n2} & \cdots & a_{nn} \end{vmatrix}=A+k\begin{vmatrix} a_{11} & a_{12} & \cdots & a_{1n} \\ \vdots & \vdots & & \vdots \\ a_{j1} & a_{j2} & \cdots & a_{jn} \\ \vdots & \vdots & & \vdots \\ a_{j1} & a_{j2} & \cdots & a_{jn} \\ \vdots & \vdots & & \vdots \\ a_{n1} & a_{n2} & \cdots & a_{nn} \end{vmatrix}=A+k\times 0=A.$$ □

【注 3.2】 含 **0** 行(列)的行列式值为 0,两行(列)成比例行列式为 0.

因为 **0** 行(列)可以提取公因子 0,故行列式值为 0 乘以一个新的行列式值,最终值为 0. 两行(列)成比例,则提取某一行(列)的倍数可以使得新行列式的两行(列)相同,故最终值为 0.

可以看出行列式的行的性质与列的性质可以对应起来,而且行列式的展开式也是按行展开式可以对应按列展开式,那么将一个行列式行列互换后的行列式与原行列式有什么关系?是否值相等?

下面的定理告诉我们行列互换后行列式的值不变. 为方便描述,我们利用矩阵的转置术语,称行列互换的两个行列式互为转置,一个是另一个的转置行列式. 定理的结论可以用记号表示为 $|A|=|A^{\mathrm{T}}|$.

定理 3.3 行列式行列互换后行列式的值不变,即互为转置的行列式值相等.

证明 用数学归纳法.

当 $n=2$ 时, $\begin{vmatrix} a_{11} & a_{12} \\ a_{21} & a_{22} \end{vmatrix} = a_{11}a_{22}-a_{12}a_{21} = \begin{vmatrix} a_{11} & a_{21} \\ a_{12} & a_{22} \end{vmatrix}$.

假设当 $n=m\geqslant 2$ 时结论成立,当 $n=m+1$ 时,令

$$A=\begin{vmatrix} a_{11} & a_{12} & \cdots & a_{1n} \\ a_{21} & a_{22} & \cdots & a_{2n} \\ \vdots & \vdots & & \vdots \\ a_{n1} & a_{n2} & \cdots & a_{nn} \end{vmatrix}, B=\begin{vmatrix} b_{11} & b_{12} & \cdots & b_{1n} \\ b_{21} & b_{22} & \cdots & b_{2n} \\ \vdots & \vdots & & \vdots \\ b_{n1} & b_{n2} & \cdots & b_{nn} \end{vmatrix}=\begin{vmatrix} a_{11} & a_{21} & \cdots & a_{n1} \\ a_{12} & a_{22} & \cdots & a_{n2} \\ \vdots & \vdots & & \vdots \\ a_{1n} & a_{2n} & \cdots & a_{nn} \end{vmatrix}.$$

显然有

$$A=\sum_{k=1}^{n}(-1)^{1+k}a_{1k}M_{1k}, B=\sum_{k=1}^{n}(-1)^{k+1}b_{k1}N_{k1}=\sum_{k=1}^{n}(-1)^{k+1}a_{1k}N_{k1}.$$

因为 M_{1k} 与 N_{k1} 互为转置,且是 $n-1=m$ 阶行列式,利用归纳假设,有

$$M_{1k}=N_{k1},$$

于是 $A=B$. □

【注 3.3】 上(下)三角行列式的值为对角元素的乘积,特别是对角行列式的值为对角元素的乘积.

由例 3.3 知下三角行列式的值为对角元素乘积. 上三角行列式转置后得下三角行列式,故值也是对角元素的乘积. 对角行列式则是下三角行列式的特例.

定理 3.4 设

$$\boldsymbol{D}=\begin{vmatrix} a_{11} & a_{12} & \cdots & a_{1n} \\ a_{21} & a_{22} & \cdots & a_{2n} \\ \vdots & \vdots & & \vdots \\ a_{n1} & a_{n2} & \cdots & a_{nn} \end{vmatrix},$$

则有关系式

$$\boldsymbol{a_{i1}A_{j1}+\cdots+a_{in}A_{jn}=0, a_{1i}A_{1j}+\cdots+a_{ni}A_{nj}=0}, \text{其中 } i\neq j.$$

证明 若 D 的第 j 行与第 i 行相同,即 $a_{j1}=a_{i1},\cdots,a_{jn}=a_{in}$,则有

$$a_{i1}A_{j1}+\cdots+a_{in}A_{jn}=a_{j1}A_{j1}+\cdots+a_{jn}A_{jn}=D.$$

另一方面,两行相同的行列式的值为 0,故

$$a_{i1}A_{j1}+\cdots+a_{in}A_{jn}=0.$$

同理可得 $a_{1i}A_{1j}+\cdots+a_{ni}A_{nj}=0$. □

利用上述行列式的性质我们可以较为简单地计算一个行列式,特别是 4 阶以上的行列式.

我们可以利用初等行变换的记号形式来表示行列式简化过程中所进行的行或列的操作.

即:$r_i\leftrightarrow r_j$,$c_i\leftrightarrow c_j$ 表示行或列的交换,$r_i\div k$,$c_i\div k$ 表示提取行或列的公因子 k,r_i+kr_j,c_i+kc_j 表示行或列的 k 倍加到另一行或列上. 其中 r_i 表示第 i 行(row),c_j 表示第 j 列(column).

【例 3.6】 计算行列式

$$D=\begin{vmatrix} 3 & 1 & 2 \\ 1 & 2 & 3 \\ 3 & 3 & 4 \end{vmatrix}.$$

解 $$D=\begin{vmatrix} 3 & 1 & 2 \\ 1 & 2 & 3 \\ 3 & 3 & 4 \end{vmatrix} \xlongequal[r_1-3r_2]{r_3-r_1} \begin{vmatrix} 0 & -5 & -7 \\ 1 & 2 & 3 \\ 0 & 2 & 2 \end{vmatrix} \xlongequal{c_1\text{展开}} -1\times\begin{vmatrix} -5 & -7 \\ 2 & 2 \end{vmatrix}=-1\times 4=-4.$$

□

【例 3.7】 计算行列式

$$D=\begin{vmatrix} 1 & 2 & 1 & -1 \\ 2 & 1 & 5 & 2 \\ -1 & -1 & 0 & 1 \\ 5 & 2 & 1 & 1 \end{vmatrix}.$$

解 $D=\begin{vmatrix}1&2&1&-1\\2&1&5&2\\-1&-1&0&1\\5&2&1&1\end{vmatrix}\xlongequal[c_2+c_4]{c_1+c_4}\begin{vmatrix}0&1&1&-1\\4&3&5&2\\0&0&0&1\\6&3&1&1\end{vmatrix}\xlongequal{r_3\text{展开}}-1\times\begin{vmatrix}0&1&1\\4&3&5\\6&3&1\end{vmatrix}\xlongequal{c_2-c_3}$

$-\begin{vmatrix}0&0&1\\4&-2&5\\6&2&1\end{vmatrix}\xlongequal{r_1\text{展开}}-\begin{vmatrix}4&-2\\6&2\end{vmatrix}=-20.$ □

【例 3.8】 计算行列式

$$D=\begin{vmatrix}a+x&b&c&d\\a&b+x&c&d\\a&b&c+x&d\\a&b&c&d+x\end{vmatrix}.$$

解 $D=\begin{vmatrix}a+x&b&c&d\\a&b+x&c&d\\a&b&c+x&d\\a&b&c&d+x\end{vmatrix}\xlongequal{c_1+c_2+c_3+c_4}$

$\begin{vmatrix}a+b+c+d+x&b&c&d\\a+b+c+d+x&b+x&c&d\\a+b+c+d+x&b&c+x&d\\a+b+c+d+x&b&c&d+x\end{vmatrix}\xlongequal[i=2,3,4]{r_i-r_1}$

$\begin{vmatrix}a+b+c+d+x&b&c&d\\0&x&0&0\\0&0&x&0\\0&0&0&x\end{vmatrix}=(a+b+c+d+x)x^3.$ □

3.3　克莱姆法则

用行列式构成的公式解方程组的结论称为克莱姆法则，总结于下述定理.

定理 3.5(克莱姆法则)　若有方程组

$$\begin{cases} a_{11}x_1+a_{12}x_2+\cdots+a_{1n}x_n=b_1, \\ a_{21}x_1+a_{22}x_2+\cdots+a_{2n}x_n=b_2, \\ \qquad\vdots \\ a_{n1}x_1+a_{n2}x_2+\cdots+a_{nn}x_n=b_n, \end{cases}$$

其系数行列式

$$D=\begin{vmatrix} a_{11} & a_{12} & \cdots & a_{1n} \\ a_{21} & a_{22} & \cdots & a_{2n} \\ \vdots & \vdots & & \vdots \\ a_{n1} & a_{n2} & \cdots & a_{nn} \end{vmatrix} \neq 0,$$

则该方程组有唯一的解为 $x_j=D_j/D$，$j=1,2,\cdots,n$，其中

$$D_j=\begin{vmatrix} a_{11} & \cdots & a_{1,j-1} & b_1 & a_{1,j+1} & \cdots & a_{1n} \\ a_{21} & \cdots & a_{2,j-1} & b_2 & a_{2,j+1} & \cdots & a_{2n} \\ \vdots & & \vdots & \vdots & \vdots & & \vdots \\ a_{n1} & \cdots & a_{n,j-1} & b_n & a_{n,j+1} & \cdots & a_{nn} \end{vmatrix}$$

为 D 中第 j 列用右端替换后的行列式.

证明　若 $D\neq 0$，则方程组的增广矩阵

$$B=\left(\begin{array}{cccc:c} a_{11} & a_{12} & \cdots & a_{1n} & b_1 \\ a_{21} & a_{22} & \cdots & a_{2n} & b_2 \\ \vdots & \vdots & & \vdots & \vdots \\ a_{n1} & a_{n2} & \cdots & a_{nn} & b_n \end{array}\right)$$

一定可以通过一系列的初等行变换化成简化阶梯形矩阵

$$C=\left(\begin{array}{cccc:c} 1 & 0 & \cdots & 0 & c_1 \\ 0 & 1 & \cdots & 0 & c_2 \\ \vdots & \vdots & \ddots & \vdots & \vdots \\ 0 & 0 & \cdots & 1 & c_n \end{array}\right),$$

即系数部分没有 0 行.

因为简化阶梯形矩阵系数部分若有 0 行,同样的初等行变换作用到行列式 D 上将得到

$$D=k\begin{vmatrix}1 & 0 & \cdots & * \\ 0 & 1 & \cdots & * \\ \vdots & \vdots & \ddots & \vdots \\ 0 & 0 & \cdots & 0\end{vmatrix}=0,$$

但 $D\neq 0$,故简化阶梯形矩阵一定是 C. 而从 C 可得原方程组有唯一解 $x_1=c_1, x_2=c_2, \cdots, x_n=c_n$.

设 D 的元素 a_{ij} 对应的代数余子式为 A_{ij},则将方程组的所有方程分别乘以 $A_{1j}, \cdots, A_{nj}$ 再相加,即

$$\begin{array}{rl} a_{11}x_1+a_{12}x_2+\cdots+a_{1n}x_n=b_1, & \times A_{1j} \\ a_{21}x_1+a_{22}x_2+\cdots+a_{2n}x_n=b_2, & \times A_{2j} \\ \vdots \qquad\qquad & \vdots \\ +)\quad a_{n1}x_1+a_{n2}x_2+\cdots+a_{nn}x_n=b_n, & \times A_{nj} \\ \hline x_1\sum_{i=1}^{n}a_{i1}A_{ij}+x_2\sum_{i=1}^{n}a_{i2}A_{ij}+\cdots+x_n\sum_{i=1}^{n}a_{in}A_{ij}=\sum_{i=1}^{n}b_iA_{ij} & \end{array}$$

因为

$$\sum_{i=1}^{n}a_{ik}A_{ij}=0(k\neq j), \sum_{i=1}^{n}a_{ij}A_{ij}=D, \sum_{i=1}^{n}b_iA_{ij}=D_j,$$

故最后求和的等式为

$$x_1\times 0+\cdots+x_{j-1}\times 0+x_j\times D+x_{j+1}\times 0+\cdots+x_n\times 0=D_j,$$

即 $Dx_j=D_j$,或 $x_j=D_j/D, j=1,2,\cdots,n$. □

【例 3.9】 用克莱姆法则解方程组

$$\begin{cases} x_1+2x_2-3x_3=2, \\ x_1+\ \ x_2+2x_3=-3, \\ 2x_1+2x_2-\ \ x_3=4. \end{cases}$$

解 系数行列式

$$D=\begin{vmatrix}1 & 2 & -3 \\ 1 & 1 & 2 \\ 2 & 2 & -1\end{vmatrix}=5\neq 0,$$

故方程组有唯一解.

计算其余行列式,

$$D_1=\begin{vmatrix}2&2&-3\\-3&1&2\\4&2&-1\end{vmatrix}=30,D_2=\begin{vmatrix}1&2&-3\\1&-3&2\\2&4&-1\end{vmatrix}=-25,D_3=\begin{vmatrix}1&2&2\\1&1&-3\\2&2&4\end{vmatrix}=-10.$$

故　$x_1=D_1/D=6,x_2=D_2/D=-5,x_3=D_3/D=-2.$ □

【例 3.10】 用克莱姆法则解方程组

$$\begin{cases}x_1+2x_2+x_3+x_4=4,\\2x_1+x_2+3x_3+5x_4=22,\\x_1+7x_3-3x_4=6,\\3x_1+3x_2+x_3=2.\end{cases}$$

解　系数行列式

$$D=\begin{vmatrix}1&2&1&1\\2&1&3&5\\1&0&7&-3\\3&3&1&0\end{vmatrix}=150\neq 0,$$

故方程组有唯一解.

计算其余行列式，

$$D_1=\begin{vmatrix}4&2&1&1\\22&1&3&5\\6&0&7&-3\\2&3&1&0\end{vmatrix}=150,D_2=\begin{vmatrix}1&4&1&1\\2&22&3&5\\1&6&7&-3\\3&2&1&0\end{vmatrix}=-150,$$

$$D_3=\begin{vmatrix}1&2&4&1\\2&1&22&5\\1&0&6&-3\\3&3&2&0\end{vmatrix}=300,D_4=\begin{vmatrix}1&2&1&4\\2&1&3&22\\1&0&7&6\\3&3&1&2\end{vmatrix}=450.$$

故　$x_1=D_1/D=1,x_2=D_2/D=-1,x_3=D_3/D=2,x_4=D_4/D=3.$ □

定理 3.6　若有齐次线性方程组

$$\begin{cases}a_{11}x_1+a_{12}x_2+\cdots+a_{1n}x_n=0,\\a_{21}x_1+a_{22}x_2+\cdots+a_{2n}x_n=0,\\\quad\vdots\\a_{n1}x_1+a_{n2}x_2+\cdots+a_{nn}x_n=0,\end{cases}$$

其有非零解的充要条件是系数行列式

$$D=\begin{vmatrix} a_{11} & a_{12} & \cdots & a_{1n} \\ a_{21} & a_{22} & \cdots & a_{2n} \\ \vdots & \vdots & & \vdots \\ a_{n1} & a_{n2} & \cdots & a_{nn} \end{vmatrix} \text{为 } 0.$$

若有 n 个 n 维的列向量构成的向量组

$$\boldsymbol{\alpha}_1=\begin{pmatrix} a_{11} \\ a_{21} \\ \vdots \\ a_{n1} \end{pmatrix}, \boldsymbol{\alpha}_2=\begin{pmatrix} a_{12} \\ a_{22} \\ \vdots \\ a_{n2} \end{pmatrix}, \cdots, \boldsymbol{\alpha}_n=\begin{pmatrix} a_{1n} \\ a_{2n} \\ \vdots \\ a_{nn} \end{pmatrix},$$

则向量组 $\boldsymbol{\alpha}_1,\boldsymbol{\alpha}_2,\cdots,\boldsymbol{\alpha}_n$ 线性相关的充要条件是矩阵 $\boldsymbol{A}=(\boldsymbol{\alpha}_1,\boldsymbol{\alpha}_2,\cdots,\boldsymbol{\alpha}_n)$ 的行列式 $|\boldsymbol{A}|$ 为 0.

证明 因为向量组线性相关就是向量形式齐次方程组有非零解. 所以我们只要证明 $D\neq 0$ 时只有零解，$D=0$ 时有非零解即可.

若系数行列式 $D\neq 0$，则由克莱姆法则,方程组有唯一的零解.

若 $D=0$，则有 $\mathrm{r}(\boldsymbol{A})<n$. 否则若 $\mathrm{r}(\boldsymbol{A})=n$，则 $\boldsymbol{A}$ 化成的简化阶梯形矩阵 $\boldsymbol{B}$ 没有 $\boldsymbol{0}$ 行,所有对角元应为 1. 同样的变换作用到行列式 D 上,得到 $D=k\mid\boldsymbol{B}\mid=k$，而 k 是由行交换产生的正负符号以及行提取公因子产生的非零数构成的,是一个非零的数,这样就得到 $D\neq 0$ 产生矛盾.

由于 $\mathrm{r}(\boldsymbol{A})<n$，由定理 1.6 方程组有非零解. □

【例 3.11】 当 λ 为何值时齐次线性方程组

$$\begin{cases} x_1+2x_2-2x_3=0, \\ 2x_1+3x_2-\lambda x_3=0, \\ -x_1+\lambda x_2+2x_3=0 \end{cases}$$

有非零解?

解法一 方程组有非零解的充要条件是系数行列式为 0,故有

$$D=\begin{vmatrix} 1 & 2 & -2 \\ 2 & 3 & -\lambda \\ -1 & \lambda & 2 \end{vmatrix} \xlongequal[r_3+r_1]{r_2-2r_1} \begin{vmatrix} 1 & 2 & -2 \\ 0 & -1 & 4-\lambda \\ 0 & \lambda+2 & 0 \end{vmatrix} \xlongequal{c_2\leftrightarrow c_3} -\begin{vmatrix} 1 & -2 & 2 \\ 0 & 4-\lambda & -1 \\ 0 & 0 & \lambda+2 \end{vmatrix}$$

$=(\lambda-4)(\lambda+2)=0.$

即 $\lambda=4$ 或 $\lambda=-2$ 时方程组有非零解. □

该题也可以将系数矩阵化成阶梯形矩阵来求解,见如下:

解法二 $\boldsymbol{A}=\begin{pmatrix}1&2&-2\\2&3&-\lambda\\-1&\lambda&2\end{pmatrix}\xrightarrow[r_3+r_1]{r_2-2r_1}\begin{pmatrix}1&2&-2\\0&-1&4-\lambda\\0&\lambda+2&0\end{pmatrix}\xrightarrow{r_3+(\lambda+2)r_2}$

$$\begin{pmatrix}1&2&-2\\0&-1&4-\lambda\\0&0&(\lambda+2)(4-\lambda)\end{pmatrix}.$$

显然当$(\lambda+2)(4-\lambda)=0$，即$\lambda=4$或$\lambda=-2$时，$\mathrm{r}(\boldsymbol{A})=2<3$，方程组有非零解.

□

练习三

1. 用对角线法则计算下列行列式.

(1) $\begin{vmatrix}3&-2\\6&-7\end{vmatrix}$.　(2) $\begin{vmatrix}5&3\\3&1\end{vmatrix}$.　(3) $\begin{vmatrix}1&-1&1\\-1&2&-2\\3&1&2\end{vmatrix}$.

2. 计算下列行列式.

(1) $\begin{vmatrix}1&2&2\\5&-2&4\\0&3&1\end{vmatrix}$.　(2) $\begin{vmatrix}2&1&3&1\\-2&2&1&1\\2&1&1&3\\-3&2&2&2\end{vmatrix}$.　(3) $\begin{vmatrix}4&5&-2&2\\3&2&6&-3\\5&5&-1&4\\1&1&2&-1\end{vmatrix}$.

3. 计算下列行列式.

(1) $\begin{vmatrix}1&2&3&-2\\2&1&2&0\\1&2&1&-1\\-2&-4&-6&1\end{vmatrix}$.　(2) $\begin{vmatrix}4&-1&-1&-1\\-1&4&-1&-1\\-1&-1&4&-1\\-1&-1&-1&4\end{vmatrix}$.

(3) $\begin{vmatrix}1&1&1&1\\1&2&2&2\\1&2&3&3\\1&2&3&4\end{vmatrix}$.　(4) $\begin{vmatrix}x&x&y&x\\x&x&x&y\\y&x&x&x\\x&y&x&x\end{vmatrix}$.

4. 用克莱姆法则解方程组.

(1) $\begin{cases}x_1+2x_2-x_3=1,\\2x_1+x_2+x_3=-1,\\x_1-x_2=-3.\end{cases}$　(2) $\begin{cases}2x_1+x_2+x_3=3,\\x_1-5x_2+x_3=-10,\\3x_1-x_2+2x_3=-1.\end{cases}$

(3) $\begin{cases} x_1+x_2+x_3+2x_4=0, \\ 2x_1-x_2+2x_3+x_4=3, \\ x_1+x_2+x_3+3x_4=-3, \\ x_1+x_2+2x_3+x_4=6. \end{cases}$

5. 当 a 和 b 为何值时齐次线性方程组

$$\begin{cases} x_1+2x_2+x_3=0, \\ 2x_1+ax_2+3x_3=0, \\ 2x_1+4x_2+bx_3=0 \end{cases}$$

有非零解?

第四章 方程组的矩阵形式

4.1 矩阵的算术运算

我们到现在为止一直在讨论方程组,解方程组到底是个什么问题呢?我们先看例4.1.

【例 4.1】 设平面建立坐标系 Oxy,坐标系上点的变换公式是

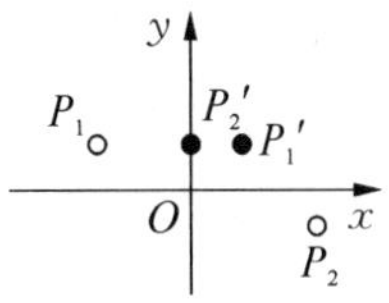

$$\begin{cases} x' = x + 3y, \\ y' = 2x + 5y. \end{cases}$$

求 P_1 和 P_2 的坐标使得变换后的坐标是 $P_1'(1,1)$ 和 $P_2'(0,1)$.

解 此即求(x,y)使得

$$\begin{cases} x + 3y = 1, \\ 2x + 5y = 1. \end{cases}$$

以及求(x,y)使得

$$\begin{cases} x + 3y = 0, \\ 2x + 5y = 1. \end{cases}$$

这是解方程组的问题.

可以利用克莱姆法则解第一个方程组得

$$x = \begin{vmatrix} 1 & 3 \\ 1 & 5 \end{vmatrix} \Big/ \begin{vmatrix} 1 & 3 \\ 2 & 5 \end{vmatrix} = -2, y = \begin{vmatrix} 1 & 1 \\ 2 & 1 \end{vmatrix} \Big/ \begin{vmatrix} 1 & 3 \\ 2 & 5 \end{vmatrix} = 1.$$

即 P_1 坐标为$(-2,1)$.

同样可以解第二个方程组得

$$x = \begin{vmatrix} 0 & 3 \\ 1 & 5 \end{vmatrix} \Big/ \begin{vmatrix} 1 & 3 \\ 2 & 5 \end{vmatrix} = 3, y = \begin{vmatrix} 1 & 0 \\ 2 & 1 \end{vmatrix} \Big/ \begin{vmatrix} 1 & 3 \\ 2 & 5 \end{vmatrix} = -1.$$

即 P_2 坐标为$(3,-1)$.

如果有更多的点需要求出变换前点的坐标,我们可以考虑解方程组

$$\begin{cases} x+3y=x', \\ 2x+5y=y'. \end{cases}$$

同样可以用克莱姆法则求解得

$$x=\begin{vmatrix} x' & 3 \\ y' & 5 \end{vmatrix} \Big/ \begin{vmatrix} 1 & 3 \\ 2 & 5 \end{vmatrix} = -5x'+3y', y=\begin{vmatrix} 1 & x' \\ 2 & y' \end{vmatrix} \Big/ \begin{vmatrix} 1 & 3 \\ 2 & 5 \end{vmatrix} = 2x'-y'.$$

即我们得到了逆变换公式

$$\begin{cases} x=-5x'+3y', \\ y=\ \ 2x'-\ y'. \end{cases}$$

于是将变换后点的坐标代入逆变换公式,即得变换前点的坐标.

我们代入(1,1)得变换前坐标为(−2,1),代入(0,1)得变换前坐标为(3,−1).有再多的点也很容易算出变换前的坐标. □

由上述例子,我们看到解方程组就是一个求逆变换的具体数据的计算,此处的变换专指线性变换,即多变量以一次齐次式的形式变换为多变量,如

$$\begin{cases} x'=\ x+3y, \\ y'=2x+5y. \end{cases}$$

为了方便地记录变换,仿照方程组的简写方式,我们也用矩阵来记录,变换

$$\begin{cases} x'=\ x+3y, \\ y'=2x+5y \end{cases}$$

的关键数据就是式子中的 x 和 y 的两组系数,简记为矩阵就是

$$\begin{pmatrix} 1 & 3 \\ 2 & 5 \end{pmatrix}.$$

当然,如果是变换

$$\begin{cases} x'=-2x, \\ y'=\ \ 3y, \end{cases}$$

记录的矩阵就是

$$\begin{pmatrix} -2 & 0 \\ 0 & 3 \end{pmatrix},$$

因为变换实际是

$$\begin{cases} x'=-2x+0y, \\ y'=\ \ 0x+3y. \end{cases}$$

为了更好地了解变换，我们对表示变换的一些特殊矩阵给出不同的名称.

定义 4.1(零矩阵、数量矩阵、单位矩阵、对角矩阵、上三角矩阵、下三角矩阵) **一个矩阵若元素都是 0，称为零矩阵，记为 $\boldsymbol{O}$. 一个方阵若对角元素都是某个数 k，其余元素都是 0，这样的矩阵称为数量矩阵. 对角元素都是 1 的数量矩阵称为单位矩阵，记为 $\boldsymbol{E}$，数量矩阵记为 $k\boldsymbol{E}$. 一个方阵，若非对角元素都是 0，称为对角矩阵，对角元素为 $d_1,d_2,\cdots,d_n$ 的对角矩阵可以记为 $\mathrm{diag}(d_1,d_2,\cdots,d_n)$. 一个方阵，若对角线以下的元素都是 0，即 $a_{ij}=0(i>j)$，称为上三角矩阵，若对角线以上的元素都是 0，称为下三角矩阵.**

定义 4.2(对称矩阵、反对称矩阵)　**一个方阵 $\boldsymbol{A}$，若满足 $\boldsymbol{A}^{\mathrm{T}}=\boldsymbol{A}$，称为对称矩阵，若满足 $\boldsymbol{A}^{\mathrm{T}}=-\boldsymbol{A}$，称为反对称矩阵.**

各种矩阵的例子见如下：

零矩阵 $\begin{pmatrix}0&0&0\\0&0&0\end{pmatrix}$，数量矩阵 $\begin{pmatrix}1.5&0&0\\0&1.5&0\\0&0&1.5\end{pmatrix}$，单位矩阵 $\begin{pmatrix}1&0&0\\0&1&0\\0&0&1\end{pmatrix}$，对角矩阵 $\begin{pmatrix}1&0&0\\0&1.3&0\\0&0&-2\end{pmatrix}$，上三角矩阵 $\begin{pmatrix}1&-3&2.1\\0&1.3&0\\0&0&-2\end{pmatrix}$，下三角矩阵 $\begin{pmatrix}1&0&0\\2&1&0\\0.3&-1.7&1\end{pmatrix}$，对称矩阵 $\begin{pmatrix}2&1&4\\1&4&-2\\4&-2&-3\end{pmatrix}$，反对称矩阵 $\begin{pmatrix}0&-2.3&-5\\2.3&0&1\\5&-1&0\end{pmatrix}$.

下面我们讨论变换的改动，若一个变换，将 $(x,y)^{\mathrm{T}}$ 变换为 $(x',y')^{\mathrm{T}}$，即

$$\begin{cases}x'=a_{11}x+a_{12}y,\\y'=a_{21}x+a_{22}y.\end{cases}$$

矩阵表示为

$$\begin{pmatrix}a_{11}&a_{12}\\a_{21}&a_{22}\end{pmatrix}.$$

若要改动变换使得变换后的向量是原来变换后向量的 k 倍，即

$$(x'',y'')^{\mathrm{T}}=(kx',ky')^{\mathrm{T}},$$

则新的变换为

$$\begin{cases}x''=kx'=k(a_{11}x+a_{12}y)=ka_{11}x+ka_{21}y,\\y''=ky'=k(a_{21}x+a_{22}y)=ka_{21}x+ka_{22}y.\end{cases}$$

矩阵表示为

$$\begin{pmatrix} ka_{11} & ka_{12} \\ ka_{21} & ka_{22} \end{pmatrix}.$$

矩阵发生的这样的变化，称为矩阵的数乘，倍数为 k.

再看两个变换的作用.

一个点 $(x,y)^{\mathrm{T}}$，在力 $\boldsymbol{F}_1$ 的作用下发生变动，变动到 $(x',y')^{\mathrm{T}}$，即

$$\begin{cases} x' = a_{11}x + a_{12}y, \\ y' = a_{21}x + a_{22}y. \end{cases}$$

矩阵表示为

$$\begin{pmatrix} a_{11} & a_{12} \\ a_{21} & a_{22} \end{pmatrix}.$$

点 $(x,y)^{\mathrm{T}}$ 在力 $\boldsymbol{F}_2$ 的作用下发生变动，变动到 $(x'',y'')^{\mathrm{T}}$，即

$$\begin{cases} x'' = b_{11}x + b_{12}y, \\ y'' = b_{21}x + b_{22}y. \end{cases}$$

矩阵表示为

$$\begin{pmatrix} b_{11} & b_{12} \\ b_{21} & b_{22} \end{pmatrix}.$$

当两个力 $\boldsymbol{F}_1$ 和 $\boldsymbol{F}_2$ 同时作用时，显然 $(x,y)^{\mathrm{T}}$ 变动到 $u=x'+x''$，$v=y'+y''$，即

$$\begin{cases} u = x' + x'' = (a_{11}+b_{11})x + (a_{12}+b_{12})y, \\ v = y' + y'' = (a_{21}+b_{21})x + (a_{22}+b_{22})y. \end{cases}$$

矩阵表示为

$$\begin{pmatrix} a_{11}+b_{11} & a_{12}+b_{12} \\ a_{21}+b_{21} & a_{22}+b_{22} \end{pmatrix},$$

称为矩阵 $\begin{pmatrix} a_{11} & a_{12} \\ a_{21} & a_{22} \end{pmatrix}$ 与矩阵 $\begin{pmatrix} b_{11} & b_{12} \\ b_{21} & b_{22} \end{pmatrix}$ 的和.

定义 4.3（矩阵加法、减法、数乘） **若有行数相同列数相同的两个矩阵 $A=(a_{ij})_{m\times n}$，$B=(b_{ij})_{m\times n}$，定义矩阵 A 和 B 的加法 $A+B$ 为矩阵 $C=(c_{ij})_{m\times n}$，其中元素 $c_{ij}=a_{ij}+b_{ij}$，$i=1,2,\cdots,m$，$j=1,2,\cdots,n$. 定义矩阵 A 和 B 的减法 $A-B$ 为矩阵 $D=(d_{ij})_{m\times n}$，其中元素 $d_{ij}=a_{ij}-b_{ij}$，$i=1,2,\cdots,m$，$j=1,2,\cdots,n$. 定义矩阵 A 与实数 k 的数乘 kA 为矩阵 $H=(h_{ij})_{m\times n}$，其中元素 $h_{ij}=ka_{ij}$，$i=1,2,\cdots,m$，$j=1,2,\cdots,n$.**

两个变换如果不是同时作用，而是先后作用，则会产生不一样的结果.

若一个点 $(x,y)^{\mathrm{T}}$，在力 $\boldsymbol{F}_1$ 的作用下发生永久性变动，变动到 $(x',y')^{\mathrm{T}}$，即

$$\begin{cases} x'=a_{11}x+a_{12}y, \\ y'=a_{21}x+a_{22}y. \end{cases}$$

矩阵表示为

$$\begin{pmatrix} a_{11} & a_{12} \\ a_{21} & a_{22} \end{pmatrix}.$$

现在点 $(x',y')^{\mathrm{T}}$ 在力 $\boldsymbol{F}_2$ 的作用下发生永久性变动，变动到 $(x'',y'')^{\mathrm{T}}$，即

$$\begin{cases} x''=b_{11}x'+b_{12}y', \\ y''=b_{21}x'+b_{22}y'. \end{cases}$$

矩阵表示为

$$\begin{pmatrix} b_{11} & b_{12} \\ b_{21} & b_{22} \end{pmatrix}.$$

当两个力 $\boldsymbol{F}_1$ 和 $\boldsymbol{F}_2$ 一前一后先后作用时，来看产生的变动. 显然 $(x,y)^{\mathrm{T}}$ 先变动到 $(x',y')^{\mathrm{T}}$，再变动到 $(x'',y'')^{\mathrm{T}}$，最后点由 $(x,y)^{\mathrm{T}}$ 变动到 $(x'',y'')^{\mathrm{T}}$，即

$$\begin{cases} x''=b_{11}x'+b_{12}y'=(b_{11}a_{11}+b_{12}a_{21})x+(b_{11}a_{12}+b_{12}a_{22})y, \\ y''=b_{21}x'+b_{22}y'=(b_{21}a_{11}+b_{22}a_{21})x+(b_{21}a_{12}+b_{22}a_{22})y. \end{cases}$$

矩阵表示为

$$\begin{pmatrix} b_{11}a_{11}+b_{12}a_{21} & b_{11}a_{12}+b_{12}a_{22} \\ b_{21}a_{11}+b_{22}a_{21} & b_{21}a_{12}+b_{22}a_{22} \end{pmatrix},$$

称为矩阵 $\begin{pmatrix} b_{11} & b_{12} \\ b_{21} & b_{22} \end{pmatrix}$ 与矩阵 $\begin{pmatrix} a_{11} & a_{12} \\ a_{21} & a_{22} \end{pmatrix}$ 相乘的积，是由前一个矩阵的行与后一个矩阵的列对应元素相乘叠加得到的.

进一步，将向量 $\begin{pmatrix} x \\ y \end{pmatrix}$，$\begin{pmatrix} x' \\ y' \end{pmatrix}$，$\begin{pmatrix} x'' \\ y'' \end{pmatrix}$ 等也作为矩阵，则

$$\begin{cases} x' = a_{11}x + a_{12}y, \\ y' = a_{21}x + a_{22}y \end{cases}$$

可以表示为

$$\begin{pmatrix} x' \\ y' \end{pmatrix} = \begin{pmatrix} a_{11} & a_{12} \\ a_{21} & a_{22} \end{pmatrix} \begin{pmatrix} x \\ y \end{pmatrix},$$

同样地

$$\begin{cases} x'' = b_{11}x' + b_{12}y', \\ y'' = b_{21}x' + b_{22}y' \end{cases}$$

可以表示为

$$\begin{pmatrix} x'' \\ y'' \end{pmatrix} = \begin{pmatrix} b_{11} & b_{12} \\ b_{21} & b_{22} \end{pmatrix} \begin{pmatrix} x' \\ y' \end{pmatrix},$$

于是

$$\begin{cases} x'' = b_{11}x' + b_{12}y', \\ y'' = b_{21}x' + b_{22}y' \end{cases} \text{和} \begin{cases} x' = a_{11}x + a_{12}y, \\ y' = a_{21}x + a_{22}y \end{cases}$$

合成为

$$\begin{cases} x'' = (b_{11}a_{11} + b_{12}a_{21})x + (b_{11}a_{12} + b_{12}a_{22})y, \\ y'' = (b_{21}a_{11} + b_{22}a_{21})x + (b_{21}a_{12} + b_{22}a_{22})y, \end{cases}$$

可以表示为

$$\begin{pmatrix} x'' \\ y'' \end{pmatrix} = \begin{pmatrix} b_{11} & b_{12} \\ b_{21} & b_{22} \end{pmatrix} \begin{pmatrix} x' \\ y' \end{pmatrix} = \begin{pmatrix} b_{11} & b_{12} \\ b_{21} & b_{22} \end{pmatrix} \left(\begin{pmatrix} a_{11} & a_{12} \\ a_{21} & a_{22} \end{pmatrix} \begin{pmatrix} x \\ y \end{pmatrix} \right) =$$

$$\left(\begin{pmatrix} b_{11} & b_{12} \\ b_{21} & b_{22} \end{pmatrix} \begin{pmatrix} a_{11} & a_{12} \\ a_{21} & a_{22} \end{pmatrix} \right) \begin{pmatrix} x \\ y \end{pmatrix} = \begin{pmatrix} b_{11}a_{11} + b_{12}a_{21} & b_{11}a_{12} + b_{12}a_{22} \\ b_{21}a_{11} + b_{22}a_{21} & b_{21}a_{12} + b_{22}a_{22} \end{pmatrix} \begin{pmatrix} x \\ y \end{pmatrix}.$$

从上述讨论知，矩阵 $\begin{pmatrix} b_{11} & b_{12} \\ b_{21} & b_{22} \end{pmatrix}$ 和 $\begin{pmatrix} a_{11} & a_{12} \\ a_{21} & a_{22} \end{pmatrix}$ 相乘，得到的矩阵

$$\begin{pmatrix} b_{11}a_{11} + b_{12}a_{21} & b_{11}a_{12} + b_{12}a_{22} \\ b_{21}a_{11} + b_{22}a_{21} & b_{21}a_{12} + b_{22}a_{22} \end{pmatrix}$$

的 i 行 j 列元素是由前矩阵的第 i 行与后矩阵的第 j 列对应元素相乘叠加的结果.

定义 4.4(矩阵乘法) 若有矩阵 $A=(a_{ij})_{m\times n}$，$B=(b_{ij})_{n\times k}$，定义矩阵 A 和 B 的矩阵乘法 $A\times B$ 或 AB 为矩阵 $C=(c_{ij})_{m\times k}$，其中元素 $c_{ij}=\sum\limits_{s=1}^{n}a_{is}b_{sj}$，$i=1,2,\cdots,m$，$j=1,2,\cdots,k$.

【注 4.1】 矩阵相等是指两个矩阵行数相等列数相等，对应的所有元素相等.

定理 4.1 矩阵有性质 (1) $(AB)C=A(BC)$；(2) $(A+B)C=AC+BC$；(3) $A(B+C)=AB+AC$；(4) $(kA)B=k(AB)=A(kB)$.

证明 (1) 假设 $A=(a_{ij})_{m\times n}$，$B=(b_{ij})_{n\times k}$，$C=(c_{ij})_{k\times r}$，则等式两边的矩阵都是 $m\times r$ 阶的矩阵. 下面比较两边的 (i,j) 元素.

左边 AB 的 (i,t) 元素为 $\sum\limits_{s=1}^{n}a_{is}b_{st}$，则左边的 (i,j) 元素为

$$\sum_{t=1}^{k}\left(\sum_{s=1}^{n}a_{is}b_{st}\right)c_{tj}=\sum_{t=1}^{k}\left(\sum_{s=1}^{n}a_{is}b_{st}c_{tj}\right)=\sum_{t=1}^{k}\sum_{s=1}^{n}a_{is}b_{st}c_{tj}.$$

右边 BC 的 (s,j) 元素为 $\sum\limits_{t=1}^{k}b_{st}c_{tj}$，则右边的 (i,j) 元素为

$$\sum_{s=1}^{n}a_{is}\left(\sum_{t=1}^{k}b_{st}c_{tj}\right)=\sum_{s=1}^{n}\left(\sum_{t=1}^{k}a_{is}b_{st}c_{tj}\right)=\sum_{s=1}^{n}\sum_{t=1}^{k}a_{is}b_{st}c_{tj}=\sum_{t=1}^{k}\sum_{s=1}^{n}a_{is}b_{st}c_{tj}.$$

两边的 (i,j) 元素相同，故 $(AB)C=A(BC)$.

(2)、(3)、(4)的结论可同样证明. □

【注 4.2】 矩阵没有乘法交换律. 反例为 $A=\begin{pmatrix}1&0\\0&0\end{pmatrix}$，$B=\begin{pmatrix}1&2\\3&4\end{pmatrix}$，其中

$AB=\begin{pmatrix}1&2\\0&0\end{pmatrix}\neq\begin{pmatrix}1&0\\3&0\end{pmatrix}=BA$.

定理 4.2 (1) 在矩阵 A 的左边乘以单位矩阵或在右边乘以单位矩阵，得到的矩阵仍是 A；

(2) 在矩阵 A 的左边乘以对角矩阵相当于对 A 的各行乘以对角矩阵的对角元素，在矩阵 A 的右边乘以对角矩阵相当于对 A 的各列乘以对角矩阵的对角元素；

(3) 在矩阵 A 的左边乘以一个矩阵相当于对 A 的行进行线性组合构成新的行，在矩阵 A 的右边乘以一个矩阵相当于对 A 的列重新组合.

证明 我们先证明(2). 设

$$\boldsymbol{D}_m=\begin{pmatrix} d_1 & & & \\ & d_2 & & \\ & & \ddots & \\ & & & d_m \end{pmatrix},\boldsymbol{A}=\begin{pmatrix} a_{11} & a_{12} & \cdots & a_{1n} \\ a_{21} & a_{22} & \cdots & a_{2n} \\ \vdots & \vdots & & \vdots \\ a_{m1} & a_{m2} & \cdots & a_{mn} \end{pmatrix},\boldsymbol{D}_n=\begin{pmatrix} d_1 & & & \\ & d_2 & & \\ & & \ddots & \\ & & & d_n \end{pmatrix},$$

则有

$$\boldsymbol{D}_m\boldsymbol{A}=\begin{pmatrix} d_1 & & & \\ & d_2 & & \\ & & \ddots & \\ & & & d_m \end{pmatrix}\begin{pmatrix} a_{11} & a_{12} & \cdots & a_{1n} \\ a_{21} & a_{22} & \cdots & a_{2n} \\ \vdots & \vdots & & \vdots \\ a_{m1} & a_{m2} & \cdots & a_{mn} \end{pmatrix}=\begin{pmatrix} d_1a_{11} & d_1a_{12} & \cdots & d_1a_{1n} \\ d_2a_{21} & d_2a_{22} & \cdots & d_2a_{2n} \\ \vdots & \vdots & & \vdots \\ d_ma_{m1} & d_ma_{m2} & \cdots & d_ma_{mn} \end{pmatrix},$$

$$\boldsymbol{A}\boldsymbol{D}_n=\begin{pmatrix} d_1a_{11} & d_2a_{12} & \cdots & d_na_{1n} \\ d_1a_{21} & d_2a_{22} & \cdots & d_na_{2n} \\ \vdots & \vdots & & \vdots \\ d_1a_{m1} & d_2a_{m2} & \cdots & d_na_{mn} \end{pmatrix}.$$

(2) 的结论得证，由此可得(1)的结论.

(3) 设

$$\boldsymbol{B}=\begin{pmatrix} b_{11} & b_{12} & \cdots & b_{1m} \\ b_{21} & b_{22} & \cdots & b_{2m} \\ \vdots & \vdots & & \vdots \\ b_{k1} & b_{k2} & \cdots & b_{km} \end{pmatrix},\boldsymbol{A}=\begin{pmatrix} a_{11} & a_{12} & \cdots & a_{1n} \\ a_{21} & a_{22} & \cdots & a_{2n} \\ \vdots & \vdots & & \vdots \\ a_{m1} & a_{m2} & \cdots & a_{mn} \end{pmatrix},$$

则有

$$\boldsymbol{BA}=\begin{pmatrix} b_{11}a_{11}+b_{12}a_{21}+\cdots+b_{1m}a_{m1} & b_{11}a_{12}+b_{12}a_{22}+\cdots+b_{1m}a_{m2} & \cdots & b_{11}a_{1n}+b_{12}a_{2n}+\cdots+b_{1m}a_{mn} \\ b_{21}a_{11}+b_{22}a_{21}+\cdots+b_{2m}a_{m1} & b_{21}a_{12}+b_{22}a_{22}+\cdots+b_{2m}a_{m2} & \cdots & b_{21}a_{1n}+b_{22}a_{2n}+\cdots+b_{2m}a_{mn} \\ \vdots & \vdots & & \vdots \\ b_{k1}a_{11}+b_{k2}a_{21}+\cdots+b_{km}a_{m1} & b_{k1}a_{12}+b_{k2}a_{22}+\cdots+b_{km}a_{m2} & \cdots & b_{k1}a_{1n}+b_{k2}a_{2n}+\cdots+b_{km}a_{mn} \end{pmatrix},$$

可以看出 $\boldsymbol{BA}$ 的第 i 行为

$$b_{i1}(a_{11},a_{12},\cdots,a_{1n})+b_{i2}(a_{21},a_{22},\cdots,a_{2n})+\cdots+b_{im}(a_{m1},a_{m2},\cdots,a_{mn}),$$

即为 $\boldsymbol{A}$ 的行的线性组合. 同理可证 $\boldsymbol{AB}$ 的列为 $\boldsymbol{A}$ 的列的线性组合，故(3)得证. □

定理 4.3 矩阵转置有性质(1) $(\boldsymbol{A}^{\mathrm{T}})^{\mathrm{T}}=\boldsymbol{A}$；(2) $(\boldsymbol{A}+\boldsymbol{B})^{\mathrm{T}}=\boldsymbol{A}^{\mathrm{T}}+\boldsymbol{B}^{\mathrm{T}}$；(3) $(k\boldsymbol{A})^{\mathrm{T}}=k\boldsymbol{A}^{\mathrm{T}}$；(4) $(\boldsymbol{AB})^{\mathrm{T}}=\boldsymbol{B}^{\mathrm{T}}\boldsymbol{A}^{\mathrm{T}}$.

证明 通过比较矩阵的(i,j)元素易证(1)、(2)、(3).

现证明(4).

设 $\boldsymbol{A}=(a_{ij})_{m\times n}$，$\boldsymbol{B}=(b_{ij})_{n\times k}$，则 $\boldsymbol{AB}$ 为 $m\times k$ 阶的矩阵，$(\boldsymbol{AB})^{\mathrm{T}}$ 为 $k\times m$ 阶的矩阵.

等式右边的 $\boldsymbol{B}^{\mathrm{T}}$ 为 $k\times n$ 阶矩阵，$\boldsymbol{A}^{\mathrm{T}}$ 为 $n\times m$ 阶矩阵，故 $\boldsymbol{B}^{\mathrm{T}}\boldsymbol{A}^{\mathrm{T}}$ 为 $k\times m$ 阶矩阵. 等式两边的矩阵都是 $k\times m$ 阶矩阵.

下面比较(4)中等式两边的 (i,j) 元素，易知左边的 (i,j) 元素为 $\boldsymbol{AB}$ 的 (j,i) 元素，为

$$a_{j1}b_{1i}+a_{j2}b_{2i}+\cdots+a_{jn}b_{ni}.$$

$\boldsymbol{B}^{\mathrm{T}}$ 的 i 行为 $\boldsymbol{B}$ 的 i 列，$\boldsymbol{A}^{\mathrm{T}}$ 的 j 列为 $\boldsymbol{A}$ 的 j 行，故右边元素的 (i,j) 元素为

$$b_{1i}a_{j1}+b_{2i}a_{j2}+\cdots+b_{ni}a_{jn}.$$

两边元素相等，故(4)成立. □

【注 4.3】 行向量就是只有一行的矩阵，列向量就是只有一列的矩阵，向量的运算就是矩阵的运算.

【例 4.2】 若有

$$\boldsymbol{A}=\begin{pmatrix}-2 & 1 & 5\\ 3 & -3 & 1\end{pmatrix},\boldsymbol{B}=\begin{pmatrix}1 & 2\\ 2 & 0\\ -1 & 3\end{pmatrix},$$

计算 $3\boldsymbol{A}-2\boldsymbol{B}^{\mathrm{T}}$，$\boldsymbol{AB}$，$\boldsymbol{B}^{\mathrm{T}}\boldsymbol{A}^{\mathrm{T}}$.

解　$3\boldsymbol{A}-2\boldsymbol{B}^{\mathrm{T}}=3\begin{pmatrix}-2 & 1 & 5\\ 3 & -3 & 1\end{pmatrix}-2\begin{pmatrix}1 & 2 & -1\\ 2 & 0 & 3\end{pmatrix}=\begin{pmatrix}-6 & 3 & 15\\ 9 & -9 & 3\end{pmatrix}-\begin{pmatrix}2 & 4 & -2\\ 4 & 0 & 6\end{pmatrix}=\begin{pmatrix}-8 & -1 & 17\\ 5 & -9 & -3\end{pmatrix}$.

$$\boldsymbol{AB}=\begin{pmatrix}-2 & 1 & 5\\ 3 & -3 & 1\end{pmatrix}\begin{pmatrix}1 & 2\\ 2 & 0\\ -1 & 3\end{pmatrix}$$

$$=\begin{pmatrix}-2\times1+1\times2+5\times(-1) & -2\times2+1\times0+5\times3\\ 3\times1+(-3)\times2+1\times(-1) & 3\times2+(-3)\times0+1\times3\end{pmatrix}=\begin{pmatrix}-5 & 11\\ -4 & 9\end{pmatrix}.$$

$$\boldsymbol{B}^{\mathrm{T}}\boldsymbol{A}^{\mathrm{T}}=\begin{pmatrix}1 & 2 & -1\\ 2 & 0 & 3\end{pmatrix}\begin{pmatrix}-2 & 3\\ 1 & -3\\ 5 & 1\end{pmatrix}=\begin{pmatrix}-5 & -4\\ 11 & 9\end{pmatrix}.$$

我们看到 $\boldsymbol{B}^{\mathrm{T}}\boldsymbol{A}^{\mathrm{T}}=\begin{pmatrix}-5 & -4\\ 11 & 9\end{pmatrix}=(\boldsymbol{AB})^{\mathrm{T}}$. □

【例 4.3】 若有

$$\boldsymbol{A}=\begin{pmatrix}3&-2&5\\1&3&-7\\5&-1&2\end{pmatrix},\boldsymbol{B}=\begin{pmatrix}1&1&2\\-1&2&2\\1&1&-1\end{pmatrix},$$

计算 $(\boldsymbol{A}+\boldsymbol{B})(\boldsymbol{A}-\boldsymbol{B})$ 和$(\boldsymbol{A}-\boldsymbol{B})(\boldsymbol{A}+\boldsymbol{B})$.

解

$$(\boldsymbol{A}+\boldsymbol{B})(\boldsymbol{A}-\boldsymbol{B})=\left(\begin{pmatrix}3&-2&5\\1&3&-7\\5&-1&2\end{pmatrix}+\begin{pmatrix}1&1&2\\-1&2&2\\1&1&-1\end{pmatrix}\right)$$

$$\left(\begin{pmatrix}3&-2&5\\1&3&-7\\5&-1&2\end{pmatrix}-\begin{pmatrix}1&1&2\\-1&2&2\\1&1&-1\end{pmatrix}\right)$$

$$=\begin{pmatrix}4&-1&7\\0&5&-5\\6&0&1\end{pmatrix}\begin{pmatrix}2&-3&3\\2&1&-9\\4&-2&3\end{pmatrix}=\begin{pmatrix}34&-27&42\\-10&15&-60\\16&-20&21\end{pmatrix}.$$

$$(\boldsymbol{A}-\boldsymbol{B})(\boldsymbol{A}+\boldsymbol{B})=\begin{pmatrix}2&-3&3\\2&1&-9\\4&-2&3\end{pmatrix}\begin{pmatrix}4&-1&7\\0&5&-5\\6&0&1\end{pmatrix}=\begin{pmatrix}26&-17&32\\-46&3&0\\34&-14&41\end{pmatrix}.$$

从计算结果知 $(\boldsymbol{A}+\boldsymbol{B})(\boldsymbol{A}-\boldsymbol{B})\neq(\boldsymbol{A}-\boldsymbol{B})(\boldsymbol{A}+\boldsymbol{B})$. □

【例 4.4】 若有

$$\boldsymbol{A}=\begin{pmatrix}a_{11}&a_{12}&\cdots&a_{1n}\\a_{21}&a_{22}&\cdots&a_{2n}\\\vdots&\vdots&&\vdots\\a_{m1}&a_{m2}&\cdots&a_{mn}\end{pmatrix},\boldsymbol{x}=\begin{pmatrix}x_1\\x_2\\\vdots\\x_n\end{pmatrix},$$

计算 $\boldsymbol{Ax}$.

解 $$\boldsymbol{Ax}=\begin{pmatrix}a_{11}&a_{12}&\cdots&a_{1n}\\a_{21}&a_{22}&\cdots&a_{2n}\\\vdots&\vdots&&\vdots\\a_{m1}&a_{m2}&\cdots&a_{mn}\end{pmatrix}\begin{pmatrix}x_1\\x_2\\\vdots\\x_n\end{pmatrix}=\begin{pmatrix}a_{11}x_1+a_{12}x_2+\cdots+a_{1n}x_n\\a_{21}x_1+a_{22}x_2+\cdots+a_{2n}x_n\\\vdots\\a_{m1}x_1+a_{m2}x_2+\cdots+a_{mn}x_n\end{pmatrix}.$$ □

现在看方程组

$$\begin{cases} a_{11}x_1+a_{12}x_2+\cdots+a_{1n}x_n=b_1, \\ a_{21}x_1+a_{22}x_2+\cdots+a_{2n}x_n=b_2, \\ \qquad\vdots \\ a_{m1}x_1+a_{m2}x_2+\cdots+a_{mn}x_n=b_m. \end{cases}$$

该方程组就可以写成

$$\boldsymbol{Ax}=\boldsymbol{b}\text{，其中 }\boldsymbol{A}=\begin{pmatrix} a_{11} & a_{12} & \cdots & a_{1n} \\ a_{21} & a_{22} & \cdots & a_{2n} \\ \vdots & \vdots & & \vdots \\ a_{m1} & a_{m2} & \cdots & a_{mn} \end{pmatrix},\boldsymbol{b}=\begin{pmatrix} b_1 \\ b_2 \\ \vdots \\ b_m \end{pmatrix}.$$

此时方程组可以看成向量 $\boldsymbol{x}$ 经过变换 $\boldsymbol{A}$ 得到向量 $\boldsymbol{b}$，解方程组就是求 $\boldsymbol{x}$ 使得变换后得到 $\boldsymbol{b}$，即 $\boldsymbol{b}$ 逆变换后的向量 $\boldsymbol{x}$. 我们说 $\boldsymbol{Ax}=\boldsymbol{b}$ 是方程组的矩阵形式.

如果矩阵是一个方阵，那么一个矩阵可以自己乘以自己很多次，这就得到了矩阵的乘幂 $\boldsymbol{A}^n$，即 $\boldsymbol{A}\times\boldsymbol{A}\times\cdots\times\boldsymbol{A}$，共 n 个 $\boldsymbol{A}$ 相乘.

【例 4.5】 若

$$\boldsymbol{A}=\begin{pmatrix} 1 & 2 & 1 \\ 0 & 1 & -1 \\ 0 & 0 & 2 \end{pmatrix},$$

计算 $\boldsymbol{A}^2,\boldsymbol{A}^3$.

解 $$\boldsymbol{A}^2=\begin{pmatrix} 1 & 2 & 1 \\ 0 & 1 & -1 \\ 0 & 0 & 2 \end{pmatrix}\begin{pmatrix} 1 & 2 & 1 \\ 0 & 1 & -1 \\ 0 & 0 & 2 \end{pmatrix}=\begin{pmatrix} 1 & 4 & 1 \\ 0 & 1 & -3 \\ 0 & 0 & 4 \end{pmatrix},$$

$$\boldsymbol{A}^3=\boldsymbol{A}^2\boldsymbol{A}=\begin{pmatrix} 1 & 4 & 1 \\ 0 & 1 & -3 \\ 0 & 0 & 4 \end{pmatrix}\begin{pmatrix} 1 & 2 & 1 \\ 0 & 1 & -1 \\ 0 & 0 & 2 \end{pmatrix}=\begin{pmatrix} 1 & 6 & -1 \\ 0 & 1 & -7 \\ 0 & 0 & 8 \end{pmatrix}.$$ □

方阵有乘幂，有数乘，有加法，于是就可以仿照多项式得到矩阵多项式，即有多项式 $f(x)=3x^3-2x^2-4$，则矩阵多项式为 $f(\boldsymbol{A})=3\boldsymbol{A}^3-2\boldsymbol{A}^2-4\boldsymbol{E}$，此处 $f(x)$ 看成 $3x^3-2x^2-4\times 1$，而实数的 1 对应单位矩阵 $\boldsymbol{E}$.

【例 4.6】 若

$$\boldsymbol{A}=\begin{pmatrix} 1 & 2 & 1 \\ 0 & 1 & -1 \\ 0 & 0 & 2 \end{pmatrix},$$

计算 $f(\boldsymbol{A})$，其中 $f(x)=3x^3-2x^2-4$.

解 $f(\boldsymbol{A})=3\boldsymbol{A}^3-2\boldsymbol{A}^2-4\boldsymbol{E}=3\begin{pmatrix}1&6&-1\\0&1&-7\\0&0&8\end{pmatrix}-2\begin{pmatrix}1&4&1\\0&1&-3\\0&0&4\end{pmatrix}-4\begin{pmatrix}1&0&0\\0&1&0\\0&0&1\end{pmatrix}=$

$$\begin{pmatrix}-3&10&-5\\0&-3&-15\\0&0&12\end{pmatrix}.$$ □

在 2.3 节讨论向量组的极大无关组时，我们用了列向量组 $\boldsymbol{\alpha}_1,\boldsymbol{\alpha}_2,\cdots,\boldsymbol{\alpha}_n$ 构成的矩阵 $\boldsymbol{A}=(\boldsymbol{\alpha}_1,\boldsymbol{\alpha}_2,\cdots,\boldsymbol{\alpha}_n)$，矩阵中 $\boldsymbol{\alpha}_1,\boldsymbol{\alpha}_2,\cdots,\boldsymbol{\alpha}_n$ 作为矩阵的列. 将矩阵看成由列构成的矩阵，而不是由实数元素构成的矩阵，这样表示会很直观，有时候会很有用，计算会更加方便. 推而广之，也可以考虑由行向量构成的矩阵，甚至由一个一个的块(小矩阵)构成的矩阵. 这就是分块矩阵.

定义 4.5(分块矩阵)　一个 $m\times n$ 阶的矩阵 $\boldsymbol{A}$，若用水平线和垂直线将矩阵元素分成若干块，将每一块的子矩阵看成一个复合元素，这样的复合元素构成的矩阵称为分块矩阵，其中每一块的子矩阵称为矩阵块.

定理 4.4　分块矩阵的加减数乘和乘法，其运算规律跟普通矩阵一样.

证明　直接验证容易得到该结论. □

【例 4.7】 计算矩阵乘法 $\boldsymbol{C}=\boldsymbol{AB}$，其中

$$\boldsymbol{A}=\begin{pmatrix}1&3&-1&2\\-2&5&3&1\\-2&1&0&7\\3&3&2&7\end{pmatrix},\boldsymbol{B}=\begin{pmatrix}0&0&1&0\\0&0&0&1\\-1&0&0&0\\0&-1&0&0\end{pmatrix}.$$

解　将矩阵 $\boldsymbol{A}$ 和 $\boldsymbol{B}$ 分块得到

$$\boldsymbol{A}=\left(\begin{array}{cc:cc}1&3&-1&2\\-2&5&3&1\\\hdashline-2&1&0&7\\3&3&2&7\end{array}\right)=\begin{pmatrix}\boldsymbol{A}_{11}&\boldsymbol{A}_{12}\\\boldsymbol{A}_{21}&\boldsymbol{A}_{22}\end{pmatrix},\quad \boldsymbol{B}=\left(\begin{array}{cc:cc}0&0&1&0\\0&0&0&1\\\hdashline-1&0&0&0\\0&-1&0&0\end{array}\right)=\begin{pmatrix}\boldsymbol{O}&\boldsymbol{E}\\-\boldsymbol{E}&\boldsymbol{O}\end{pmatrix}.$$

于是有

$$\boldsymbol{C}=\begin{pmatrix}\boldsymbol{A}_{11}&\boldsymbol{A}_{12}\\\boldsymbol{A}_{21}&\boldsymbol{A}_{22}\end{pmatrix}\begin{pmatrix}\boldsymbol{O}&\boldsymbol{E}\\-\boldsymbol{E}&\boldsymbol{O}\end{pmatrix}=\begin{pmatrix}\boldsymbol{A}_{11}\boldsymbol{O}+\boldsymbol{A}_{12}(-\boldsymbol{E})&\boldsymbol{A}_{11}\boldsymbol{E}+\boldsymbol{A}_{12}\boldsymbol{O}\\\boldsymbol{A}_{21}\boldsymbol{O}+\boldsymbol{A}_{22}(-\boldsymbol{E})&\boldsymbol{A}_{21}\boldsymbol{E}+\boldsymbol{A}_{22}\boldsymbol{O}\end{pmatrix}=\begin{pmatrix}-\boldsymbol{A}_{12}&\boldsymbol{A}_{11}\\-\boldsymbol{A}_{22}&\boldsymbol{A}_{21}\end{pmatrix}=$$

$$\left(\begin{array}{cc:cc} 1 & -2 & 1 & 3 \\ -3 & -1 & -2 & 5 \\ \hdashline 0 & -7 & -2 & 1 \\ -2 & -7 & 3 & 3 \end{array}\right).$$

□

【例 4.8】 解方程组

$$\begin{cases} x_1 - 4x_2 + 2x_3 + x_4 = -3, \\ 2x_1 - 5x_3 + 3x_4 = 3, \\ -2x_3 + x_4 = 0, \\ 3x_3 - 4x_4 = -5. \end{cases}$$

解 用矩阵形式,即解方程组 $\boldsymbol{Ax}=\boldsymbol{b}$,其中

$$\boldsymbol{A}=\begin{pmatrix} 1 & -4 & 2 & 1 \\ 2 & 0 & -5 & 3 \\ 0 & 0 & -2 & 1 \\ 0 & 0 & 3 & -4 \end{pmatrix}, \boldsymbol{b}=\begin{pmatrix} -3 \\ 3 \\ 0 \\ -5 \end{pmatrix}.$$

将系数矩阵和右端向量分块得到

$$\boldsymbol{A}=\left(\begin{array}{cc:cc} 1 & -4 & 2 & 1 \\ 2 & 0 & -5 & 3 \\ \hdashline 0 & 0 & -2 & 1 \\ 0 & 0 & 3 & -4 \end{array}\right)=\begin{pmatrix} \boldsymbol{A}_{11} & \boldsymbol{A}_{12} \\ \boldsymbol{O} & \boldsymbol{A}_{22} \end{pmatrix}, \boldsymbol{b}=\left(\begin{array}{c} -3 \\ 3 \\ \hdashline 0 \\ -5 \end{array}\right)=\begin{pmatrix} \boldsymbol{b}_1 \\ \boldsymbol{b}_2 \end{pmatrix}.$$

于是方程组可以表示为

$$\begin{cases} \boldsymbol{A}_{11}\boldsymbol{x}_1+\boldsymbol{A}_{12}\boldsymbol{x}_2=\boldsymbol{b}_1, \\ \boldsymbol{A}_{22}\boldsymbol{x}_2=\boldsymbol{b}_2. \end{cases}$$

先解 $\boldsymbol{A}_{22}\boldsymbol{x}_2=\boldsymbol{b}_2$,

$$\left(\begin{array}{cc:c} -2 & 1 & 0 \\ 3 & -4 & -5 \end{array}\right) \to \left(\begin{array}{cc:c} 1 & 0 & 1 \\ 0 & 1 & 2 \end{array}\right),$$

得到 $\boldsymbol{x}_2=\begin{pmatrix} 1 \\ 2 \end{pmatrix}$.

将 $\boldsymbol{x}_2$ 代入到第一个块方程得到

$$\boldsymbol{A}_{11}\boldsymbol{x}_1=\boldsymbol{b}_1-\boldsymbol{A}_{12}\boldsymbol{x}_2=\boldsymbol{b}_3,$$

求解

$$(\boldsymbol{A}_{11},\boldsymbol{b}_3)=(\boldsymbol{A}_{11},\boldsymbol{b}_1-\boldsymbol{A}_{12}\boldsymbol{x}_2)=\left(\begin{array}{cc:c}1&-4&-7\\2&0&2\end{array}\right)\rightarrow\left(\begin{array}{cc:c}1&0&1\\0&1&2\end{array}\right),$$

得到 $\boldsymbol{x}_1=\begin{pmatrix}1\\2\end{pmatrix}$.

故方程组的解为 $\boldsymbol{x}=\begin{pmatrix}\boldsymbol{x}_1\\\boldsymbol{x}_2\end{pmatrix}=\begin{pmatrix}1\\2\\1\\2\end{pmatrix}$. □

矩阵的分块通常使用较多的是按列分块和按行分块. 按列分块就是一列作为一块,即

$$\boldsymbol{A}=(\boldsymbol{\alpha}_1,\boldsymbol{\alpha}_2,\cdots,\boldsymbol{\alpha}_n)\text{, 其中 }\boldsymbol{\alpha}_j=\begin{pmatrix}a_{1j}\\a_{2j}\\\vdots\\a_{mj}\end{pmatrix},j=1,2,\cdots,n.$$

按行分块就是一行作为一块,即

$$\boldsymbol{A}=\begin{pmatrix}\boldsymbol{\beta}_1\\\boldsymbol{\beta}_2\\\vdots\\\boldsymbol{\beta}_m\end{pmatrix}\text{, 其中 }\boldsymbol{\beta}_i=(a_{i1},a_{i2},\cdots,a_{in}).$$

若方程组矩阵形式为 $\boldsymbol{Ax}=\boldsymbol{b}$, 将系数矩阵 $\boldsymbol{A}$ 按列分块相乘,矩阵形式就变为向量形式,即

$$x_1\boldsymbol{\alpha}_1+x_2\boldsymbol{\alpha}_2+\cdots+x_n\boldsymbol{\alpha}_n=\boldsymbol{b}.$$

若考虑矩阵乘法 $\boldsymbol{AC}$,将 $\boldsymbol{A}$ 按行分块,将 $\boldsymbol{C}$ 按列分块如下,

$$\boldsymbol{A}=\begin{pmatrix}\boldsymbol{\beta}_1\\\boldsymbol{\beta}_2\\\vdots\\\boldsymbol{\beta}_m\end{pmatrix},\boldsymbol{C}=(\boldsymbol{\gamma}_1,\boldsymbol{\gamma}_2,\cdots,\boldsymbol{\gamma}_k)\text{, 其中 }\boldsymbol{\beta}_i=(a_{i1},a_{i2},\cdots,a_{in}),i=1,2,\cdots,m;\boldsymbol{\gamma}_j=$$

$$\begin{pmatrix}c_{1j}\\c_{2j}\\\vdots\\c_{nj}\end{pmatrix},j=1,2,\cdots,k,$$

则

$$AC=\begin{pmatrix}\boldsymbol{\beta}_1\boldsymbol{\gamma}_1 & \boldsymbol{\beta}_1\boldsymbol{\gamma}_2 & \cdots & \boldsymbol{\beta}_1\boldsymbol{\gamma}_k\\ \boldsymbol{\beta}_2\boldsymbol{\gamma}_1 & \boldsymbol{\beta}_2\boldsymbol{\gamma}_2 & \cdots & \boldsymbol{\beta}_2\boldsymbol{\gamma}_k\\ \vdots & \vdots & & \vdots\\ \boldsymbol{\beta}_m\boldsymbol{\gamma}_1 & \boldsymbol{\beta}_m\boldsymbol{\gamma}_2 & \cdots & \boldsymbol{\beta}_m\boldsymbol{\gamma}_k\end{pmatrix},$$

即乘积的(i,j)元素是由 $\boldsymbol{A}$ 的 i 行和 $\boldsymbol{C}$ 的 j 列相乘得到的数.

4.2　初等矩阵和逆矩阵——初等行变换的矩阵形式和逆变换的矩阵

从定理 4.2 知，在矩阵 $\boldsymbol{A}$ 的左边乘以一个矩阵就是对矩阵 $\boldsymbol{A}$ 的行进行组合调整，而我们一直在用的初等行变换就是一种简单的行组合调整.

可以找到这样的矩阵，在左边乘以该矩阵就相当于进行一次初等行变换，在右边乘以该矩阵就相当于进行一次初等列变换. 见下例.

【例 4.9】 设矩阵

$$\boldsymbol{A}=\begin{pmatrix}a_{11} & a_{12} & a_{13}\\ a_{21} & a_{22} & a_{23}\\ a_{31} & a_{32} & a_{33}\end{pmatrix},\boldsymbol{P}_1=\begin{pmatrix}1&0&0\\0&0&1\\0&1&0\end{pmatrix},\boldsymbol{P}_2=\begin{pmatrix}1&0&0\\0&k&0\\0&0&1\end{pmatrix},\boldsymbol{P}_3=\begin{pmatrix}1&0&0\\0&1&k\\0&0&1\end{pmatrix},$$

计算 $\boldsymbol{P}_1\boldsymbol{A},\boldsymbol{P}_2\boldsymbol{A},\boldsymbol{P}_3\boldsymbol{A}$ 及 $\boldsymbol{A}\boldsymbol{P}_1,\boldsymbol{A}\boldsymbol{P}_2,\boldsymbol{A}\boldsymbol{P}_3$.

解

$$\boldsymbol{P}_1\boldsymbol{A}=\begin{pmatrix}1&0&0\\0&0&1\\0&1&0\end{pmatrix}\begin{pmatrix}a_{11} & a_{12} & a_{13}\\ a_{21} & a_{22} & a_{23}\\ a_{31} & a_{32} & a_{33}\end{pmatrix}=\begin{pmatrix}a_{11} & a_{12} & a_{13}\\ a_{31} & a_{32} & a_{33}\\ a_{21} & a_{22} & a_{23}\end{pmatrix},$$

相当于 $\boldsymbol{A}$ 进行初等行变换 $r_2\leftrightarrow r_3$.

$$\boldsymbol{P}_2\boldsymbol{A}=\begin{pmatrix}1&0&0\\0&k&0\\0&0&1\end{pmatrix}\begin{pmatrix}a_{11} & a_{12} & a_{13}\\ a_{21} & a_{22} & a_{23}\\ a_{31} & a_{32} & a_{33}\end{pmatrix}=\begin{pmatrix}a_{11} & a_{12} & a_{13}\\ ka_{21} & ka_{22} & ka_{23}\\ a_{31} & a_{32} & a_{33}\end{pmatrix},$$

相当于 $\boldsymbol{A}$ 进行初等行变换 kr_2.

$$\boldsymbol{P}_3\boldsymbol{A}=\begin{pmatrix}1&0&0\\0&1&k\\0&0&1\end{pmatrix}\begin{pmatrix}a_{11} & a_{12} & a_{13}\\ a_{21} & a_{22} & a_{23}\\ a_{31} & a_{32} & a_{33}\end{pmatrix}=\begin{pmatrix}a_{11} & a_{12} & a_{13}\\ a_{21}+ka_{31} & a_{22}+ka_{32} & a_{23}+ka_{33}\\ a_{31} & a_{32} & a_{33}\end{pmatrix},$$

相当于 $\boldsymbol{A}$ 进行初等行变换 r_2+kr_3.

同理

$$\boldsymbol{AP}_1=\begin{pmatrix} a_{11} & a_{13} & a_{12} \\ a_{21} & a_{23} & a_{22} \\ a_{31} & a_{33} & a_{32} \end{pmatrix},\boldsymbol{AP}_2=\begin{pmatrix} a_{11} & ka_{12} & a_{13} \\ a_{21} & ka_{22} & a_{23} \\ a_{31} & ka_{32} & a_{33} \end{pmatrix},\boldsymbol{AP}_3=\begin{pmatrix} a_{11} & a_{12} & a_{13}+ka_{12} \\ a_{21} & a_{22} & a_{23}+ka_{22} \\ a_{31} & a_{32} & a_{33}+ka_{32} \end{pmatrix},$$

相当于 $\boldsymbol{A}$ 进行初等列变换 $c_2 \leftrightarrow c_3, kc_2, c_3+kc_2$. □

对于一般的矩阵,我们有

$$\boldsymbol{A} = \begin{pmatrix} a_{11} & a_{12} & \cdots & a_{1n} \\ \vdots & \vdots & & \vdots \\ a_{i1} & a_{i2} & \cdots & a_{in} \\ \vdots & \vdots & & \vdots \\ a_{j1} & a_{j2} & \cdots & a_{jn} \\ \vdots & \vdots & & \vdots \\ a_{m1} & a_{m2} & \cdots & a_{mn} \end{pmatrix} \xrightarrow{r_i \leftrightarrow r_j} \begin{pmatrix} a_{11} & a_{12} & \cdots & a_{1n} \\ \vdots & \vdots & & \vdots \\ a_{j1} & a_{j2} & \cdots & a_{jn} \\ \vdots & \vdots & & \vdots \\ a_{i1} & a_{i2} & \cdots & a_{in} \\ \vdots & \vdots & & \vdots \\ a_{m1} & a_{m2} & \cdots & a_{mn} \end{pmatrix} =$$

$$\begin{pmatrix} 1 & & & & & \\ & \ddots & & & & \\ & & 0 & & 1 & \\ & & & \ddots & & \\ & & 1 & & 0 & \\ & & & & & \ddots & \\ & & & & & & 1 \end{pmatrix} \begin{pmatrix} a_{11} & a_{12} & \cdots & a_{1n} \\ \vdots & \vdots & & \vdots \\ a_{i1} & a_{i2} & \cdots & a_{in} \\ \vdots & \vdots & & \vdots \\ a_{j1} & a_{j2} & \cdots & a_{jn} \\ \vdots & \vdots & & \vdots \\ a_{m1} & a_{m2} & \cdots & a_{mn} \end{pmatrix} = \boldsymbol{E}(i,j)\boldsymbol{A}.$$

$$\boldsymbol{A} = \begin{pmatrix} a_{11} & a_{12} & \cdots & a_{1n} \\ \vdots & \vdots & & \vdots \\ a_{i-1,1} & a_{i-1,2} & \cdots & a_{i-1,n} \\ a_{i1} & a_{i2} & \cdots & a_{in} \\ a_{i+1,1} & a_{i+1,2} & \cdots & a_{i+1,n} \\ \vdots & \vdots & & \vdots \\ a_{m1} & a_{m2} & \cdots & a_{mn} \end{pmatrix} \xrightarrow{r_i \times k} \begin{pmatrix} a_{11} & a_{12} & \cdots & a_{1n} \\ \vdots & \vdots & & \vdots \\ a_{i-1,1} & a_{i-1,2} & \cdots & a_{i-1,n} \\ ka_{i1} & ka_{i2} & \cdots & ka_{in} \\ a_{i+1,1} & a_{i+1,2} & \cdots & a_{i+1,n} \\ \vdots & \vdots & & \vdots \\ a_{m1} & a_{m2} & \cdots & a_{mn} \end{pmatrix} =$$

$$\begin{pmatrix} 1 & & & & & & \\ & \ddots & & & & & \\ & & 1 & & & & \\ & & & k & & & \\ & & & & 1 & & \\ & & & & & \ddots & \\ & & & & & & 1 \end{pmatrix} \begin{pmatrix} a_{11} & a_{12} & \cdots & a_{1n} \\ \vdots & \vdots & & \vdots \\ a_{i-1,1} & a_{i-1,2} & \cdots & a_{i-1,n} \\ a_{i1} & a_{i2} & \cdots & a_{in} \\ a_{i+1,1} & a_{i+1,2} & \cdots & a_{i+1,n} \\ \vdots & \vdots & & \vdots \\ a_{m1} & a_{m2} & \cdots & a_{mn} \end{pmatrix} = \boldsymbol{E}(i(k))\boldsymbol{A}.$$

$$A=\begin{pmatrix} a_{11} & a_{12} & \cdots & a_{1n} \\ \vdots & \vdots & & \vdots \\ a_{i1} & a_{i2} & \cdots & a_{in} \\ \vdots & \vdots & & \vdots \\ a_{j1} & a_{j2} & \cdots & a_{jn} \\ \vdots & \vdots & & \vdots \\ a_{m1} & a_{m2} & \cdots & a_{mn} \end{pmatrix} \xrightarrow{r_i+kr_j} \begin{pmatrix} a_{11} & a_{12} & \cdots & a_{1n} \\ \vdots & \vdots & & \vdots \\ a_{i1}+ka_{j1} & a_{i2}+ka_{j2} & \cdots & a_{in}+ka_{jn} \\ \vdots & \vdots & & \vdots \\ a_{j1} & a_{j2} & \cdots & a_{jn} \\ \vdots & \vdots & & \vdots \\ a_{m1} & a_{m2} & \cdots & a_{mn} \end{pmatrix}=$$

$$\begin{pmatrix} 1 & & & & & & \\ & \ddots & & & & & \\ & & 1 & & k & & \\ & & & \ddots & & & \\ & & & & 1 & & \\ & & & & & \ddots & \\ & & & & & & 1 \end{pmatrix} \begin{pmatrix} a_{11} & a_{12} & \cdots & a_{1n} \\ \vdots & \vdots & & \vdots \\ a_{i1} & a_{i2} & \cdots & a_{in} \\ \vdots & \vdots & & \vdots \\ a_{j1} & a_{j2} & \cdots & a_{jn} \\ \vdots & \vdots & & \vdots \\ a_{m1} & a_{m2} & \cdots & a_{mn} \end{pmatrix}=\boldsymbol{E}(i,j(k))\boldsymbol{A}.$$

表示为 $\boldsymbol{E}(i,j)$、$\boldsymbol{E}(i(k))$、$\boldsymbol{E}(i,j(k))$的矩阵就是单位矩阵 $\boldsymbol{E}$ 进行 i 行 j 行交换、i 行乘以 k 倍、j 行的 k 倍加到 i 行上得到的矩阵，在矩阵的左边乘以这样的矩阵，就相当于对原矩阵做对应的初等行变换(即与作用到单位矩阵同样的初等行变换)，这样的矩阵称为初等矩阵.

定义 4.6(初等矩阵)　对单位矩阵分别作用三类初等行变换得到的三种矩阵称为初等矩阵. 交换 i 行和 j 行得到的初等矩阵记为 $\boldsymbol{E}(i,j)$；i 行乘以非零数 k 得到的初等矩阵记 $\boldsymbol{E}(i(k))$；j 行的 k 倍加到 i 行上得到的初等矩阵记为 $\boldsymbol{E}(i,j(k))$.

记号 $\boldsymbol{E}(i(k))$表示单位矩阵的第 i 个对角元素改为 k，记号 $\boldsymbol{E}(i,j(k))$表示单位矩阵的 i 行 j 列元素改为 k.

初等矩阵也可以由初等列变换得到. 单位矩阵交换 i 列和 j 列得到初等矩阵 $\boldsymbol{E}(i,j)$，单位矩阵 j 列乘以非零数 k 得到初等矩阵 $\boldsymbol{E}(j(k))$，单位矩阵的 i 列的 k 倍加到 j 列上得到初等矩阵 $\boldsymbol{E}(i,j(k))$.

定理 4.5　对矩阵进行初等行变换相当于在矩阵的左边乘以对应的初等矩阵(同样的初等行变换作用到单位矩阵得到的初等矩阵)；初等列变换则相当于在矩阵的右边乘以对应的初等矩阵(同样的初等列变换作用到单位矩阵得到的初等矩阵).

证明　行的作用见上述讨论，列的作用只要对行的作用的式子进行转置可得. □

由例 4.1 知变换

$$\begin{cases} x' = x + 3y, \\ y' = 2x + 5y \end{cases}$$

有逆变换

$$\begin{cases} x = -5x' + 3y, \\ y = 2x' - y'. \end{cases}$$

用矩阵表示为

$$\begin{pmatrix} x' \\ y' \end{pmatrix} = \begin{pmatrix} 1 & 3 \\ 2 & 5 \end{pmatrix} \begin{pmatrix} x \\ y \end{pmatrix} \quad 和 \quad \begin{pmatrix} x \\ y \end{pmatrix} = \begin{pmatrix} -5 & 3 \\ 2 & -1 \end{pmatrix} \begin{pmatrix} x' \\ y' \end{pmatrix},$$

于是由矩阵乘法结合律有

$$\begin{pmatrix} x' \\ y' \end{pmatrix} = \begin{pmatrix} 1 & 3 \\ 2 & 5 \end{pmatrix} \begin{pmatrix} x \\ y \end{pmatrix} = \begin{pmatrix} 1 & 3 \\ 2 & 5 \end{pmatrix} \left(\begin{pmatrix} -5 & 3 \\ 2 & -1 \end{pmatrix} \begin{pmatrix} x' \\ y' \end{pmatrix} \right)$$

$$= \left(\begin{pmatrix} 1 & 3 \\ 2 & 5 \end{pmatrix} \begin{pmatrix} -5 & 3 \\ 2 & -1 \end{pmatrix} \right) \begin{pmatrix} x' \\ y' \end{pmatrix} = \begin{pmatrix} 1 & 0 \\ 0 & 1 \end{pmatrix} \begin{pmatrix} x' \\ y' \end{pmatrix} = \begin{pmatrix} x' \\ y' \end{pmatrix}.$$

即变换的矩阵 $\begin{pmatrix} 1 & 3 \\ 2 & 5 \end{pmatrix}$ 与逆变换的矩阵 $\begin{pmatrix} -5 & 3 \\ 2 & -1 \end{pmatrix}$ 相乘得到单位矩阵 $\begin{pmatrix} 1 & 0 \\ 0 & 1 \end{pmatrix}$，而单位矩阵表示一个恒等变换，即没有任何变动的变换. 我们称变换矩阵 $\begin{pmatrix} 1 & 3 \\ 2 & 5 \end{pmatrix}$ 和逆变换矩阵 $\begin{pmatrix} -5 & 3 \\ 2 & -1 \end{pmatrix}$ 互为对方的逆矩阵.

定义 4.7（逆矩阵） 对一个 n 阶方阵 $\boldsymbol{A}$，若存在一个 n 阶的方阵 $\boldsymbol{B}$ 满足 $\boldsymbol{AB}=\boldsymbol{BA}=\boldsymbol{E}$，称 $\boldsymbol{A}$ 为可逆矩阵，称 $\boldsymbol{B}$ 为矩阵 $\boldsymbol{A}$ 的逆矩阵，记为 $\boldsymbol{A}^{-1}$.

不是所有的矩阵都有逆矩阵，就像不是所有的变换都有逆变换一样. 例如零矩阵 $\boldsymbol{O}$ 就没有逆矩阵，因为对任意矩阵 $\boldsymbol{B}$，有 $\boldsymbol{OB}=\boldsymbol{BO}=\boldsymbol{O}\neq\boldsymbol{E}$.

定理 4.6 (1) 逆矩阵唯一；(2) $\boldsymbol{A}^{-1}$ 可逆，且有 $(\boldsymbol{A}^{-1})^{-1}=\boldsymbol{A}$；(3) 若 $\boldsymbol{A}$ 可逆，则 $\boldsymbol{A}^{\mathrm{T}}$ 可逆，且有 $(\boldsymbol{A}^{\mathrm{T}})^{-1}=(\boldsymbol{A}^{-1})^{\mathrm{T}}$；(4) 若 $\boldsymbol{A}$ 可逆，$k\neq 0$，则 $k\boldsymbol{A}$ 可逆，且有 $(k\boldsymbol{A})^{-1}=k^{-1}\boldsymbol{A}^{-1}$；(5) 若 $\boldsymbol{A}$，$\boldsymbol{B}$ 可逆，则 $\boldsymbol{AB}$ 可逆，且有 $(\boldsymbol{AB})^{-1}=\boldsymbol{B}^{-1}\boldsymbol{A}^{-1}$.

证明 (1) 设方阵 $\boldsymbol{A}$ 可逆，$\boldsymbol{B}$ 和 $\boldsymbol{C}$ 都是 $\boldsymbol{A}$ 的逆矩阵，则有 $\boldsymbol{AB}=\boldsymbol{BA}=\boldsymbol{E}$，$\boldsymbol{AC}=\boldsymbol{CA}=\boldsymbol{E}$，于是有

$$\boldsymbol{B}=\boldsymbol{BE}=\boldsymbol{B}(\boldsymbol{AC})=(\boldsymbol{BA})\boldsymbol{C}=\boldsymbol{EC}=\boldsymbol{C},$$

即得 $\boldsymbol{A}^{-1}$ 的唯一性.

(2) 因为有

$$\boldsymbol{A}^{-1}\boldsymbol{A}=\boldsymbol{A}\boldsymbol{A}^{-1}=\boldsymbol{E},$$

故 $\boldsymbol{A}$ 为 $\boldsymbol{A}^{-1}$ 的逆矩阵,即 $(\boldsymbol{A}^{-1})^{-1}=\boldsymbol{A}$.

(3) 因为有

$$\boldsymbol{A}^{\mathrm{T}}(\boldsymbol{A}^{-1})^{\mathrm{T}}=(\boldsymbol{A}^{-1}\boldsymbol{A})^{\mathrm{T}}=\boldsymbol{E}^{\mathrm{T}}=\boldsymbol{E},(\boldsymbol{A}^{-1})^{\mathrm{T}}\boldsymbol{A}^{\mathrm{T}}=(\boldsymbol{A}\boldsymbol{A}^{-1})^{\mathrm{T}}=\boldsymbol{E}^{\mathrm{T}}=\boldsymbol{E},$$

故有 $(\boldsymbol{A}^{\mathrm{T}})^{-1}=(\boldsymbol{A}^{-1})^{\mathrm{T}}$.

(4) 因为有

$$(k\boldsymbol{A})(k^{-1}\boldsymbol{A}^{-1})=(kk^{-1})\boldsymbol{A}\boldsymbol{A}^{-1}=1\times\boldsymbol{E}=\boldsymbol{E},(k^{-1}\boldsymbol{A}^{-1})(k\boldsymbol{A})=(k^{-1}k)\boldsymbol{A}^{-1}\boldsymbol{A}=1\times\boldsymbol{E}=\boldsymbol{E},$$

故有 $(k\boldsymbol{A})^{-1}=k^{-1}\boldsymbol{A}^{-1}$.

(5) 因为有

$$(\boldsymbol{A}\boldsymbol{B})(\boldsymbol{B}^{-1}\boldsymbol{A}^{-1})=\boldsymbol{A}(\boldsymbol{B}\boldsymbol{B}^{-1})\boldsymbol{A}^{-1}=\boldsymbol{A}\boldsymbol{E}\boldsymbol{A}^{-1}=\boldsymbol{A}\boldsymbol{A}^{-1}=\boldsymbol{E},$$

同理 $(\boldsymbol{B}^{-1}\boldsymbol{A}^{-1})(\boldsymbol{A}\boldsymbol{B})=\boldsymbol{E}$,故有$(\boldsymbol{A}\boldsymbol{B})^{-1}=\boldsymbol{B}^{-1}\boldsymbol{A}^{-1}$. □

初等矩阵表示初等行变换,初等行变换都有逆变换,且也是同类型的初等行变换,所以初等矩阵都有逆矩阵,且逆矩阵也是同类型的初等矩阵.

定理 4.7　初等矩阵可逆,进一步有 $\boldsymbol{E}(i,j)^{-1}=\boldsymbol{E}(i,j)$,$\boldsymbol{E}(i(k))^{-1}=\boldsymbol{E}(i(k^{-1}))$,$\boldsymbol{E}(i,j(k))^{-1}=\boldsymbol{E}(i,j(-k))$.

证明　容易进行验证. □

定理 4.8　一系列初等矩阵的乘积是可逆矩阵;可逆矩阵可表示为一系列初等矩阵的乘积.进一步对矩阵进行一系列的初等行变换,等价于在矩阵的左边乘以一个可逆矩阵,反之亦然.对矩阵进行一系列的初等列变换,等价于在矩阵的右边乘以一个可逆矩阵,反之亦然.

证明　初等矩阵可逆,又可逆矩阵的乘积为可逆矩阵,故一系列初等矩阵的乘积是可逆矩阵.

对可逆矩阵 $\boldsymbol{A}$ 进行一系列的初等行变换得到简化阶梯形矩阵 $\boldsymbol{B}$.

由于对矩阵进行初等行变换相当于在矩阵的左边乘以相应的初等矩阵,故有

$$\boldsymbol{B}=\boldsymbol{P}_k\boldsymbol{P}_{k-1}\cdots\boldsymbol{P}_2\boldsymbol{P}_1\boldsymbol{A},$$

其中 $\boldsymbol{P}_1,\boldsymbol{P}_2,\cdots,\boldsymbol{P}_{k-1},\boldsymbol{P}_k$ 是初等矩阵.由于可逆矩阵的乘积是可逆矩阵,故矩阵 $\boldsymbol{B}$ 可逆,而可逆的简化阶梯形矩阵只能是没有零行的方阵,故 $\boldsymbol{B}$ 为单位矩阵 $\boldsymbol{E}$.

等式

$$\boldsymbol{E}=\boldsymbol{P}_k\boldsymbol{P}_{k-1}\cdots\boldsymbol{P}_2\boldsymbol{P}_1\boldsymbol{A}$$

两边依次在矩阵左边乘以 $\boldsymbol{P}_k^{-1},\boldsymbol{P}_{k-1}^{-1},\cdots,\boldsymbol{P}_1^{-1}$，于是有

$$\boldsymbol{A}=\boldsymbol{P}_1^{-1}\boldsymbol{P}_2^{-1}\cdots\boldsymbol{P}_{k-1}^{-1}\boldsymbol{P}_k^{-1},$$

显然 $\boldsymbol{P}_1^{-1},\boldsymbol{P}_2^{-1},\cdots,\boldsymbol{P}_{k-1}^{-1},\boldsymbol{P}_k^{-1}$ 依然是初等矩阵.

进一步，对矩阵 $\boldsymbol{A}$ 进行一系列的初等行变换得到 $\boldsymbol{B}$，则相当于在矩阵 $\boldsymbol{A}$ 的左边乘以一系列的初等矩阵，即

$$\boldsymbol{B}=\boldsymbol{P}_k\boldsymbol{P}_{k-1}\cdots\boldsymbol{P}_2\boldsymbol{P}_1\boldsymbol{A},$$

其中 $\boldsymbol{P}_1,\cdots,\boldsymbol{P}_k$ 是初等矩阵.

令

$$\boldsymbol{P}=\boldsymbol{P}_k\boldsymbol{P}_{k-1}\cdots\boldsymbol{P}_2\boldsymbol{P}_1,$$

则 $\boldsymbol{P}$ 可逆且有 $\boldsymbol{B}=\boldsymbol{PA}$.

若 $\boldsymbol{B}=\boldsymbol{PA}$，且 $\boldsymbol{P}$ 是可逆矩阵，则 $\boldsymbol{P}$ 可表示为一系列的初等矩阵 $\boldsymbol{P}_k,\boldsymbol{P}_{k-1},\cdots,\boldsymbol{P}_2,\boldsymbol{P}_1$ 的乘积，即

$$\boldsymbol{P}=\boldsymbol{P}_k\boldsymbol{P}_{k-1}\cdots\boldsymbol{P}_2\boldsymbol{P}_1.$$

于是

$$\boldsymbol{B}=\boldsymbol{PA}=\boldsymbol{P}_k\boldsymbol{P}_{k-1}\cdots\boldsymbol{P}_2\boldsymbol{P}_1\boldsymbol{A},$$

即对矩阵 $\boldsymbol{A}$ 进行一系列的初等行变换. 同理列也有类似性质. □

定理 4.9 若 $\boldsymbol{A},\boldsymbol{B}$ 是同阶方阵，则有 $|\boldsymbol{AB}|=|\boldsymbol{A}|\times|\boldsymbol{B}|$.

证明 先证当 $\boldsymbol{A}$ 为初等矩阵时有 $|\boldsymbol{AB}|=|\boldsymbol{A}|\times|\boldsymbol{B}|$.

易知

$$|\boldsymbol{E}(i,j)|=-1,\quad |\boldsymbol{E}(i(k))|=k,\ |\boldsymbol{E}(i,j(k))|=1.$$

$\boldsymbol{E}(i,j)\boldsymbol{B}$ 为 $\boldsymbol{B}$ 的 i,j 行交换，故

$$|\boldsymbol{E}(i,j)\boldsymbol{B}|=-|\boldsymbol{B}|=|\boldsymbol{E}(i,j)|\times|\boldsymbol{B}|.$$

$\boldsymbol{E}(i(k))\boldsymbol{B}$ 为 $\boldsymbol{B}$ 的第 i 行乘以 k 倍，该 k 倍可以提取到行列式外，故有

$$|\boldsymbol{E}(i(k))\boldsymbol{B}|=k|\boldsymbol{B}|=|\boldsymbol{E}(i(k))|\times|\boldsymbol{B}|.$$

$\boldsymbol{E}(i,j(k))\boldsymbol{B}$ 为 $\boldsymbol{B}$ 的第 j 行的 k 倍加到第 i 行，此时行列式不变，即

$$|\boldsymbol{E}(i,j(k))\boldsymbol{B}|=|\boldsymbol{B}|=|\boldsymbol{E}(i,j(k))|\times|\boldsymbol{B}|.$$

再证当 $\boldsymbol{A}$ 为简化阶梯形矩阵时有 $|\boldsymbol{AB}|=|\boldsymbol{A}|\times|\boldsymbol{B}|$.

若 $\boldsymbol{A}$ 最后一行是 $\boldsymbol{0}$ 行，则 $\boldsymbol{AB}$ 最后一行也是 $\boldsymbol{0}$ 行，则有 $|\boldsymbol{A}|=0$，$|\boldsymbol{AB}|=0$，满足 $|\boldsymbol{AB}|=|\boldsymbol{A}|\times|\boldsymbol{B}|=0$.

若 $\boldsymbol{A}$ 最后一行不是 $\boldsymbol{0}$ 行，由于 $\boldsymbol{A}$ 是简化阶梯形矩阵，故有 $\boldsymbol{A}=\boldsymbol{E}$. 于是 $|\boldsymbol{AB}|=$

$|\boldsymbol{B}|=|\boldsymbol{A}|\times|\boldsymbol{B}|$.

最后,证明对于一般的矩阵 $\boldsymbol{A},\boldsymbol{B}$,有 $|\boldsymbol{AB}|=|\boldsymbol{A}|\times|\boldsymbol{B}|$.

将 $\boldsymbol{A}$ 进行一系列初等行变换,化成简化阶梯形矩阵 $\boldsymbol{C}$,由于初等行变换有逆变换,且也是初等行变换,故简化阶梯形矩阵 $\boldsymbol{C}$ 可以经过一系列初等行变换化成 $\boldsymbol{A}$,即在 $\boldsymbol{C}$ 的左边乘以一系列初等矩阵得到 $\boldsymbol{A}$,形式为

$$\boldsymbol{A}=\boldsymbol{P}_k\boldsymbol{P}_{k-1}\cdots\boldsymbol{P}_2\boldsymbol{P}_1\boldsymbol{C},$$

其中 $\boldsymbol{P}_1,\cdots,\boldsymbol{P}_k$ 为初等矩阵. 于是有

$$\begin{aligned}|\boldsymbol{AB}|&=|\boldsymbol{P}_k\boldsymbol{P}_{k-1}\cdots\boldsymbol{P}_2\boldsymbol{P}_1\boldsymbol{CB}|=|\boldsymbol{P}_k|\times|\boldsymbol{P}_{k-1}\cdots\boldsymbol{P}_2\boldsymbol{P}_1\boldsymbol{CB}|\\&=|\boldsymbol{P}_k|\times|\boldsymbol{P}_{k-1}|\times|\boldsymbol{P}_{k-2}\cdots\boldsymbol{P}_1\boldsymbol{CB}|\\&=|\boldsymbol{P}_k|\times|\boldsymbol{P}_{k-1}|\times\cdots\times|\boldsymbol{P}_1|\times|\boldsymbol{CB}|\\&=|\boldsymbol{P}_k|\times|\boldsymbol{P}_{k-1}|\times\cdots\times|\boldsymbol{P}_1|\times|\boldsymbol{C}|\times|\boldsymbol{B}|\\&=|\boldsymbol{P}_k\boldsymbol{P}_{k-1}\cdots\boldsymbol{P}_1\boldsymbol{C}|\times|\boldsymbol{B}|\\&=|\boldsymbol{A}|\times|\boldsymbol{B}|.\end{aligned}$$

□

下面我们考虑求一个方阵的逆矩阵. 我们已经知道初等矩阵的逆矩阵,再来看还有什么特殊矩阵容易得到逆矩阵. 我们发现对角矩阵的逆矩阵也是容易求得的.

【注 4.4】 若有对角矩阵

$$\boldsymbol{D}=\begin{pmatrix}d_1&0&\cdots&0\\0&d_2&\cdots&0\\\vdots&\vdots&\ddots&\vdots\\0&0&\cdots&d_n\end{pmatrix},$$

且对角元素 $d_1,d_2,\cdots,d_n$ 都不等于 0,则有

$$\boldsymbol{D}^{-1}=\begin{pmatrix}1/d_1&0&\cdots&0\\0&1/d_2&\cdots&0\\\vdots&\vdots&\ddots&\vdots\\0&0&\cdots&1/d_n\end{pmatrix}.$$

那么对于一般的方阵,我们如何来求得逆矩阵呢?

我们先看看引入逆矩阵时的变换矩阵 $\begin{pmatrix}1&3\\2&5\end{pmatrix}$ 和逆变换矩阵 $\begin{pmatrix}-5&3\\2&-1\end{pmatrix}$.

设 $\boldsymbol{A}=\begin{pmatrix}1&3\\2&5\end{pmatrix}$,则 $\boldsymbol{A}^{-1}=\begin{pmatrix}-5&3\\2&-1\end{pmatrix}$. 如果我们不知道 $\boldsymbol{A}^{-1}$ 的数据,想求出 $\boldsymbol{A}^{-1}$ 的数据,如何解决呢?

我们可以先设未知量，即 $\boldsymbol{A}^{-1}$ 的元素都是未知量

$$\boldsymbol{A}^{-1}=\begin{pmatrix} z_{11} & z_{12} \\ z_{21} & z_{22} \end{pmatrix}.$$

那么有

$$\boldsymbol{A}\boldsymbol{A}^{-1}=\begin{pmatrix} 1 & 3 \\ 2 & 5 \end{pmatrix}\begin{pmatrix} z_{11} & z_{12} \\ z_{21} & z_{22} \end{pmatrix}=\begin{pmatrix} 1 & 0 \\ 0 & 1 \end{pmatrix}.$$

按列可以分成两个方程组

$$\boldsymbol{A}\begin{pmatrix} z_{11} \\ z_{21} \end{pmatrix}=\begin{pmatrix} 1 \\ 0 \end{pmatrix} \text{ 和 } \boldsymbol{A}\begin{pmatrix} z_{12} \\ z_{22} \end{pmatrix}=\begin{pmatrix} 0 \\ 1 \end{pmatrix}.$$

用克莱姆法则求解得：

$$z_{11}=\frac{\begin{vmatrix} 1 & 3 \\ 0 & 5 \end{vmatrix}}{\begin{vmatrix} 1 & 3 \\ 2 & 5 \end{vmatrix}}=\frac{5}{-1}=-5, z_{21}=\frac{\begin{vmatrix} 1 & 1 \\ 2 & 0 \end{vmatrix}}{\begin{vmatrix} 1 & 3 \\ 2 & 5 \end{vmatrix}}=2 \text{ 和 } z_{12}=\frac{\begin{vmatrix} 0 & 3 \\ 1 & 5 \end{vmatrix}}{\begin{vmatrix} 1 & 3 \\ 2 & 5 \end{vmatrix}}=3, z_{22}=\frac{\begin{vmatrix} 1 & 0 \\ 2 & 1 \end{vmatrix}}{\begin{vmatrix} 1 & 3 \\ 2 & 5 \end{vmatrix}}=-1.$$

于是得到 $\boldsymbol{A}^{-1}=\begin{pmatrix} -5 & 3 \\ 2 & -1 \end{pmatrix}$.

我们可以用同样的方法找出一般的方阵

$$\boldsymbol{A}=\begin{pmatrix} a_{11} & a_{12} & \cdots & a_{1n} \\ a_{21} & a_{22} & \cdots & a_{2n} \\ \vdots & \vdots & & \vdots \\ a_{n1} & a_{n2} & \cdots & a_{nn} \end{pmatrix}$$

的逆矩阵公式.

设

$$\boldsymbol{A}^{-1}=\boldsymbol{X}=\begin{pmatrix} x_{11} & x_{12} & \cdots & x_{1n} \\ x_{21} & x_{22} & \cdots & x_{2n} \\ \vdots & \vdots & & \vdots \\ x_{n1} & x_{n2} & \cdots & x_{nn} \end{pmatrix},$$

分块相乘有

$$\boldsymbol{E}=\boldsymbol{A}\boldsymbol{A}^{-1}=\boldsymbol{A}\boldsymbol{X}=\left(\boldsymbol{A}\begin{pmatrix}x_{11}\\x_{21}\\\vdots\\x_{n1}\end{pmatrix},\boldsymbol{A}\begin{pmatrix}x_{12}\\x_{22}\\\vdots\\x_{n2}\end{pmatrix},\cdots,\boldsymbol{A}\begin{pmatrix}x_{1n}\\x_{2n}\\\vdots\\x_{nn}\end{pmatrix}\right)=\left(\begin{pmatrix}1\\0\\\vdots\\0\end{pmatrix},\begin{pmatrix}0\\1\\\vdots\\0\end{pmatrix},\cdots,\begin{pmatrix}0\\0\\\vdots\\1\end{pmatrix}\right).$$

此即一组方程组

$$\boldsymbol{A}\begin{pmatrix}x_{1j}\\x_{2j}\\\vdots\\x_{nj}\end{pmatrix}=\begin{pmatrix}0\\\vdots\\1\\\vdots\\0\end{pmatrix}=\boldsymbol{e}_j,j=1,2,\cdots,n.$$

用克莱姆法则求解得

$$x_{ij}=\frac{D_{ij}}{|\boldsymbol{A}|},i=1,2,\cdots,n,$$

其中 D_{ij} 为 e_j 替换 $\boldsymbol{A}$ 的 i 列后得到的行列式，即

$$D_{ij}=\begin{vmatrix}a_{11}&\cdots&0&\cdots&a_{1n}\\\vdots&&\vdots&&\\a_{j1}&\cdots&1_{ji}&\cdots&a_{jn}\\\vdots&&\vdots&&\\a_{n1}&&0&&a_{nn}\end{vmatrix}\quad j\text{ 行},$$

i 列

将 D_{ij} 按第 i 列展开得 $D_{ij}=(-1)^{j+i}M_{ji}=A_{ji}$，于是有 $x_{ij}=\frac{1}{|\boldsymbol{A}|}A_{ji}$，$i=1,2,\cdots,n$，$j=1,2,\cdots,n$，即

$$\boldsymbol{A}^{-1}=\boldsymbol{X}=\frac{1}{|\boldsymbol{A}|}\begin{pmatrix}A_{11}&A_{21}&\cdots&A_{n1}\\A_{12}&A_{22}&\cdots&A_{n2}\\\vdots&\vdots&&\vdots\\A_{1n}&A_{2n}&\cdots&A_{nn}\end{pmatrix}=\frac{1}{|\boldsymbol{A}|}\boldsymbol{A}^*.$$

其中 $\boldsymbol{A}^*$ 由 $|\boldsymbol{A}|$ 的代数余子式构成，称为 $\boldsymbol{A}$ 的伴随矩阵.

定义 4.8(伴随矩阵) **由矩阵 A 中元素的代数余子式替换相应元素后进行转置得到的矩阵**

$$\begin{pmatrix} A_{11} & A_{21} & \cdots & A_{n1} \\ A_{12} & A_{22} & \cdots & A_{n2} \\ \vdots & \vdots & & \vdots \\ A_{1n} & A_{2n} & \cdots & A_{nn} \end{pmatrix} = \begin{pmatrix} A_{11} & A_{12} & \cdots & A_{1n} \\ A_{21} & A_{22} & \cdots & A_{2n} \\ \vdots & \vdots & & \vdots \\ A_{n1} & A_{n2} & \cdots & A_{nn} \end{pmatrix}^{\mathrm{T}}$$

称为 A 的伴随矩阵,记为 A^*.

【注 4.5】 $\boldsymbol{AA}^* = \boldsymbol{A}^*\boldsymbol{A} = |\boldsymbol{A}|\boldsymbol{E}$.

因为

$$\boldsymbol{AA}^* = \begin{pmatrix} a_{11} & a_{12} & \cdots & a_{1n} \\ a_{21} & a_{22} & \cdots & a_{2n} \\ \vdots & \vdots & & \vdots \\ a_{n1} & a_{n2} & \cdots & a_{nn} \end{pmatrix} \begin{pmatrix} A_{11} & A_{21} & \cdots & A_{n1} \\ A_{12} & A_{22} & \cdots & A_{n2} \\ \vdots & \vdots & & \vdots \\ A_{1n} & A_{2n} & \cdots & A_{nn} \end{pmatrix} = \begin{pmatrix} c_{11} & c_{12} & \cdots & c_{1n} \\ c_{21} & c_{22} & \cdots & c_{2n} \\ \vdots & \vdots & & \vdots \\ c_{n1} & c_{n2} & \cdots & c_{nn} \end{pmatrix} = \boldsymbol{C},$$

其中 $c_{ij} = a_{i1}A_{j1} + a_{i2}A_{j2} + \cdots + a_{in}A_{jn}, i = 1, 2, \cdots, n, j = 1, 2, \cdots, n$. 若 $i \neq j$,则有 $c_{ij} = 0$,若 $i = j$,则有 $c_{ii} = |\boldsymbol{A}|$. 故有 $\boldsymbol{C} = |\boldsymbol{A}|\boldsymbol{E}$. 同理有 $\boldsymbol{A}^*\boldsymbol{A} = |\boldsymbol{A}|\boldsymbol{E}$.

定理 4.10 **A 可逆的充要条件是 $|A| \neq 0$. 当矩阵 A 可逆时,有**

$$\boldsymbol{A}^{-1} = \frac{1}{|\boldsymbol{A}|}\boldsymbol{A}^*,$$

且 $|A^{-1}| = |A|^{-1}$.

证明 若 $\boldsymbol{A}$ 可逆,则有 $\boldsymbol{AA}^{-1} = \boldsymbol{E}$,两边取行列式有

$$|\boldsymbol{A}| \times |\boldsymbol{A}^{-1}| = |\boldsymbol{AA}^{-1}| = |\boldsymbol{E}| = 1,$$

故 $|\boldsymbol{A}| \neq 0$, 且 $|\boldsymbol{A}^{-1}| = |\boldsymbol{A}|^{-1}$.

若 $|\boldsymbol{A}| \neq 0$, 由 $\boldsymbol{AA}^* = \boldsymbol{A}^*\boldsymbol{A} = |\boldsymbol{A}|\boldsymbol{E}$, 故有

$$\boldsymbol{A}\left(\frac{1}{|\boldsymbol{A}|}\boldsymbol{A}^*\right) = \frac{1}{|\boldsymbol{A}|}\boldsymbol{AA}^* = \frac{1}{|\boldsymbol{A}|}|\boldsymbol{A}|\boldsymbol{E} = \boldsymbol{E},$$

同理得

$$\left(\frac{1}{|\boldsymbol{A}|}\boldsymbol{A}^*\right)\boldsymbol{A} = \boldsymbol{E}.$$

即 $\boldsymbol{A}$ 有逆矩阵 $\frac{1}{|\boldsymbol{A}|}\boldsymbol{A}^*$, 当然可逆.

故 $\boldsymbol{A}$ 可逆的充要条件是 $|\boldsymbol{A}|\neq 0$. 且 $|\boldsymbol{A}|\neq 0$ 即矩阵可逆时有

$$\boldsymbol{A}^{-1}=\frac{1}{|\boldsymbol{A}|}\boldsymbol{A}^*,$$

且 $|\boldsymbol{A}^{-1}|=|\boldsymbol{A}|^{-1}$. □

由定义,$\boldsymbol{A}$ 的逆矩阵 $\boldsymbol{B}$ 必须满足 $\boldsymbol{AB}=\boldsymbol{BA}=\boldsymbol{E}$, 其实只要满足 $\boldsymbol{AB}=\boldsymbol{E}$ 或 $\boldsymbol{BA}=\boldsymbol{E}$, 就可以确定 $\boldsymbol{B}$ 是 $\boldsymbol{A}$ 的逆矩阵.

定理 4.11　若方阵 $\boldsymbol{A},\boldsymbol{B}$ 满足 $\boldsymbol{AB}=\boldsymbol{E}$,则必有 $\boldsymbol{BA}=\boldsymbol{E}$,且 $\boldsymbol{B}=\boldsymbol{A}^{-1}$,$\boldsymbol{A}=\boldsymbol{B}^{-1}$.

证明　因为有 $\boldsymbol{AB}=\boldsymbol{E}$,故两边取行列式得 $|\boldsymbol{A}|\times|\boldsymbol{B}|=|\boldsymbol{E}|=1$,故 $|\boldsymbol{A}|\neq 0$,根据定理 4.10 知存在 $\boldsymbol{A}^{-1}$,于是

$$\boldsymbol{B}=\boldsymbol{EB}=(\boldsymbol{A}^{-1}\boldsymbol{A})\boldsymbol{B}=\boldsymbol{A}^{-1}(\boldsymbol{AB})=\boldsymbol{A}^{-1}\boldsymbol{E}=\boldsymbol{A}^{-1},$$

即 $\boldsymbol{B}$ 为 $\boldsymbol{A}$ 的逆矩阵,于是有 $\boldsymbol{BA}=\boldsymbol{E}$,$\boldsymbol{B}^{-1}=(\boldsymbol{A}^{-1})^{-1}=\boldsymbol{A}$. □

【注 4.6】　若 $\boldsymbol{A},\boldsymbol{B}$ 不是方阵,则定理 4.11 结论不成立. 反例为

$$\boldsymbol{A}=\begin{pmatrix}1&0&0\\0&1&0\end{pmatrix},\boldsymbol{B}=\begin{pmatrix}1&0\\0&1\\0&0\end{pmatrix}.$$

下面我们用逆矩阵公式 $\boldsymbol{A}^{-1}=\frac{1}{|\boldsymbol{A}|}\boldsymbol{A}^*$ 来计算一般矩阵的逆矩阵.

【例 4.10】　已知

$$\boldsymbol{A}=\begin{pmatrix}1&2&1\\2&4&3\\3&7&-3\end{pmatrix},$$

利用伴随矩阵求 $\boldsymbol{A}^{-1}$.

解

$$|\boldsymbol{A}|=\begin{vmatrix}1&2&1\\2&4&3\\3&7&-3\end{vmatrix}=-1,$$

计算 $|\boldsymbol{A}|$ 的代数余子式 A_{ij} 有,

$$A_{11}=\begin{vmatrix}4&3\\7&-3\end{vmatrix}=-33,A_{21}=-\begin{vmatrix}2&1\\7&-3\end{vmatrix}=13,A_{31}=\begin{vmatrix}2&1\\4&3\end{vmatrix}=2,$$

$$A_{12}=-\begin{vmatrix}2&3\\3&-3\end{vmatrix}=15,A_{22}=\begin{vmatrix}1&1\\3&-3\end{vmatrix}=-6,A_{32}=-\begin{vmatrix}1&1\\2&3\end{vmatrix}=-1,$$

$$A_{13}=\begin{vmatrix}2&4\\3&7\end{vmatrix}=2,A_{23}=-\begin{vmatrix}1&2\\3&7\end{vmatrix}=-1,A_{33}=\begin{vmatrix}1&2\\2&4\end{vmatrix}=0.$$

故

$$\boldsymbol{A}^{-1}=\frac{1}{|\boldsymbol{A}|}\begin{pmatrix}A_{11}&A_{21}&A_{31}\\A_{12}&A_{22}&A_{32}\\A_{13}&A_{23}&A_{33}\end{pmatrix}=-\begin{pmatrix}-33&13&2\\15&-6&-1\\2&-1&0\end{pmatrix}=\begin{pmatrix}33&-13&-2\\-15&6&1\\-2&1&0\end{pmatrix}.\ \square$$

【例 4.11】 若有矩阵

$$\boldsymbol{A}=\begin{pmatrix}3&-2&1&-8\\-4&3&-3&10\\0&0&3&7\\0&0&-2&-5\end{pmatrix},$$

判断 $\boldsymbol{A}$ 是否可逆.

解 $|\boldsymbol{A}|=\begin{vmatrix}3&-2&1&-8\\-4&3&-3&10\\0&0&3&7\\0&0&-2&-5\end{vmatrix}=\begin{vmatrix}-1&1&-2&2\\0&-1&5&2\\0&0&1&2\\0&0&0&-1\end{vmatrix}=-1\neq 0.$

故矩阵 $\boldsymbol{A}$ 可逆. □

该题如要进一步求 $\boldsymbol{A}^{-1}$，则根据逆矩阵公式 $\boldsymbol{A}^{-1}=|\boldsymbol{A}|^{-1}\boldsymbol{A}^*$，计算 $\boldsymbol{A}^*$ 将是非常耗时间的，如果 $\boldsymbol{A}$ 是 5 阶矩阵，则计算 $\boldsymbol{A}^*$ 将是难以接受的，我们需要有一种实用的计算 $\boldsymbol{A}^{-1}$ 的方法.

考虑前述变换

$$\begin{cases}x'=x+3y,\\y'=2x+5y\end{cases}$$

和它的逆变换

$$\begin{cases}x=-5x'+3y',\\y=2x'-y'.\end{cases}$$

矩阵形式为

$$\begin{pmatrix}x'\\y'\end{pmatrix}=\begin{pmatrix}1&3\\2&5\end{pmatrix}\begin{pmatrix}x\\y\end{pmatrix}\text{ 和 }\begin{pmatrix}x\\y\end{pmatrix}=\begin{pmatrix}-5&3\\2&-1\end{pmatrix}\begin{pmatrix}x'\\y'\end{pmatrix},$$

有

$$\begin{pmatrix}1&3\\2&5\end{pmatrix}\begin{pmatrix}-5&3\\2&-1\end{pmatrix}=\begin{pmatrix}1&0\\0&1\end{pmatrix},$$

即 $\begin{pmatrix}-5&3\\2&-1\end{pmatrix}$ 为 $\begin{pmatrix}1&3\\2&5\end{pmatrix}$ 的逆矩阵. 而 $\begin{pmatrix}-5&3\\2&-1\end{pmatrix}$ 是通过解方程组

$$\begin{cases}x+3y=x',\\2x+5y=y'\end{cases}$$

得到的.

解方程组

$$\begin{cases}x+3y=x',\\2x+5y=y'\end{cases}$$

得到

$$\begin{cases}x=-5x'+3y,\\y=\ \ 2x'-\ y'.\end{cases}$$

原方程组形式写成

$$\begin{cases}x+3y=\ x'+0y',\\2x+5y=0x'+\ y'\end{cases}$$

解得

$$\begin{cases}x+0y=-5x'+3y',\\0x+\ y=\ \ 2x'-\ y'.\end{cases}$$

用矩阵表示则为

$$\left(\begin{array}{cc:cc}1&3&1&0\\2&5&0&1\end{array}\right)\to\left(\begin{array}{cc:cc}1&3&1&0\\0&-1&-2&1\end{array}\right)\to\left(\begin{array}{cc:cc}1&0&-5&3\\0&1&2&-1\end{array}\right).$$

故通过矩阵形式解参数 x',y' 的方程组可得逆矩阵，即 $(\boldsymbol{A},\boldsymbol{E})$ 经过一系列的初等行变换得到 $(\boldsymbol{E},\boldsymbol{A}^{-1})$.

定理 4.12　若 $\boldsymbol{A}$ 为方阵，则若 $(\boldsymbol{A},\boldsymbol{E})$ 经过一系列的初等行变换可以得到矩阵 $(\boldsymbol{E},\boldsymbol{P})$，则 $\boldsymbol{A}$ 可逆，且 $\boldsymbol{P}=\boldsymbol{A}^{-1}$. 若得不到这样的 $(\boldsymbol{E},\boldsymbol{P})$，则 $\boldsymbol{A}$ 不可逆，且能得到 $(\boldsymbol{B},\boldsymbol{P})$，其中 $\boldsymbol{B}$ 为 $\boldsymbol{A}$ 的含 0 行的简化阶梯形矩阵，有 $\boldsymbol{PA}=\boldsymbol{B}$. 若 $\boldsymbol{A}$ 非方阵，则能经过一系列初等行变换得到 $(\boldsymbol{B},\boldsymbol{P})$，其中 $\boldsymbol{B}$ 为 $\boldsymbol{A}$ 的简化阶梯形矩阵，有 $\boldsymbol{PA}=\boldsymbol{B}$.

证明 先证明 $\boldsymbol{A}$ 是一般的矩阵,则$(\boldsymbol{A},\boldsymbol{E})$经过一系列初等行变换得到$(\boldsymbol{B},\boldsymbol{P})$,其中 $\boldsymbol{B}$ 为 $\boldsymbol{A}$ 的简化阶梯形矩阵,则有 $\boldsymbol{PA}=\boldsymbol{B}$.

因为 $\boldsymbol{A}$ 经过一系列的初等行变换变成简化阶梯形矩阵 $\boldsymbol{B}$,等价于在 $\boldsymbol{A}$ 的左边乘以可逆矩阵 $\boldsymbol{P}$,即 $\boldsymbol{PA}=\boldsymbol{B}$,于是有

$$\boldsymbol{P}(\boldsymbol{A},\boldsymbol{E})=(\boldsymbol{PA},\boldsymbol{P})=(\boldsymbol{B},\boldsymbol{P}),$$

此即$(\boldsymbol{A},\boldsymbol{E})$经过一系列初等行变换得到$(\boldsymbol{B},\boldsymbol{P})$,其中 $\boldsymbol{B}$ 为 $\boldsymbol{A}$ 的简化阶梯形矩阵,$\boldsymbol{PA}=\boldsymbol{B}$.

当 $\boldsymbol{A}$ 可逆时,$\boldsymbol{A}$ 的简化阶梯形矩阵 $\boldsymbol{B}$ 就是单位矩阵 $\boldsymbol{E}$,故有$(\boldsymbol{A},\boldsymbol{E})$变换到$(\boldsymbol{E},\boldsymbol{P})$,且 $\boldsymbol{PA}=\boldsymbol{E}$,即 $\boldsymbol{P}=\boldsymbol{A}^{-1}$.

当方阵 $\boldsymbol{A}$ 不可逆时,$\boldsymbol{A}$ 的简化阶梯形矩阵 $\boldsymbol{B}$ 不可能为 $\boldsymbol{E}$,一定含 **0** 行. □

定理所说的方法就是求逆矩阵的初等变换法.

【例 4.12】 已知矩阵

$$\boldsymbol{A}=\begin{pmatrix} 3 & -2 & 1 & -8 \\ -4 & 3 & -3 & 10 \\ 0 & 0 & 3 & 7 \\ 0 & 0 & -2 & -5 \end{pmatrix},$$

求 $\boldsymbol{A}^{-1}$.

解
$$(\boldsymbol{A},\boldsymbol{E})=\left(\begin{array}{cccc:cccc} 3 & -2 & 1 & -8 & 1 & 0 & 0 & 0 \\ -4 & 3 & -3 & 10 & 0 & 1 & 0 & 0 \\ 0 & 0 & 3 & 7 & 0 & 0 & 1 & 0 \\ 0 & 0 & -2 & -5 & 0 & 0 & 0 & 1 \end{array}\right)$$
$$\to\left(\begin{array}{cccc:cccc} 1 & 0 & -3 & -4 & 3 & 2 & 0 & 0 \\ 0 & 1 & -5 & -2 & 4 & 3 & 0 & 0 \\ 0 & 0 & 1 & 0 & 0 & 0 & 5 & 7 \\ 0 & 0 & 0 & 1 & 0 & 0 & -2 & -3 \end{array}\right)$$
$$\to\left(\begin{array}{cccc:cccc} 1 & 0 & 0 & 0 & 3 & 2 & 7 & 9 \\ 0 & 1 & 0 & 0 & 4 & 3 & 21 & 29 \\ 0 & 0 & 1 & 0 & 0 & 0 & 5 & 7 \\ 0 & 0 & 0 & 1 & 0 & 0 & -2 & -3 \end{array}\right).$$

故

$$\boldsymbol{A}^{-1}=\begin{pmatrix} 3 & 2 & 7 & 9 \\ 4 & 3 & 21 & 29 \\ 0 & 0 & 5 & 7 \\ 0 & 0 & -2 & -3 \end{pmatrix}.$$ □

【例 4.13】 已知矩阵

$$A=\begin{pmatrix}3&-2&1\\1&3&2\\3&7&5\end{pmatrix},$$

求 A^{-1}.

解
$$(A,E)=\left(\begin{array}{ccc:ccc}3&-2&1&1&0&0\\1&3&2&0&1&0\\3&7&5&0&0&1\end{array}\right)\to\left(\begin{array}{ccc:ccc}0&-11&-5&1&-3&0\\1&3&2&0&1&0\\0&9&4&-1&0&1\end{array}\right)\to$$
$$\left(\begin{array}{ccc:ccc}1&0&0&-1&-17&7\\0&1&0&-1&-12&5\\0&0&1&2&27&-11\end{array}\right),$$

故

$$A^{-1}=\begin{pmatrix}-1&-17&7\\-1&-12&5\\2&27&-11\end{pmatrix}.$$

□

【例 4.14】 求可逆矩阵 P 使得 PA 为简化阶梯形矩阵，其中

$$A=\begin{pmatrix}1&2&-5&2\\1&1&-3&1\\5&7&-19&7\end{pmatrix}.$$

解
$$(A,E)=\left(\begin{array}{cccc:ccc}1&2&-5&2&1&0&0\\1&1&-3&1&0&1&0\\5&7&-19&7&0&0&1\end{array}\right)\to\left(\begin{array}{cccc:ccc}1&0&-1&0&-1&2&0\\0&1&-2&1&1&-1&0\\0&0&0&0&-2&-3&1\end{array}\right).$$

得

$$P=\begin{pmatrix}-1&2&0\\1&-1&0\\-2&-3&1\end{pmatrix},$$

使得

$$PA=\begin{pmatrix}1&0&-1&0\\0&1&-2&1\\0&0&0&0\end{pmatrix}$$

为简化阶梯形矩阵.

□

通过上述内容我们知道，对于任意的矩阵 $\boldsymbol{A}$，可以找到一个可逆矩阵 $\boldsymbol{P}$ 简化 $\boldsymbol{A}$，使得简化后 $\boldsymbol{PA}$ 是简化阶梯形矩阵，但是简化阶梯形矩阵还不够简单，就像例 4.14 得到的简化阶梯形矩阵

$$\begin{pmatrix} 1 & 0 & -1 & 0 \\ 0 & 1 & -2 & 1 \\ 0 & 0 & 0 & 0 \end{pmatrix},$$

矩阵的非零行中还有首元素 1 以外的非零元素，如果进一步使用初等列变换，可以将简化阶梯形矩阵进一步化成列简化阶梯形矩阵，此时矩阵既是简化阶梯形矩阵，也是列简化阶梯形矩阵，此时的矩阵是真正的最简矩阵，形式为

$$\begin{pmatrix} 1 & & & & \\ & \ddots & & & \\ & & 1 & & \\ & & & 0 & \\ & & & & \ddots \end{pmatrix}.$$

4.3 矩阵的秩

在 2.3 向量组的极大无关组这一部分的内容中，我们已经将列向量组构成矩阵进行处理了，而对于矩阵，也可以看成是由矩阵的列构成的一个集合，即列向量组. 所以列向量组与矩阵的列可以对应起来，当然行向量组一样可以与矩阵的行对应起来.

当把矩阵的列看成是列向量组时，列向量组的秩就称为矩阵的列秩. 同样地，矩阵的行构成的行向量组的秩就称为矩阵的行秩.

定义 4.9(矩阵的行秩和列秩)　矩阵的行作为行向量构成的行向量组的秩称为矩阵的行秩，矩阵的列作为列向量构成的列向量组的秩称为矩阵的列秩.

【例 4.15】　设有矩阵

$$\boldsymbol{A}=\begin{pmatrix} 1 & 1 & 3 \\ 2 & -1 & -6 \\ -1 & 1 & 5 \end{pmatrix},\boldsymbol{B}=\begin{pmatrix} 2 & -1 & 1 & 2 \\ 3 & 5 & 1 & -4 \end{pmatrix},$$

计算 $\boldsymbol{A}$ 和 $\boldsymbol{B}$ 的行秩和列秩.

解

$$A=\begin{pmatrix}1&1&3\\2&-1&-6\\-1&1&5\end{pmatrix}\to\begin{pmatrix}1&1&3\\0&1&4\\0&0&0\end{pmatrix},$$

$$A^{\mathrm{T}}=\begin{pmatrix}1&2&-1\\1&-1&1\\3&-6&5\end{pmatrix}\to\begin{pmatrix}1&2&-1\\0&-3&2\\0&0&0\end{pmatrix},$$

故 $\boldsymbol{A}$ 的列秩与行秩都是 2.

$$B=\begin{pmatrix}2&-1&1&2\\3&5&1&-4\end{pmatrix}\to\begin{pmatrix}2&-1&1&2\\0&13/2&-1/2&-7\end{pmatrix},$$

$$B^{\mathrm{T}}=\begin{pmatrix}2&3\\-1&5\\1&1\\2&-4\end{pmatrix}\to\begin{pmatrix}1&1\\0&1\\0&0\\0&0\end{pmatrix},$$

故 $\boldsymbol{B}$ 的列秩与行秩都是 2. □

从上例看出矩阵的行秩与列秩可能是相同的,事实是矩阵的行秩就等于列秩.

因为将一个矩阵去掉多余的行,剩下的行中,原来列的极大无关组还是极大无关组.再在剩下行中去掉多余的列,则原来的行线性无关,现在的行仍然线性无关,这样剩下的矩阵行是线性无关的,列也是线性无关的,这样的矩阵一定是方阵.因为若列数大于行数,则列向量个数大于维数,线性相关.若行数大于列数,转置后的列向量线性相关,产生矛盾.由此我们可得矩阵行秩与列秩相等的结论.

定理 4.13　矩阵的行秩等于列秩.

证明　设 $m\times n$ 阶的矩阵 $\boldsymbol{A}$ 的行秩为 r,列秩为 s.

对 $\boldsymbol{A}$ 进行一系列初等行变换:将行向量的极大无关组向量交换到矩阵的前 r 行,下面的行向量再减去前 r 个行向量的倍数化成零向量(下面的行向量可以表示为前 r 行的向量的组合,可以被前 r 行消成零向量),于是矩阵 $\boldsymbol{A}$ 化成了矩阵

$$B=\begin{pmatrix}b_{11}&b_{12}&\cdots&b_{1n}\\\vdots&\vdots&&\vdots\\b_{r1}&b_{r2}&\cdots&b_{rn}\\0&0&\cdots&0\\\vdots&\vdots&&\vdots\\0&0&\cdots&0\end{pmatrix},$$

去掉 $\boldsymbol{B}$ 中的零行，得到

$$\boldsymbol{C}=\begin{pmatrix} b_{11} & b_{12} & \cdots & b_{1n} \\ \vdots & \vdots & & \vdots \\ b_{r1} & b_{r2} & \cdots & b_{rn} \end{pmatrix}.$$

由于初等行变换不改变列向量组的极大无关组，于是 $\boldsymbol{A}$ 中列向量的极大无关组对应的 $\boldsymbol{B}$ 中的列向量也是极大无关组，显然对应的 $\boldsymbol{C}$ 中的列向量也是极大无关组，这样 $\boldsymbol{C}$ 中列向量极大无关组的向量个数为 s 个. 由于 $\boldsymbol{C}$ 中任何多于 r 个的列向量都线性相关(因为大于维数)，所以有 $s \leqslant r$，即列秩小于等于行秩.

再考虑 $\boldsymbol{A}^{\mathrm{T}}$，则 $\boldsymbol{A}^{\mathrm{T}}$ 的行秩为 s，列秩为 r，可得 $r \leqslant s$，故 $r=s$，即行秩等于列秩. □

定义 4.10(矩阵的秩)　矩阵中行秩或列秩称为矩阵的秩，矩阵 $\boldsymbol{A}$ 的秩记为 $\mathrm{r}(\boldsymbol{A})$.

【注 4.7】 零矩阵的秩为 0，即 $\mathrm{r}(\boldsymbol{O})=0$.

【注 4.8】 由定理 2.10 知矩阵 $\boldsymbol{A}$ 的秩就是 $\boldsymbol{A}$ 化成的阶梯形矩阵的非零行的个数，于是记号 $\mathrm{r}(\boldsymbol{A})$ 与注 1.3 一致.

矩阵 $\boldsymbol{A}$ 的秩的记号 $\mathrm{r}(\boldsymbol{A})$ 也表示 $\boldsymbol{A}$ 的行秩，或 $\boldsymbol{A}$ 的列秩，或 $\boldsymbol{A}$ 化成的阶梯形矩阵的非零行个数.

利用初等行变换化成阶梯形矩阵，可以很容易求得 $\mathrm{r}(\boldsymbol{A})$.

【例 4.16】 若

$$\boldsymbol{A}=\begin{pmatrix} 1 & 2 & 1 & -3 \\ 2 & 5 & -2 & 1 \\ 3 & 6 & 3 & -9 \\ 1 & 3 & -3 & 4 \end{pmatrix},$$

求 $\mathrm{r}(\boldsymbol{A})$.

解　因为

$$\boldsymbol{A}=\begin{pmatrix} 1 & 2 & 1 & -3 \\ 2 & 5 & -2 & 1 \\ 3 & 6 & 3 & -9 \\ 1 & 3 & -3 & 4 \end{pmatrix} \to \begin{pmatrix} 1 & 2 & 1 & -3 \\ 0 & 1 & -4 & 7 \\ 0 & 0 & 0 & 0 \\ 0 & 0 & 0 & 0 \end{pmatrix},$$

故 $\mathrm{r}(\boldsymbol{A})=2$. □

【例 4.17】 已知矩阵

$$\boldsymbol{A}=\begin{pmatrix}2&1&-1&2\\1&2&-2&3\\1&-4&4&-5\end{pmatrix} \text{和} \boldsymbol{B}=\begin{pmatrix}x&x&y\\x&y&x\\y&x&x\end{pmatrix},$$

求 $\mathrm{r}(\boldsymbol{A})$和 $\mathrm{r}(\boldsymbol{B})$.

解 $\boldsymbol{A}=\begin{pmatrix}2&1&-1&2\\1&2&-2&3\\1&-4&4&-5\end{pmatrix}\to\begin{pmatrix}1&2&-2&3\\0&-3&3&-4\\0&0&0&0\end{pmatrix}$,

故 $\mathrm{r}(\boldsymbol{A})=2$.

$$\boldsymbol{B}=\begin{pmatrix}x&x&y\\x&y&x\\y&x&x\end{pmatrix}\xrightarrow[\substack{r_2-r_1\\r_3-r_1}]{\substack{r_1\leftrightarrow r_3\\c_1+c_2+c_3}}\begin{pmatrix}y+2x&x&x\\0&y-x&0\\0&0&y-x\end{pmatrix},$$

当 $y=x=0$ 时, $\mathrm{r}(\boldsymbol{B})=\mathrm{r}(\boldsymbol{O})=0$.
当 $y=x\neq 0$ 时, $\mathrm{r}(\boldsymbol{B})=1$.
当 $y\neq x$ 但 $y+2x=0$ 时,

$$\boldsymbol{B}\to\begin{pmatrix}0&y-x&0\\0&0&y-x\\0&0&0\end{pmatrix},$$

$\mathrm{r}(\boldsymbol{B})=2$. 若 $y\neq x$ 且 $y+2x\neq 0$ 时, $\mathrm{r}(\boldsymbol{B})=3$. □

我们有下面关于矩阵秩的定理.

定理 4.14　设矩阵为 A,则有 $\mathrm{r}(A)=\mathrm{r}(A^{\mathrm{T}})=\mathrm{r}(-A)=\mathrm{r}(kA)$,其中 $k\neq 0$.

证明　$\boldsymbol{A}$ 的行秩就是 $\boldsymbol{A}^{\mathrm{T}}$ 的列秩,故有 $\mathrm{r}(\boldsymbol{A})=\mathrm{r}(\boldsymbol{A}^{\mathrm{T}})$.

对 $\boldsymbol{A}$ 进行每行乘以非零数 k 的初等行变换,$\boldsymbol{A}$ 的列秩即 $\boldsymbol{A}$ 的秩不变,故 $\mathrm{r}(\boldsymbol{A})=\mathrm{r}(k\boldsymbol{A})$,$k\neq 0$, 当 $k=-1$ 时有 $\mathrm{r}(\boldsymbol{A})=\mathrm{r}(-\boldsymbol{A})$. □

定理 4.15　初等变换不改变矩阵的秩. 矩阵乘以一个可逆矩阵不改变矩阵的秩,即

$$\mathrm{r}(A)=\mathrm{r}(PA)=\mathrm{r}(AQ)=\mathrm{r}(PAQ),$$

其中 P,Q 为可逆矩阵.

证明　设矩阵为 $\boldsymbol{A}$,则初等行变换不改变矩阵 $\boldsymbol{A}$ 的列秩,即不改变矩阵的秩.

同理对 $\boldsymbol{A}$ 进行初等列变换,等价于对 $\boldsymbol{A}^{\mathrm{T}}$ 进行初等行变换,不改变 $\boldsymbol{A}^{\mathrm{T}}$ 的秩,即 $\boldsymbol{A}$ 的秩.

设 $\boldsymbol{P}$ 是可逆矩阵,则 $\boldsymbol{PA}$ 即为对 $\boldsymbol{A}$ 进行一系列初等行变换,矩阵秩不变,故有

$\mathrm{r}(\boldsymbol{PA})=\mathrm{r}(\boldsymbol{A})$.

同理 $\mathrm{r}(\boldsymbol{AQ})=\mathrm{r}(\boldsymbol{A}),\mathrm{r}(\boldsymbol{PAQ})=\mathrm{r}(\boldsymbol{AQ})=\mathrm{r}(\boldsymbol{A})$. □

最后再来讨论矩阵秩的行列式性质，称 $m\times n$ 阶矩阵 $\boldsymbol{A}$ 中任意 k 行 k 列交叉元素按原来位置构成的行列式为 $\boldsymbol{A}$ 的 k 阶子式，记为 D_k.

定理 4.16 设 $\boldsymbol{A}$ 为 $m\times n$ 阶矩阵，其中 $m\geqslant n$，则 $\mathrm{r}(\boldsymbol{A})=n$ 的充要条件是存在 n 阶子式 $D_n\neq 0$.

证明 若 $\mathrm{r}(\boldsymbol{A})=n$，不妨设 $\boldsymbol{A}$ 的极大无关行是前 n 行，后面行减去极大无关行的组合消为 $\boldsymbol{0}$ 行得矩阵 $\boldsymbol{B}$，则 $\boldsymbol{B}$ 的列仍然线性无关. 又 $\boldsymbol{B}$ 的非零行是前 n 行，故 $\boldsymbol{B}$ 的前 n 行的列线性无关，故构成的 n 阶子式非零，即 $\boldsymbol{A}$ 的前 n 行构成的子式 $D_n\neq 0$.

若 $\boldsymbol{A}$ 的某个 n 阶子式 $D_n\neq 0$，则 D_n 的列线性无关，从而 $\boldsymbol{A}$ 中 D_n 所在列也即 $\boldsymbol{A}$ 的列也线性无关，故 $\mathrm{r}(\boldsymbol{A})=n$. □

【注 4.9】 $\mathrm{r}(\boldsymbol{A})=r$ 的充要条件是存在 r 阶子式 $D_r\neq 0$ 但所有的 $r+1$ 阶子式 D_{r+1} 都为 0. 大部分线性代数书上将该充要条件作为矩阵秩的定义. 因为它反映了矩阵整体的独立性程度而非仅仅是行或列的独立性程度.

因为 $D_r\neq 0$ 表示有 r 列线性无关，所有 $D_{r+1}=0$ 表示所有 $r+1$ 列线性相关，故极大无关列的向量个数为 r.

练习四

1. 已知

$$\boldsymbol{A}=\begin{pmatrix}1&2&3\\2&0&1\\0&-3&1\end{pmatrix},\boldsymbol{B}=\begin{pmatrix}1&1&1\\1&-1&1\\1&-1&-1\end{pmatrix},$$

计算 $\boldsymbol{AB}-\boldsymbol{BA}$，根据计算结果判定 $\boldsymbol{A}$ 与 $\boldsymbol{B}$ 乘法是否可交换.

2. 利用矩阵分块来计算下列矩阵乘法.

(1) $\begin{bmatrix}1&0&0&3\\1&0&-2&0\\1&2&2&4\\2&-1&4&-2\end{bmatrix}\begin{bmatrix}2&0\\0&2\\-1&0\\0&-1\end{bmatrix}$. (2) $\begin{pmatrix}1&3\\2&-5\\-1&4\end{pmatrix}\begin{pmatrix}2&0&0&1\\0&-1&1&0\end{pmatrix}$.

3. 利用伴随矩阵求逆矩阵.

(1) $\begin{pmatrix}1&1&1\\2&1&2\\1&3&2\end{pmatrix}$. (2) $\begin{pmatrix}2&2&0\\1&2&2\\1&0&1\end{pmatrix}$.

4. 利用初等变换求逆矩阵.

(1) $\begin{pmatrix} 2 & 1 & 2 \\ 2 & 2 & 1 \\ 1 & 2 & 2 \end{pmatrix}$.　(2) $\begin{pmatrix} 1 & -2 & -3 \\ 3 & 1 & 2 \\ -3 & 1 & 1 \end{pmatrix}$.　(3) $\begin{pmatrix} 6 & -8 & 11 \\ 1 & -1 & 1 \\ 4 & -5 & 7 \end{pmatrix}$.

5. 解矩阵方程 $\boldsymbol{AX}=\boldsymbol{B}$ 和 $\boldsymbol{YA}=\boldsymbol{B}$，其中

$$\boldsymbol{A}=\begin{pmatrix} 1 & 2 & 1 \\ 2 & 1 & 1 \\ 1 & 1 & 1 \end{pmatrix},\boldsymbol{B}=\begin{pmatrix} 1 & 2 & 1 \\ 1 & 1 & 0 \\ -1 & 1 & 1 \end{pmatrix}.$$

（提示：$\boldsymbol{X}=\boldsymbol{A}^{-1}\boldsymbol{B},\boldsymbol{Y}=\boldsymbol{BA}^{-1}$）

6. 利用逆矩阵求伴随矩阵.

(1) $\begin{pmatrix} 2 & 2 & -2 \\ 4 & 3 & -1 \\ 3 & 0 & 2 \end{pmatrix}$.　(2) $\begin{pmatrix} 3 & -3 & 2 & 2 \\ -2 & 1 & 1 & -3 \\ 1 & 2 & -1 & -1 \\ 2 & 2 & -3 & 2 \end{pmatrix}$.

7. 求可逆矩阵 $\boldsymbol{P}$ 使得 $\boldsymbol{PA}$ 为简化阶梯形矩阵.

(1) $\boldsymbol{A}=\begin{pmatrix} 2 & 4 & 1 \\ 1 & 3 & 2 \\ 1 & 5 & 5 \end{pmatrix}$.　(2) $\boldsymbol{A}=\begin{pmatrix} 1 & 2 & 1 & 3 \\ 2 & 3 & -1 & 0 \\ 3 & 7 & 6 & 15 \end{pmatrix}$.

8. 求矩阵的秩.

(1) $\begin{pmatrix} 6 & 2 & 0 \\ -2 & 0 & 1 \\ 1 & 1 & 1 \\ 7 & 3 & -2 \end{pmatrix}$;　(2) $\begin{pmatrix} 1 & 4 & 2 \\ 1 & -1 & -3 \\ 2 & 7 & 3 \end{pmatrix}$;　(3) $\begin{pmatrix} 1 & 2 & 3 & 5 \\ 2 & 1 & 3 & 1 \\ 1 & 1 & 2 & 2 \end{pmatrix}$.

第五章 特征值特征向量

5.1 线性空间及基

第 4 章中我们知道矩阵可以看成对向量的线性变换，这是一种映射，与普通函数 $y=f(x)$ 是将 x 映射到函数值 y 不同. 普通函数是实数映射到实数，是一个实数集合到另一个实数集合的一种映射. 但是矩阵是对向量的映射，可以看成是向量集合到向量集合的一种映射.

我们现在就来看向量的集合，在这里我们只考虑列向量的集合. 就像实数集合除了数据，还有运算，这样的实数集合才是有用的. 向量集合也有运算，那就是向量的加法和数乘.

全体实数集合记为 $\mathbf{R}$，实数构成的全部 n 维列向量的集合为：

$$\{(x_1,x_2,\cdots,x_n)^{\mathrm{T}} \mid x_1,x_2,\cdots,x_n \in \mathbf{R}\},$$

记为 $\mathbf{R}^n$，称为 n 维向量空间.

定义 5.1(向量空间)　设 V 为 $\mathbf{R}^n=\{(x_1,x_2,\cdots,x_n)^{\mathrm{T}} \mid x_1,x_2,\cdots,x_n\in\mathbf{R}\}$ 的一个非空子集，对于 V 中的任意两个向量 $\boldsymbol{\alpha}$ 和 $\boldsymbol{\beta}$，满足 $\boldsymbol{\alpha}+\boldsymbol{\beta}\in V$，对于 V 中的任意向量 $\boldsymbol{\alpha}$ 和任意实数 k，满足 $k\boldsymbol{\alpha}\in V$，即 V 对加法和数乘封闭，则称 V 为向量空间. 若 V 和 W 都是向量空间，且 W 是 V 的子集，则称 W 为 V 的子空间.

【注 5.1】　若干个向量的所有线性组合构成的集合

$$\{k_1\boldsymbol{\alpha}_1+\cdots+k_s\boldsymbol{\alpha}_s \mid k_1,\cdots,k_s \in \mathbf{R},\boldsymbol{\alpha}_1,\cdots,\boldsymbol{\alpha}_s \in \mathbf{R}^n\}$$

是向量空间，称为 $\boldsymbol{\alpha}_1,\cdots,\boldsymbol{\alpha}_s$ 生成的向量空间. 零向量构成的集合 $\{\mathbf{0}\}$ 也是向量空间，称为零空间.

因为 $0\boldsymbol{\alpha}=\mathbf{0}$ 向量，所以向量空间一定含 $\mathbf{0}$ 向量.

【例 5.1】 $\mathbf{R}^n$、$\{\mathbf{0}$ 向量$\}$、齐次方程组的解集都是向量空间，齐次方程组的解集也称为解空间. 空集 $\varnothing$、$\{(k,1,2)^{\mathrm{T}} \mid k \in \mathbf{R}\}$，非齐次方程组的解集都不是向量空间.

对一个平面中的点或者向量，我们只有建立了坐标系，才能将这些点和向量写成坐标的形式，从而可以使用数学计算来描述各种点、各种向量的关系. 向量空间也需要建立类似的坐标系，只是坐标系不是用几何的形式，而是用向量的形式，就像平面坐标系或空间坐标系的坐标轴向量.

一般来说如果向量空间是 $\mathbf{R}^n$，则坐标系一般取向量 $\boldsymbol{e}_1=(1,0,\cdots,0)^{\mathrm{T}}$，$\boldsymbol{e}_2=(0,1,0,\cdots,0)^{\mathrm{T}}$，$\cdots$，$\boldsymbol{e}_n=(0,0,\cdots,0,1)^{\mathrm{T}}$. 如果向量空间是齐次方程组的解空间，则坐标系可以取一组基础解系. 这些表示坐标系的向量我们称为向量空间的基.

因为基可以看成是向量空间所有向量的极大无关组，两组不同的基就是向量空间所有向量的两个极大无关组，它们向量的个数是一样的，即为所有向量的集合的秩，称为向量空间的维数.

定义 5.2(基、维数、坐标)　向量空间 V 中一组线性无关的向量组 $\boldsymbol{\alpha}_1,\boldsymbol{\alpha}_2,\cdots,\boldsymbol{\alpha}_m$，它可以表示 V 中的任意向量，称为 V 的基，V 的一组基的向量个数称为 V 的维数. 若 $\boldsymbol{\alpha}_1,\boldsymbol{\alpha}_2,\cdots,\boldsymbol{\alpha}_m$ 为 V 的一组基，则 V 中任意向量 $\boldsymbol{\alpha}$ 可以唯一表示为 $\boldsymbol{\alpha}=x_1\boldsymbol{\alpha}_1+x_2\boldsymbol{\alpha}_2+\cdots+x_m\boldsymbol{\alpha}_m$，$\boldsymbol{\alpha}$ 的组合系数 $(x_1,x_2,\cdots,x_m)^{\mathrm{T}}$ 称为 $\boldsymbol{\alpha}$ 在基 $\boldsymbol{\alpha}_1,\boldsymbol{\alpha}_2,\cdots,\boldsymbol{\alpha}_m$ 下的坐标.

【例 5.2】　$\boldsymbol{e}_1=(1,0,\cdots,0)^{\mathrm{T}}$，$\boldsymbol{e}_2=(0,1,0,\cdots,0)^{\mathrm{T}}$，$\cdots$，$\boldsymbol{e}_n=(0,0,\cdots,0,1)^{\mathrm{T}}$ 可以作为 $\mathbf{R}^n$ 的一组基，$(1,0,\cdots,0)^{\mathrm{T}}$，$(1,1,0,\cdots,0)^{\mathrm{T}}$，$\cdots$，$(1,1,\cdots,1)^{\mathrm{T}}$ 也是 $\mathbf{R}^n$ 的一组基.

$\boldsymbol{\alpha}_1=(3,-1,2)^{\mathrm{T}}$，$\boldsymbol{\alpha}_2=(5,2,7)^{\mathrm{T}}$，$\boldsymbol{\alpha}_3=(2,3,5)^{\mathrm{T}}$，$\boldsymbol{\alpha}_4=(4,-5,-1)^{\mathrm{T}}$ 有极大无关组 $\boldsymbol{\alpha}_2,\boldsymbol{\alpha}_4$，则 $\boldsymbol{\alpha}_2,\boldsymbol{\alpha}_4$ 是向量空间 $\{k_1\boldsymbol{\alpha}_1+k_2\boldsymbol{\alpha}_2+k_3\boldsymbol{\alpha}_3+k_4\boldsymbol{\alpha}_4 \mid k_1,k_2,k_3,k_4\in\mathbf{R}\}$ 的一组基.

【注 5.2】　向量空间 V 有一组基 $\boldsymbol{\alpha}_1,\boldsymbol{\alpha}_2,\cdots,\boldsymbol{\alpha}_m$，则在这组基下所有向量都由坐标确定，向量的变换可以看成坐标的变换，可以用矩阵 $\boldsymbol{A}$ 表示，如 $\boldsymbol{y}=\boldsymbol{A}\boldsymbol{x}$，其中 $\boldsymbol{x}$ 和 $\boldsymbol{y}$ 是两个向量在这组基下的坐标，$\boldsymbol{A}$ 称为变换在这组基下的矩阵.

向量空间可以取不同的基，就像平面可以建立不同的坐标系一样，这些不同的基之间的关系可以通过基向量的组合系数即坐标来表示，这些坐标可以用矩阵来表示，即表示基向量的变换.

若 V 为 m 维向量空间，有 $\boldsymbol{\alpha}_1,\boldsymbol{\alpha}_2,\cdots,\boldsymbol{\alpha}_m$ 和 $\boldsymbol{\beta}_1,\boldsymbol{\beta}_2,\cdots,\boldsymbol{\beta}_m$ 两组基，则 $\boldsymbol{\beta}_1,\boldsymbol{\beta}_2,\cdots,\boldsymbol{\beta}_m$ 的基向量都可以用基 $\boldsymbol{\alpha}_1,\boldsymbol{\alpha}_2,\cdots,\boldsymbol{\alpha}_m$ 来表示，即

$\boldsymbol{\beta}_1=a_{11}\boldsymbol{\alpha}_1+a_{21}\boldsymbol{\alpha}_2+\cdots+a_{m1}\boldsymbol{\alpha}_m$，$\boldsymbol{\beta}_2=a_{12}\boldsymbol{\alpha}_1+a_{22}\boldsymbol{\alpha}_2+\cdots+a_{m2}\boldsymbol{\alpha}_m$，$\cdots$，$\boldsymbol{\beta}_m=a_{1m}\boldsymbol{\alpha}_1+a_{2m}\boldsymbol{\alpha}_2+\cdots+a_{mm}\boldsymbol{\alpha}_m$.

令

$$\boldsymbol{P}=\begin{pmatrix} a_{11} & a_{12} & \cdots & a_{1m} \\ a_{21} & a_{22} & \cdots & a_{2m} \\ \vdots & \vdots & & \vdots \\ a_{m1} & a_{m2} & \cdots & a_{mm} \end{pmatrix},$$

则有

$$(\boldsymbol{\beta}_1,\boldsymbol{\beta}_2,\cdots,\boldsymbol{\beta}_m)=(\boldsymbol{\alpha}_1,\boldsymbol{\alpha}_2,\cdots,\boldsymbol{\alpha}_m)\boldsymbol{P}.$$

同理有

$$(\boldsymbol{\alpha}_1,\boldsymbol{\alpha}_2,\cdots,\boldsymbol{\alpha}_m)=(\boldsymbol{\beta}_1,\boldsymbol{\beta}_2,\cdots,\boldsymbol{\beta}_m)\boldsymbol{Q},$$

于是有

$$(\boldsymbol{\alpha}_1,\boldsymbol{\alpha}_2,\cdots,\boldsymbol{\alpha}_m)=(\boldsymbol{\beta}_1,\boldsymbol{\beta}_2,\cdots,\boldsymbol{\beta}_m)\boldsymbol{Q}=(\boldsymbol{\alpha}_1,\boldsymbol{\alpha}_2,\cdots,\boldsymbol{\alpha}_m)\boldsymbol{PQ}=(\boldsymbol{\alpha}_1,\boldsymbol{\alpha}_2,\cdots,\boldsymbol{\alpha}_m)\boldsymbol{E},$$

由于坐标是唯一的，故 $\boldsymbol{PQ}=\boldsymbol{E}$，即 $\boldsymbol{P}$ 和 $\boldsymbol{Q}$ 都是可逆矩阵.

定义 5.3(过渡矩阵)　设有向量空间 V，$\boldsymbol{\alpha}_1,\boldsymbol{\alpha}_2,\cdots,\boldsymbol{\alpha}_m$ 和 $\boldsymbol{\beta}_1,\boldsymbol{\beta}_2,\cdots,\boldsymbol{\beta}_m$ 都是 V 的基，若 $(\boldsymbol{\beta}_1,\boldsymbol{\beta}_2,\cdots,\boldsymbol{\beta}_m)=(\boldsymbol{\alpha}_1,\boldsymbol{\alpha}_2,\cdots,\boldsymbol{\alpha}_m)\boldsymbol{P}$，则称可逆矩阵 $\boldsymbol{P}$ 为 V 的从基 $\boldsymbol{\alpha}_1,\boldsymbol{\alpha}_2,\cdots,\boldsymbol{\alpha}_m$ 到基 $\boldsymbol{\beta}_1,\boldsymbol{\beta}_2,\cdots,\boldsymbol{\beta}_m$ 的过渡矩阵，从基 $\boldsymbol{\alpha}_1,\boldsymbol{\alpha}_2,\cdots,\boldsymbol{\alpha}_m$ 到基 $\boldsymbol{\beta}_1,\boldsymbol{\beta}_2,\cdots,\boldsymbol{\beta}_m$ 的变换称为基变换.

类似于坐标系的变换与坐标变换是逆变换的关系，基变换与坐标变换也有类似的关系.

定理 5.1　设有向量空间 V，$\boldsymbol{\alpha}_1,\boldsymbol{\alpha}_2,\cdots,\boldsymbol{\alpha}_m$ 和 $\boldsymbol{\beta}_1,\boldsymbol{\beta}_2,\cdots,\boldsymbol{\beta}_m$ 都是 V 的基，有

$$(\boldsymbol{\beta}_1,\boldsymbol{\beta}_2,\cdots,\boldsymbol{\beta}_m)=(\boldsymbol{\alpha}_1,\boldsymbol{\alpha}_2,\cdots,\boldsymbol{\alpha}_m)\boldsymbol{P},$$

若 V 中向量 ξ 在基 $\boldsymbol{\alpha}_1,\boldsymbol{\alpha}_2,\cdots,\boldsymbol{\alpha}_m$ 下的坐标为 $\boldsymbol{x}=(x_1,x_2,\cdots,x_m)^{\mathrm{T}}$，在基 $\boldsymbol{\beta}_1,\boldsymbol{\beta}_2,\cdots,\boldsymbol{\beta}_m$ 下的坐标为 $\boldsymbol{y}=(y_1,y_2,\cdots,y_m)^{\mathrm{T}}$，则有坐标变换公式

$$\boldsymbol{x}=\boldsymbol{P}\boldsymbol{y}，\text{或者 } \boldsymbol{y}=\boldsymbol{P}^{-1}\boldsymbol{x}.$$

证明　由基变换公式

$$(\boldsymbol{\beta}_1,\boldsymbol{\beta}_2,\cdots,\boldsymbol{\beta}_m)=(\boldsymbol{\alpha}_1,\boldsymbol{\alpha}_2,\cdots,\boldsymbol{\alpha}_m)\boldsymbol{P}$$

以及

$$\boldsymbol{\xi}=(\boldsymbol{\alpha}_1,\boldsymbol{\alpha}_2,\cdots,\boldsymbol{\alpha}_m)\boldsymbol{x}=(\boldsymbol{\beta}_1,\boldsymbol{\beta}_2,\cdots,\boldsymbol{\beta}_m)\boldsymbol{y},$$

则有

$$\boldsymbol{\xi}=(\boldsymbol{\beta}_1,\boldsymbol{\beta}_2,\cdots,\boldsymbol{\beta}_m)\boldsymbol{y}=((\boldsymbol{\alpha}_1,\boldsymbol{\alpha}_2,\cdots,\boldsymbol{\alpha}_m)\boldsymbol{P})\boldsymbol{y}=(\boldsymbol{\alpha}_1,\boldsymbol{\alpha}_2,\cdots,\boldsymbol{\alpha}_m)(\boldsymbol{P}\boldsymbol{y})=(\boldsymbol{\alpha}_1,\boldsymbol{\alpha}_2,\cdots,\boldsymbol{\alpha}_m)\boldsymbol{x},$$

再由坐标的唯一性得 $\boldsymbol{x}=\boldsymbol{P}\boldsymbol{y}$，即 $\boldsymbol{y}=\boldsymbol{P}^{-1}\boldsymbol{x}$.　□

【例 5.3】　以例 5.2 中 $\mathbf{R}^n$ 的两组基

$$\boldsymbol{e}_1=(1,0,\cdots,0)^{\mathrm{T}},\boldsymbol{e}_2=(0,1,0,\cdots,0)^{\mathrm{T}},\cdots,\boldsymbol{e}_n=(0,0,\cdots,0,1)^{\mathrm{T}}$$

和

$$\boldsymbol{\beta}_1=(1,0,\cdots,0)^{\mathrm{T}},\boldsymbol{\beta}_2=(1,1,0,\cdots,0)^{\mathrm{T}},\cdots,\boldsymbol{\beta}_n=(1,1,\cdots,1)^{\mathrm{T}}$$

下的向量坐标为例. 若有向量 $\boldsymbol{\xi}=(1,2,\cdots,n)^{\mathrm{T}}$，则

$$\boldsymbol{\xi}=1\boldsymbol{e}_1+2\boldsymbol{e}_2+\cdots+n\boldsymbol{e}_n=(\boldsymbol{e}_1,\cdots,\boldsymbol{e}_n)\boldsymbol{x},\boldsymbol{x}=(1,2,\cdots,n)^{\mathrm{T}}.$$

又有

$$\boldsymbol{\xi}=y_1\boldsymbol{\beta}_1+y_2\boldsymbol{\beta}_2+\cdots+y_n\boldsymbol{\beta}_n=(\boldsymbol{\beta}_1,\boldsymbol{\beta}_2,\cdots,\boldsymbol{\beta}_n)\boldsymbol{y},\boldsymbol{y}=(y_1,y_2,\cdots,y_n)^{\mathrm{T}},$$

解方程组可以算出 $\boldsymbol{y}=(-1,-1,\cdots,-1,n)^{\mathrm{T}}$.

通过坐标变换公式计算，我们可以更加方便地计算出坐标 $\boldsymbol{y}$. 我们有

$$(\boldsymbol{\beta}_1,\boldsymbol{\beta}_2,\cdots,\boldsymbol{\beta}_n)=(\boldsymbol{e}_1,\cdots,\boldsymbol{e}_n)\boldsymbol{P},\text{其中 }\boldsymbol{P}=\begin{pmatrix}1&1&\cdots&1\\0&1&\cdots&1\\\vdots&\vdots&&\vdots\\0&0&\cdots&1\end{pmatrix},$$

则有

$$\boldsymbol{y}=\boldsymbol{P}^{-1}\boldsymbol{x}=\begin{pmatrix}1&-1&\cdots&0&0\\0&1&-1&\cdots&0\\\vdots&\vdots&\ddots&\ddots&\vdots\\0&0&\cdots&1&-1\\0&0&\cdots&0&1\end{pmatrix}\begin{pmatrix}1\\2\\\vdots\\n-1\\n\end{pmatrix}=\begin{pmatrix}-1\\-1\\\vdots\\-1\\n\end{pmatrix}.$$ □

5.2　特征向量——最简变换矩阵的基

我们先看看平面上的一个几何变换(即坐标变换)，当我们建立不同的坐标系后，同样的变换，变换矩阵是相同还是不同？如果不同，那它们之间又有什么关系？

【例 5.4】 考虑坐标系 Oxy 下的变换，变换将点 $A_1(1,0)$ 变换成 $B_1(2,1)$，将点 $A_2(0,1)$ 变换成 $B_2(1,2)$，求变换矩阵. 进一步考虑新的坐标系 Ouv，该坐标系是坐标系 Oxy 逆时针旋转 45°得到的. 求新坐标系 Ouv 下的变换矩阵.

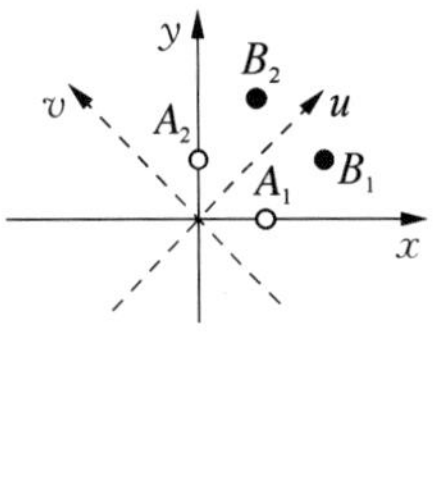

解　在 Oxy 坐标系下，变换为

$$\begin{cases}y_1=a_{11}x_1+a_{12}x_2,\\y_2=a_{21}x_1+a_{22}x_2,\end{cases}$$

写成矩阵形式为

$$\boldsymbol{y}=\boldsymbol{A}\boldsymbol{x},\text{其中 }\boldsymbol{x}=\begin{pmatrix}x_1\\x_2\end{pmatrix},\boldsymbol{y}=\begin{pmatrix}y_1\\y_2\end{pmatrix},\boldsymbol{A}=\begin{pmatrix}a_{11}&a_{12}\\a_{21}&a_{22}\end{pmatrix}.$$

于是变换将向量$\begin{pmatrix}1\\0\end{pmatrix}$和$\begin{pmatrix}0\\1\end{pmatrix}$变换成$\begin{pmatrix}2\\1\end{pmatrix}$和$\begin{pmatrix}1\\2\end{pmatrix}$，则有

$$\begin{pmatrix}2 & 1\\1 & 2\end{pmatrix}=\boldsymbol{A}\begin{pmatrix}1 & 0\\0 & 1\end{pmatrix}=\boldsymbol{A}.$$

即 Oxy 下的变换矩阵为

$$\begin{pmatrix}2 & 1\\1 & 2\end{pmatrix}.$$

设 Ouv 坐标系下，变换为

$$\boldsymbol{v}=\boldsymbol{Bu}\text{，其中 }\boldsymbol{u}=(u_1,u_2)^{\mathrm{T}}\text{ 和 }\boldsymbol{v}=(v_1,v_2)^{\mathrm{T}}.$$

我们来求变换矩阵 $\boldsymbol{B}$.

做坐标系的变换将 $\boldsymbol{x}=(x_1,x_2)^{\mathrm{T}}$ 和 $\boldsymbol{y}=(y_1,y_2)^{\mathrm{T}}$ 变换成 $\boldsymbol{u}=(u_1,u_2)^{\mathrm{T}}$ 和 $\boldsymbol{v}=(v_1,v_2)^{\mathrm{T}}$.

坐标系变换是坐标系 Oxy 逆时针旋转 45°到坐标系 Ouv，则相当于将向量 $\boldsymbol{x}$ 顺时针旋转 45°得到 $\boldsymbol{u}$，即

$$\begin{cases}u_1=\dfrac{1}{\sqrt{2}}x_1+\dfrac{1}{\sqrt{2}}x_2,\\[2ex] u_2=-\dfrac{1}{\sqrt{2}}x_1+\dfrac{1}{\sqrt{2}}x_2,\end{cases}$$

由 $\boldsymbol{u}$ 变换到 $\boldsymbol{x}$ 的变换公式则为

$$\begin{cases}x_1=\dfrac{1}{\sqrt{2}}u_1-\dfrac{1}{\sqrt{2}}u_2,\\[2ex] x_2=\dfrac{1}{\sqrt{2}}u_1+\dfrac{1}{\sqrt{2}}u_2,\end{cases}$$

即

$$\boldsymbol{x}=\boldsymbol{Pu}\text{，其中 }\boldsymbol{P}=\frac{1}{\sqrt{2}}\begin{pmatrix}1 & -1\\1 & 1\end{pmatrix}.$$

有 $\boldsymbol{x}=\boldsymbol{Pu}$，也有 $\boldsymbol{y}=\boldsymbol{Pv}$，故

$$\boldsymbol{y}=\boldsymbol{Ax}=\boldsymbol{APu}=\boldsymbol{Pv},$$

于是

$$\boldsymbol{v}=\boldsymbol{P}^{-1}\boldsymbol{APu}=\boldsymbol{Bu},$$

即坐标系 Ouv 下变换矩阵

$$B=P^{-1}AP=\begin{pmatrix}3&0\\0&1\end{pmatrix}.$$ □

从上述例子可知,不同坐标系下表示变换的变换矩阵并不相同,它们的关系是

$$B=P^{-1}AP,$$

这样的关系称为相似,即相似的矩阵表示不同坐标系下同一个变换.

进一步,一个向量空间 V 有两组基 $\boldsymbol{\alpha}_1,\boldsymbol{\alpha}_2,\cdots,\boldsymbol{\alpha}_m$ 和 $\boldsymbol{\beta}_1,\boldsymbol{\beta}_2,\cdots,\boldsymbol{\beta}_m$,且有基变换

$$(\boldsymbol{\beta}_1,\boldsymbol{\beta}_2,\cdots,\boldsymbol{\beta}_m)=(\boldsymbol{\alpha}_1,\boldsymbol{\alpha}_2,\cdots,\boldsymbol{\alpha}_m)P,$$

另有变换将向量

$$\boldsymbol{\xi}=(\boldsymbol{\alpha}_1,\boldsymbol{\alpha}_2,\cdots,\boldsymbol{\alpha}_m)x=(\boldsymbol{\beta}_1,\boldsymbol{\beta}_2,\cdots,\boldsymbol{\beta}_m)u$$

变换到

$$\boldsymbol{\eta}=(\boldsymbol{\alpha}_1,\boldsymbol{\alpha}_2,\cdots,\boldsymbol{\alpha}_m)y=(\boldsymbol{\beta}_1,\boldsymbol{\beta}_2,\cdots,\boldsymbol{\beta}_m)v.$$

则在基 $\boldsymbol{\alpha}_1,\boldsymbol{\alpha}_2,\cdots,\boldsymbol{\alpha}_m$ 下,变换矩阵为 A,有

$$y=Ax.$$

在基 $\boldsymbol{\beta}_1,\boldsymbol{\beta}_2,\cdots,\boldsymbol{\beta}_m$ 下,变换矩阵为 B,有

$$v=Bu.$$

由坐标变换公式得 $x=Pu$, $y=Pv$,故

$$y=Ax=APu=Pv,$$

于是

$$v=P^{-1}APu=Bu,$$

故有

$$B=P^{-1}AP.$$

定义 5.4(相似)　设 A,B 为两个 n 阶方阵,若存在可逆矩阵 P,使得 $P^{-1}AP=B$,则称 A 相似于 B,称 P 是 A 到 B 的相似变换矩阵. A 相似于 B 记为 $A\sim B$.

【注 5.3】　相似关系是自反的,即 $A\sim A$. 相似关系是对称的,即 $A\sim B$,则 $B\sim A$. 相似关系还有传递性,即 $A\sim B$, $B\sim C$,则 $A\sim C$.

因为由 $E^{-1}AE=A$ 可得 $A\sim A$. 由 $P^{-1}AP=B$ 可得 $A=(P^{-1})^{-1}B(P^{-1})$,即 $B\sim A$. 由 $P_1^{-1}AP_1=B$ 和 $P_2^{-1}BP_2=C$ 可得 $(P_1P_2)^{-1}A(P_1P_2)=C$,即 $A\sim C$.

定理 5.2　若 $A\sim B$，则有(1) $|A|=|B|$；(2) $A^{T}\sim B^{T}$；(3) $A^{-1}\sim B^{-1}$；(4) $kA\sim kB$；(5) $A^{n}\sim B^{n}$，其中 n 为整数；(6) $f(A)\sim f(B)$，其中 $f(x)=a_nx^n+a_{n-1}x^{n-1}+\cdots+a_1x+a_0$.

证明　由 $\boldsymbol{A}\sim\boldsymbol{B}$ 可知存在可逆矩阵 $\boldsymbol{P}$ 使得 $\boldsymbol{B}=\boldsymbol{P}^{-1}\boldsymbol{A}\boldsymbol{P}$.

(1) $\boldsymbol{B}=\boldsymbol{P}^{-1}\boldsymbol{A}\boldsymbol{P}$ 两边取行列式得

$$|\boldsymbol{B}|=|\boldsymbol{P}^{-1}\boldsymbol{A}\boldsymbol{P}|=|\boldsymbol{P}^{-1}|\times|\boldsymbol{A}|\times|\boldsymbol{P}|=|\boldsymbol{P}|^{-1}\times|\boldsymbol{A}|\times|\boldsymbol{P}|=|\boldsymbol{A}|\times|\boldsymbol{P}|^{-1}\times|\boldsymbol{P}|=|\boldsymbol{A}|.$$

(2) $\boldsymbol{B}=\boldsymbol{P}^{-1}\boldsymbol{A}\boldsymbol{P}$ 两边进行转置得

$$\boldsymbol{B}^{T}=(\boldsymbol{P}^{-1}\boldsymbol{A}\boldsymbol{P})^{T}=\boldsymbol{P}^{T}\boldsymbol{A}^{T}(\boldsymbol{P}^{-1})^{T}=((\boldsymbol{P}^{T})^{-1})^{-1}\boldsymbol{A}^{T}((\boldsymbol{P}^{T})^{-1}),$$

即 $\boldsymbol{A}^{T}\sim\boldsymbol{B}^{T}$.

(3) $\boldsymbol{B}=\boldsymbol{P}^{-1}\boldsymbol{A}\boldsymbol{P}$ 两边求逆(若可逆) 得

$$\boldsymbol{B}^{-1}=(\boldsymbol{P}^{-1}\boldsymbol{A}\boldsymbol{P})^{-1}=\boldsymbol{P}^{-1}\boldsymbol{A}^{-1}\boldsymbol{P},$$

即 $\boldsymbol{A}^{-1}\sim\boldsymbol{B}^{-1}$.

(4) $\boldsymbol{B}=\boldsymbol{P}^{-1}\boldsymbol{A}\boldsymbol{P}$ 两边乘以 k 得

$$k\boldsymbol{B}=k(\boldsymbol{P}^{-1}\boldsymbol{A}\boldsymbol{P})=\boldsymbol{P}^{-1}(k\boldsymbol{A})\boldsymbol{P},$$

即 $k\boldsymbol{A}\sim k\boldsymbol{B}$.

(5) 当 $n\geqslant 2$ 时，$\boldsymbol{B}=\boldsymbol{P}^{-1}\boldsymbol{A}\boldsymbol{P}$ 两边自乘 $n-1$ 次得

$$\boldsymbol{B}^{n}=(\boldsymbol{P}^{-1}\boldsymbol{A}\boldsymbol{P})(\boldsymbol{P}^{-1}\boldsymbol{A}\boldsymbol{P})\cdots(\boldsymbol{P}^{-1}\boldsymbol{A}\boldsymbol{P})=\boldsymbol{P}^{-1}\boldsymbol{A}(\boldsymbol{P}\boldsymbol{P}^{-1})\boldsymbol{A}(\boldsymbol{P}\boldsymbol{P}^{-1})\cdots\boldsymbol{A}(\boldsymbol{P}\boldsymbol{P}^{-1})\boldsymbol{A}\boldsymbol{P}=\boldsymbol{P}^{-1}\boldsymbol{A}^{n}\boldsymbol{P},$$

即 $\boldsymbol{A}^{n}\sim\boldsymbol{B}^{n}$.

当 $n=1$ 时显然.

当 $n=0$ 时表示 $\boldsymbol{E}\sim\boldsymbol{E}$，结论成立.

若可逆，当 $n=-1$ 时表示 $\boldsymbol{A}^{-1}\sim\boldsymbol{B}^{-1}$，结论成立.

当 $n\leqslant -2$ 时，$m=-n\geqslant 2$，先有 $\boldsymbol{A}^{-1}\sim\boldsymbol{B}^{-1}$，进一步有 $(\boldsymbol{A}^{-1})^{m}\sim(\boldsymbol{B}^{-1})^{m}$，即 $\boldsymbol{A}^{n}\sim\boldsymbol{B}^{n}$.

(6)
$$\begin{aligned}f(\boldsymbol{B})&=a_n\boldsymbol{B}^{n}+a_{n-1}\boldsymbol{B}^{n-1}+\cdots+a_1\boldsymbol{B}+a_0\boldsymbol{E}\\&=a_n\boldsymbol{P}^{-1}\boldsymbol{A}^{n}\boldsymbol{P}+a_{n-1}\boldsymbol{P}^{-1}\boldsymbol{A}^{n-1}\boldsymbol{P}+\cdots+a_1\boldsymbol{P}^{-1}\boldsymbol{A}\boldsymbol{P}+a_0\boldsymbol{P}^{-1}\boldsymbol{E}\boldsymbol{P}\\&=\boldsymbol{P}^{-1}(a_n\boldsymbol{A}^{n}+a_{n-1}\boldsymbol{A}^{n-1}+\cdots+a_1\boldsymbol{A}+a_0\boldsymbol{E})\boldsymbol{P}\\&=\boldsymbol{P}^{-1}f(\boldsymbol{A})\boldsymbol{P},\end{aligned}$$

即 $f(\boldsymbol{A})\sim f(\boldsymbol{B})$. □

向量空间中的一个变换在不同的基下有不同的矩阵表示，这些矩阵都是相似的矩阵，这些相似的矩阵，有些简单，有些复杂，如本节开始讲的几何变换在不同坐标系下的矩阵 $\begin{pmatrix}2&1\\1&2\end{pmatrix}$ 和 $\begin{pmatrix}3&0\\0&1\end{pmatrix}$. 我们考虑在相似的矩阵中找最简单的矩阵即对角矩阵. 遗憾的是我们有可能找不到这样的相似对角矩阵，如矩阵 $\begin{pmatrix}0&1\\0&0\end{pmatrix}$.

【例 5.5】 证明 $\boldsymbol{A}=\begin{pmatrix}0 & 1\\ 0 & 0\end{pmatrix}$ 不相似于一个对角矩阵.

证明 设有可逆矩阵 $\boldsymbol{P}$ 使得

$$\boldsymbol{P}^{-1}\boldsymbol{A}\boldsymbol{P}=\boldsymbol{D}=\mathrm{diag}(\lambda_1,\lambda_2),$$

假设

$$\boldsymbol{P}=\begin{pmatrix}a & b\\ c & d\end{pmatrix},$$

则有

$$|\boldsymbol{P}|=ad-bc\neq 0,\boldsymbol{P}^{-1}=\frac{1}{ad-bc}\begin{pmatrix}d & -b\\ -c & a\end{pmatrix}.$$

故有

$$\boldsymbol{P}^{-1}\boldsymbol{A}\boldsymbol{P}=\frac{1}{ad-bc}\begin{pmatrix}d & -b\\ -c & a\end{pmatrix}\begin{pmatrix}0 & 1\\ 0 & 0\end{pmatrix}\begin{pmatrix}a & b\\ c & d\end{pmatrix}=\frac{1}{ad-bc}\begin{pmatrix}cd & d^2\\ -c^2 & -cd\end{pmatrix}=\begin{pmatrix}\lambda_1 & 0\\ 0 & \lambda_2\end{pmatrix},$$

于是有 $-c^2=d^2=0$，即 $c=d=0$，则 $|\boldsymbol{P}|=ad-bc=0$，矛盾. 故 $\boldsymbol{A}$ 不相似于一个对角矩阵. □

如果矩阵相似于一个对角矩阵，则我们称矩阵为可对角化.

定义 5.5(可对角化)　一个方阵，若相似于一个对角矩阵，则称该矩阵可对角化.

设矩阵 $\boldsymbol{A}$ 为 n 阶方阵，如果 $\boldsymbol{A}$ 可对角化，我们又如何来找这样的 $\boldsymbol{P}$ 和相似对角矩阵 $\boldsymbol{D}=\mathrm{diag}(\lambda_1,\lambda_2,\cdots,\lambda_n)$，使得 $\boldsymbol{P}^{-1}\boldsymbol{A}\boldsymbol{P}=\boldsymbol{D}$?

我们将可逆矩阵 $\boldsymbol{P}$ 按列分块，即 $\boldsymbol{P}=(\boldsymbol{\xi}_1,\boldsymbol{\xi}_2,\cdots,\boldsymbol{\xi}_n)$，则有 $\boldsymbol{A}\boldsymbol{P}=\boldsymbol{P}\boldsymbol{D}$，即

$$(\boldsymbol{A}\boldsymbol{\xi}_1,\boldsymbol{A}\boldsymbol{\xi}_2,\cdots,\boldsymbol{A}\boldsymbol{\xi}_n)=(\lambda_1\boldsymbol{\xi}_1,\lambda_2\boldsymbol{\xi}_2,\cdots,\lambda_n\boldsymbol{\xi}_n),$$

也即我们需要求得 n 个线性无关的向量 $\boldsymbol{\xi}_1,\boldsymbol{\xi}_2,\cdots,\boldsymbol{\xi}_n$ 使得

$$\boldsymbol{A}\boldsymbol{\xi}_1=\lambda_1\boldsymbol{\xi}_1,\boldsymbol{A}\boldsymbol{\xi}_2=\lambda_2\boldsymbol{\xi}_2,\cdots,\boldsymbol{A}\boldsymbol{\xi}_n=\lambda_n\boldsymbol{\xi}_n.$$

这说明我们需要求解一系列的带参数 λ 的方程组

$$\boldsymbol{A}\boldsymbol{\xi}=\lambda\boldsymbol{\xi}\text{，其中 }\boldsymbol{\xi}\neq\boldsymbol{0}.$$

这样的方程组中，我们称 λ 为特征值，称非零解 $\boldsymbol{\xi}$ 为特征向量，该向量 $\boldsymbol{\xi}$ 在 $\boldsymbol{A}$ 的变换下方向不变，但大小发生变化，变化的倍数就是特征值 λ.

定义 5.6(特征值、特征向量、特征多项式、特征方程)　设 $\boldsymbol{A}$ 为 n 阶方阵，若存在一个数 λ 和一个非零向量 $\boldsymbol{\xi}$，满足 $\boldsymbol{A}\boldsymbol{\xi}=\lambda\boldsymbol{\xi}$，则称 λ 为矩阵 $\boldsymbol{A}$ 的一个特征值，称 $\boldsymbol{\xi}$ 为属于特征值 λ 的特征向量. 称 λ 的多项式 $|\lambda\boldsymbol{E}-\boldsymbol{A}|$ 为矩阵 $\boldsymbol{A}$ 的特征多项式，称 $|\lambda\boldsymbol{E}-\boldsymbol{A}|=0$ 为矩阵 $\boldsymbol{A}$ 的特征方程.

【注 5.4】 本章内容中,矩阵、特征值和特征向量都可以含复数.

在矩阵 $\boldsymbol{A}$ 变换下方向不变且长度变化相同的向量的组合仍然是一个方向不变的向量,见如下定理.

定理 5.3 设 λ 为方阵 $\boldsymbol{A}$ 的特征值,ξ_1 和 ξ_2 为 $\boldsymbol{A}$ 的属于 λ 的特征向量,则 $\boldsymbol{\eta}=k_1\xi_1+k_2\xi_2$ 满足 $\boldsymbol{A\eta}=\lambda\boldsymbol{\eta}$,且 $\boldsymbol{\eta}\neq\boldsymbol{0}$ 时也是 $\boldsymbol{A}$ 的属于 λ 的特征向量.

证明 $\boldsymbol{A\eta}=\boldsymbol{A}(k_1\boldsymbol{\xi}_1+k_2\boldsymbol{\xi}_2)=k_1\boldsymbol{A\xi}_1+k_2\boldsymbol{A\xi}_2=\lambda(k_1\boldsymbol{\xi}_1+k_2\boldsymbol{\xi}_2)=\lambda\boldsymbol{\eta}$.

$\boldsymbol{\eta}\neq\boldsymbol{0}$ 时 $\boldsymbol{\eta}$ 显然也是 $\boldsymbol{A}$ 的属于 λ 的特征向量. □

下面我们来计算所有的特征值和特征向量.

定理 5.4 设有方阵 $\boldsymbol{A}$,先计算方程组 $|\lambda\boldsymbol{E}-\boldsymbol{A}|=0$ 的所有解 λ,这些解 λ 就是特征值. 再对每一个特征值 λ,计算齐次方程组 $(\lambda\boldsymbol{E}-\boldsymbol{A})\boldsymbol{x}=\boldsymbol{0}$ 的基础解系,基础解系的非零组合向量即为属于 λ 的特征向量.

证明 将 $\boldsymbol{A\xi}=\lambda\boldsymbol{\xi}$ 进行移项,得到

$$(\lambda\boldsymbol{E}-\boldsymbol{A})\boldsymbol{\xi}=\boldsymbol{0},\text{其中 }\boldsymbol{\xi}\neq\boldsymbol{0}.$$

即 $\boldsymbol{A\xi}=\lambda\boldsymbol{\xi}$ 有非零解等价于$(\lambda\boldsymbol{E}-\boldsymbol{A})\boldsymbol{\xi}=\boldsymbol{0}$ 有非零解,等价于系数矩阵行列式

$$|\lambda\boldsymbol{E}-\boldsymbol{A}|=0.$$

故不是所有的 λ 都能使得 $\boldsymbol{A\xi}=\lambda\boldsymbol{\xi}$ 有非零解,只有满足 $|\lambda\boldsymbol{E}-\boldsymbol{A}|=0$ 的 λ 才能使得 $\boldsymbol{A\xi}=\lambda\boldsymbol{\xi}$ 有非零解且一定有非零解.

这样解方程

$$|\lambda\boldsymbol{E}-\boldsymbol{A}|=0$$

得到的所有解 λ 就是 $\boldsymbol{A}$ 的特征值,且为 $\boldsymbol{A}$ 的所有特征值.

接下来只要对每个特征值 λ,计算 $\boldsymbol{A\xi}=\lambda\boldsymbol{\xi}$ 的所有的非零向量 $\boldsymbol{\xi}$,即计算$(\lambda\boldsymbol{E}-\boldsymbol{A})\boldsymbol{\xi}=\boldsymbol{0}$ 的所有的非零向量 $\boldsymbol{\xi}$,即求

$$(\lambda\boldsymbol{E}-\boldsymbol{A})\boldsymbol{\xi}=\boldsymbol{0}$$

的基础解系,然后所有的非零组合就是所有的非零解,即属于该特征值 λ 的特征向量.

□

【例 5.6】 若

$$\boldsymbol{A}=\begin{pmatrix}3&-5&1\\2&-4&-3\\5&-5&0\end{pmatrix},$$

计算 $\boldsymbol{A}$ 的特征值和特征向量.

解　特征方程为

$$|\lambda\boldsymbol{E}-\boldsymbol{A}|=\begin{vmatrix}\lambda-3 & 5 & -1\\ -2 & \lambda+4 & 3\\ -5 & 5 & \lambda\end{vmatrix}=\lambda^3+\lambda^2-22\lambda-40=0.$$

这样的方程很难求解，我们在计算行列式时想办法求出 λ 的一次因式，就能将特征方程表示成 λ 的一次因式的乘积的方程.

如行列式

$$\begin{vmatrix}\lambda-3 & 5 & -1\\ -2 & \lambda+4 & 3\\ -5 & 5 & \lambda\end{vmatrix}$$

要提取 λ 的一次因式，可以看行列式的数据特点，一般来说可以看一行或一列中相同或相反的元素，然后看这些元素的两行或两列相减或相加是否有 λ 的一次公因式，有就提取到行列式外，于是剩下的行列式是 λ 的二次式，可以容易地进行因式分解.

对于行列式

$$\begin{vmatrix}\lambda-3 & 5 & -1\\ -2 & \lambda+4 & 3\\ -5 & 5 & \lambda\end{vmatrix},$$

第三行的前两个元素相反，故第 2 列加到第 1 列后有

$$\begin{vmatrix}\lambda+2 & 5 & -1\\ \lambda+2 & \lambda+4 & 3\\ 0 & 5 & \lambda\end{vmatrix},$$

提取第 1 列的公因式得

$$(\lambda+2)\begin{vmatrix}1 & 5 & -1\\ 1 & \lambda+4 & 3\\ 0 & 5 & \lambda\end{vmatrix},$$

继续计算行列式

$$\begin{vmatrix}1 & 5 & -1\\ 1 & \lambda+4 & 3\\ 0 & 5 & \lambda\end{vmatrix}=\lambda^2-\lambda-20=(\lambda-5)(\lambda+4),$$

或者

$$\begin{vmatrix}1 & 5 & -1\\ 1 & \lambda+4 & 3\\ 0 & 5 & \lambda\end{vmatrix}=\begin{vmatrix}1 & 5 & -1\\ 0 & \lambda-1 & 4\\ 0 & 5 & \lambda\end{vmatrix}=\begin{vmatrix}\lambda-1 & 4\\ 5 & \lambda\end{vmatrix}=\begin{vmatrix}\lambda-5 & 4\\ 5-\lambda & \lambda\end{vmatrix}$$

$$=(\lambda-5)\begin{vmatrix}1 & 4\\ -1 & \lambda\end{vmatrix}=(\lambda-5)(\lambda+4).$$

于是特征方程为 $(\lambda+2)(\lambda+4)(\lambda-5)=0$.

我们还可以利用展开式来提取一次因式,见如下

$$\begin{vmatrix}\lambda-3 & 5 & -1\\ -2 & \lambda+4 & 3\\ -5 & 5 & \lambda\end{vmatrix}=\begin{vmatrix}\lambda+2 & 5 & -1\\ \lambda+2 & \lambda+4 & 3\\ 0 & 5 & \lambda\end{vmatrix}=\begin{vmatrix}\lambda+2 & 5 & -1\\ 0 & \lambda-1 & 4\\ 0 & 5 & \lambda\end{vmatrix}$$

$$=(\lambda+2)\begin{vmatrix}\lambda-1 & 4\\ 5 & \lambda\end{vmatrix}=(\lambda+2)(\lambda+4)(\lambda-5)=0.$$

故特征值为 $\lambda=-2,-4,5$.

当 $\lambda=-2$ 时,解 $(-2\boldsymbol{E}-\boldsymbol{A})\boldsymbol{x}=\mathbf{0}$ 有

$$-2\boldsymbol{E}-\boldsymbol{A}=\begin{pmatrix}-5 & 5 & -1\\ -2 & 2 & 3\\ -5 & 5 & -2\end{pmatrix}\to\begin{pmatrix}1 & -1 & 0\\ 0 & 0 & 1\\ 0 & 0 & 0\end{pmatrix},$$

特征向量为 $k_1\boldsymbol{\xi}_1$,其中 $\boldsymbol{\xi}_1=(1,1,0)^{\mathrm{T}}$,$k_1\in\mathbf{R}$,$k_1\neq 0$.

当 $\lambda=-4$ 时,有

$$-4\boldsymbol{E}-\boldsymbol{A}=\begin{pmatrix}-7 & 5 & -1\\ -2 & 0 & 3\\ -5 & 5 & -4\end{pmatrix}\to\begin{pmatrix}1 & 0 & -1.5\\ 0 & 1 & -2.3\\ 0 & 0 & 0\end{pmatrix},$$

特征向量为 $k_2\boldsymbol{\xi}_2$,其中 $\boldsymbol{\xi}_2=(15,23,10)^{\mathrm{T}}$,$k_2\in\mathbf{R}$,$k_2\neq 0$.

当 $\lambda=5$ 时,有

$$5\boldsymbol{E}-\boldsymbol{A}=\begin{pmatrix}2 & 5 & -1\\ -2 & 9 & 3\\ -5 & 5 & 5\end{pmatrix}\to\begin{pmatrix}1 & 0 & -6/7\\ 0 & 1 & 1/7\\ 0 & 0 & 0\end{pmatrix},$$

特征向量为 $k_3\boldsymbol{\xi}_3$,其中 $\boldsymbol{\xi}_3=(6,-1,7)^{\mathrm{T}}$,$k_3\in\mathbf{R}$,$k_3\neq 0$. □

【例 5.7】 若

$$\boldsymbol{A}=\begin{pmatrix}1 & -3 & 2\\ -2 & 2 & 3\\ -1 & -1 & 5\end{pmatrix},$$

计算 **A** 的特征值和特征向量.

解 特征方程

$$\begin{vmatrix}\lambda-1 & 3 & -2\\ 2 & \lambda-2 & -3\\ 1 & 1 & \lambda-5\end{vmatrix}=\begin{vmatrix}\lambda-4 & 3 & -2\\ 4-\lambda & \lambda-2 & -3\\ 0 & 1 & \lambda-5\end{vmatrix}=\begin{vmatrix}\lambda-4 & 3 & -2\\ 0 & \lambda+1 & -5\\ 0 & 1 & \lambda-5\end{vmatrix}$$
$$=\lambda(\lambda-4)^2=0.$$

故特征值为 $\lambda=0,4$(二重).

当 $\lambda=0$ 时,有

$$0\boldsymbol{E}-\boldsymbol{A}=\begin{pmatrix}-1 & 3 & -2\\ 2 & -2 & -3\\ 1 & 1 & -5\end{pmatrix}\to\begin{pmatrix}1 & 0 & -13/4\\ 0 & 1 & -7/4\\ 0 & 0 & 0\end{pmatrix},$$

特征向量为 $k_1\boldsymbol{\xi}_1$,其中 $\boldsymbol{\xi}_1=(13,7,4)^{\mathrm{T}}$,$k_1\in\mathbf{R}$,$k_1\neq 0$.

当 $\lambda=4$ 时,有

$$4\boldsymbol{E}-\boldsymbol{A}=\begin{pmatrix}3 & 3 & -2\\ 2 & 2 & -3\\ 1 & 1 & -1\end{pmatrix}\to\begin{pmatrix}1 & 1 & 0\\ 0 & 0 & 1\\ 0 & 0 & 0\end{pmatrix},$$

特征向量为 $k_2\boldsymbol{\xi}_2$,其中 $\boldsymbol{\xi}_2=(-1,1,0)^{\mathrm{T}}$,$k_2\in\mathbf{R}$,$k_2\neq 0$. □

【例 5.8】 若

$$\boldsymbol{A}=\begin{pmatrix}-6 & -1 & 5\\ 16 & 4 & -10\\ -8 & -1 & 7\end{pmatrix},$$

计算 $\boldsymbol{A}$ 的特征值和特征向量.

解　特征方程

$$\begin{vmatrix}\lambda+6 & 1 & -5\\ -16 & \lambda-4 & 10\\ 8 & 1 & \lambda-7\end{vmatrix}=\begin{vmatrix}\lambda-2 & 0 & 2-\lambda\\ -16 & \lambda-4 & 10\\ 8 & 1 & \lambda-7\end{vmatrix}=\begin{vmatrix}\lambda-2 & 0 & 0\\ -16 & \lambda-4 & -6\\ 8 & 1 & \lambda+1\end{vmatrix}$$
$$=(\lambda-1)(\lambda-2)^2=0.$$

故特征值为 $\lambda=1,2$(二重).

当 $\lambda=1$ 时,有

$$1\boldsymbol{E}-\boldsymbol{A}=\begin{pmatrix}7 & 1 & -5\\ -16 & -3 & 10\\ 8 & 1 & -6\end{pmatrix}\to\begin{pmatrix}1 & 0 & -1\\ 0 & 1 & 2\\ 0 & 0 & 0\end{pmatrix},$$

特征向量为 $k_1\boldsymbol{\xi}_1$,其中 $\boldsymbol{\xi}_1=(1,-2,1)^{\mathrm{T}}$,$k_1\in\mathbf{R}$,$k_1\neq 0$.

当 $\lambda=2$ 时,有

$$2\boldsymbol{E}-\boldsymbol{A}=\begin{pmatrix}8&1&-5\\-16&-2&10\\8&1&-5\end{pmatrix}\to\begin{pmatrix}1&1/8&-5/8\\0&0&0\\0&0&0\end{pmatrix},$$

特征向量为 $k_2\boldsymbol{\xi}_2+k_3\boldsymbol{\xi}_3$，其中 $\boldsymbol{\xi}_2=(-1,8,0)^{\mathrm{T}}$，$\boldsymbol{\xi}_3=(5,0,8)^{\mathrm{T}}$，$k_2,k_3\in\mathbf{R}$，$k_2,k_3$ 不全为 0. □

【注 5.5】 实矩阵的特征值特征向量可能含复数.

如矩阵$\begin{pmatrix}0&1\\-1&0\end{pmatrix}$，可知特征值为 $\lambda=\mathrm{i},-\mathrm{i}$，$\begin{pmatrix}-\mathrm{i}\\1\end{pmatrix}$和$\begin{pmatrix}\mathrm{i}\\1\end{pmatrix}$为对应的特征向量.

定理 5.5 相似矩阵有相同的特征多项式，从而有相同的特征值.

证明 设 $\boldsymbol{A}\sim\boldsymbol{B}$，则有 $-\boldsymbol{A}+\lambda\boldsymbol{E}\sim-\boldsymbol{B}+\lambda\boldsymbol{E}$，故有 $|\lambda\boldsymbol{E}-\boldsymbol{A}|=|\lambda\boldsymbol{E}-\boldsymbol{B}|$. □

定理 5.6 设有 n 阶方阵 A，则(1) A 有 n 个特征值(包括复数也包括重数). (2) 属于某个特征值的无关特征向量的个数不超过该特征值的重数.

证明见附录 2.

定理 5.7 不同特征值的无关特征向量合在一起也线性无关.

证明 设矩阵 $\boldsymbol{A}$ 有不同特征值 $\lambda_1,\lambda_2,\cdots,\lambda_s$，其中 λ_1 有无关特征向量 $\boldsymbol{\xi}_{11},\boldsymbol{\xi}_{12},\cdots,\boldsymbol{\xi}_{1t_1}$，$\lambda_2$ 有无关特征向量 $\boldsymbol{\xi}_{21},\boldsymbol{\xi}_{22},\cdots,\boldsymbol{\xi}_{2t_2},\cdots$，$\lambda_s$ 有无关特征向量 $\boldsymbol{\xi}_{s1},\boldsymbol{\xi}_{s2},\cdots,\boldsymbol{\xi}_{st_s}$，将这些特征向量组合成向量 $\mathbf{0}$，即

$$k_{11}\boldsymbol{\xi}_{11}+k_{12}\boldsymbol{\xi}_{12}+\cdots+k_{1t_1}\boldsymbol{\xi}_{1t_1}+k_{21}\boldsymbol{\xi}_{21}+\cdots+k_{2t_2}\boldsymbol{\xi}_{2t_2}+\cdots+k_{s1}\boldsymbol{\xi}_{s1}+\cdots+k_{st_s}\boldsymbol{\xi}_{st_s}=\mathbf{0}.$$

令

$$\boldsymbol{\beta}_1=k_{11}\boldsymbol{\xi}_{11}+k_{12}\boldsymbol{\xi}_{12}+\cdots+k_{1t_1}\boldsymbol{\xi}_{1t_1},\boldsymbol{\beta}_2=k_{21}\boldsymbol{\xi}_{21}+\cdots+k_{2t_2}\boldsymbol{\xi}_{2t_2},\cdots,\boldsymbol{\beta}_s=k_{s1}\boldsymbol{\xi}_{s1}+\cdots+k_{st_s}\boldsymbol{\xi}_{st_s},$$

则有

$$\boldsymbol{\beta}_1+\boldsymbol{\beta}_2+\cdots+\boldsymbol{\beta}_s=\mathbf{0}.$$

易知

$$\boldsymbol{A}\boldsymbol{\beta}_1=\lambda_1\boldsymbol{\beta}_1,\boldsymbol{A}\boldsymbol{\beta}_2=\lambda_2\boldsymbol{\beta}_2,\cdots,\boldsymbol{A}\boldsymbol{\beta}_s=\lambda_s\boldsymbol{\beta}_s.$$

我们可得

$$\boldsymbol{\beta}_1=\boldsymbol{\beta}_2=\cdots=\boldsymbol{\beta}_s=\mathbf{0}.$$

因为若 $\boldsymbol{\beta}_1,\boldsymbol{\beta}_2,\cdots,\boldsymbol{\beta}_s$ 不全为 $\mathbf{0}$，不妨设非零向量为 $\boldsymbol{\beta}_1,\boldsymbol{\beta}_2,\cdots,\boldsymbol{\beta}_r$，则有

$$\boldsymbol{\beta}_1+\boldsymbol{\beta}_2+\cdots+\boldsymbol{\beta}_r=\mathbf{0}.$$

显然

$$\boldsymbol{A}(\boldsymbol{\beta}_1+\boldsymbol{\beta}_2+\cdots+\boldsymbol{\beta}_r)-\lambda_r(\boldsymbol{\beta}_1+\boldsymbol{\beta}_2+\cdots+\boldsymbol{\beta}_r)=(\lambda_1-\lambda_r)\boldsymbol{\beta}_1+(\lambda_2-\lambda_r)\boldsymbol{\beta}_2+\cdots+(\lambda_{r-1}-\lambda_r)\boldsymbol{\beta}_{r-1}=\boldsymbol{A}\boldsymbol{0}-\lambda_r\boldsymbol{0}=\boldsymbol{0}.$$

因为特征值 $\lambda_1,\lambda_2,\cdots,\lambda_s$ 互不相同,令

$$u_1=\lambda_1-\lambda_r,u_2=\lambda_2-\lambda_r,\cdots,u_{r-1}=\lambda_{r-1}-\lambda_r,$$

则 $u_1,u_2,\cdots,u_{r-1}$ 都非零,有

$$u_1\boldsymbol{\beta}_1+u_2\boldsymbol{\beta}_2+\cdots+u_{r-1}\boldsymbol{\beta}_{r-1}=\boldsymbol{0}.$$

进一步有

$$\boldsymbol{A}(u_1\boldsymbol{\beta}_1+u_2\boldsymbol{\beta}_2+\cdots+u_{r-1}\boldsymbol{\beta}_{r-1})-\lambda_{r-1}(u_1\boldsymbol{\beta}_1+u_2\boldsymbol{\beta}_2+\cdots+u_{r-1}\boldsymbol{\beta}_{r-1})=(\lambda_1-\lambda_{r-1})u_1\boldsymbol{\beta}_1+(\lambda_2-\lambda_{r-1})u_2\boldsymbol{\beta}_2+\cdots+(\lambda_{r-2}-\lambda_{r-1})u_{r-2}\boldsymbol{\beta}_{r-2}=\boldsymbol{0},$$

令

$$v_1=(\lambda_1-\lambda_{r-1})u_1,v_2=(\lambda_2-\lambda_{r-1})u_2,\cdots,v_{r-2}=(\lambda_{r-2}-\lambda_{r-1})u_{r-2},$$

则 $v_1,v_2,\cdots,v_{r-2}$ 都非零,有

$$v_1\boldsymbol{\beta}_1+v_2\boldsymbol{\beta}_2+\cdots+v_{r-2}\boldsymbol{\beta}_{r-2}=\boldsymbol{0}.$$

一直这样进行下去,最后得到

$$w_1\boldsymbol{\beta}_1=\boldsymbol{0},\text{且 } w_1 \text{ 非零},$$

则有 $\boldsymbol{\beta}_1=\boldsymbol{0}$,与 $\boldsymbol{\beta}_1,\boldsymbol{\beta}_2,\cdots,\boldsymbol{\beta}_r$ 是非零向量矛盾.

最后由

$$\boldsymbol{\beta}_1=k_{11}\boldsymbol{\xi}_{11}+k_{12}\boldsymbol{\xi}_{12}+\cdots+k_{1t_1}\boldsymbol{\xi}_{1t_1}=\boldsymbol{0},\boldsymbol{\beta}_2=k_{21}\boldsymbol{\xi}_{21}+\cdots+k_{2t_2}\boldsymbol{\xi}_{2t_2}=\boldsymbol{0},\cdots,\boldsymbol{\beta}_s=k_{s1}\boldsymbol{\xi}_{s1}+\cdots+k_{st_s}\boldsymbol{\xi}_{st_s}=\boldsymbol{0},$$

知

$$k_{11}=\cdots=k_{1t_1}=k_{21}=\cdots=k_{2t_2}=\cdots=k_{s1}=\cdots=k_{st_s}=0,$$

即所有的特征向量线性无关. □

下面我们再回过头来看看矩阵可对角化有什么条件. 由之前的分析我们知道 n 阶矩阵需要有 n 个线性无关的特征向量构成相似变换矩阵才能将矩阵相似于一个对角矩阵,这就是矩阵可对角化的条件,见如下定理.

定理 5.8　n 阶方阵可对角化的充要条件是它有 n 个线性无关的特征向量. 若矩阵可对角化,则对角化的相似变换矩阵由 n 个线性无关的特征向量构成,相似对角矩阵的对角元素由对应于相似变换矩阵的列的特征值构成.

证明　$\boldsymbol{A}$ 可对角化,即存在可逆矩阵 $\boldsymbol{P}=(\boldsymbol{\xi}_1,\boldsymbol{\xi}_2,\cdots,\boldsymbol{\xi}_n)$ 使得

$$\boldsymbol{P}^{-1}\boldsymbol{A}\boldsymbol{P}=\boldsymbol{D}=\mathrm{diag}(\lambda_1,\lambda_2,\cdots,\lambda_n),$$

等式两端左边乘以矩阵 $\boldsymbol{P}=(\boldsymbol{\xi}_1,\boldsymbol{\xi}_2,\cdots,\boldsymbol{\xi}_n)$ 得 $\boldsymbol{AP}=\boldsymbol{PD}$，即

$\boldsymbol{A}(\boldsymbol{\xi}_1,\boldsymbol{\xi}_2,\cdots,\boldsymbol{\xi}_n)=(\boldsymbol{A}\boldsymbol{\xi}_1,\boldsymbol{A}\boldsymbol{\xi}_2,\cdots,\boldsymbol{A}\boldsymbol{\xi}_n)=(\boldsymbol{\xi}_1,\boldsymbol{\xi}_2,\cdots,\boldsymbol{\xi}_n)\boldsymbol{D}=(\lambda_1\boldsymbol{\xi}_1,\lambda_2\boldsymbol{\xi}_2,\cdots,\lambda_n\boldsymbol{\xi}_n)$，

其中 $\boldsymbol{\xi}_1,\boldsymbol{\xi}_2,\cdots,\boldsymbol{\xi}_n$ 线性无关(因为 $\boldsymbol{P}$ 可逆，$|\boldsymbol{P}|\neq 0$)，比较矩阵的列得

$$\boldsymbol{A}\boldsymbol{\xi}_i=\lambda_i\boldsymbol{\xi}_i,i=1,2,\cdots,n,\text{其中 }\boldsymbol{\xi}_1,\boldsymbol{\xi}_2,\cdots,\boldsymbol{\xi}_n\text{ 线性无关.}$$

显然，$\boldsymbol{\xi}_1,\boldsymbol{\xi}_2,\cdots,\boldsymbol{\xi}_n$ 为线性无关的特征向量，$\boldsymbol{D}$ 的对角元素 $\lambda_1,\lambda_2,\cdots,\lambda_n$ 是特征值，对应于 $\boldsymbol{\xi}_1,\boldsymbol{\xi}_2,\cdots,\boldsymbol{\xi}_n$.

反之，若 $\boldsymbol{\xi}_1,\boldsymbol{\xi}_2,\cdots,\boldsymbol{\xi}_n$ 为线性无关的特征向量，$\lambda_1,\lambda_2,\cdots,\lambda_n$ 是对应的特征值，即

$$\boldsymbol{A}\boldsymbol{\xi}_i=\lambda_i\boldsymbol{\xi}_i,i=1,2,\cdots,n,$$

则有

$\boldsymbol{A}(\boldsymbol{\xi}_1,\boldsymbol{\xi}_2,\cdots,\boldsymbol{\xi}_n)=(\boldsymbol{A}\boldsymbol{\xi}_1,\boldsymbol{A}\boldsymbol{\xi}_2,\cdots,\boldsymbol{A}\boldsymbol{\xi}_n)=(\lambda_1\boldsymbol{\xi}_1,\lambda_2\boldsymbol{\xi}_2,\cdots,\lambda_n\boldsymbol{\xi}_n)=(\boldsymbol{\xi}_1,\boldsymbol{\xi}_2,\cdots,\boldsymbol{\xi}_n)\boldsymbol{D}$.

令 $\boldsymbol{P}=(\boldsymbol{\xi}_1,\boldsymbol{\xi}_2,\cdots,\boldsymbol{\xi}_n)$，则有 $\boldsymbol{AP}=\boldsymbol{PD}$.

因为 $\boldsymbol{P}$ 的列 $\boldsymbol{\xi}_1,\boldsymbol{\xi}_2,\cdots,\boldsymbol{\xi}_n$ 线性无关，故 $|\boldsymbol{P}|\neq 0$，$\boldsymbol{P}$ 可逆，$\boldsymbol{AP}=\boldsymbol{PD}$ 两端左边乘以 $\boldsymbol{P}^{-1}$ 得

$$\boldsymbol{P}^{-1}\boldsymbol{AP}=\boldsymbol{D},$$

即 $\boldsymbol{A}$ 可对角化. □

【注 5.6】 n 阶方阵 $\boldsymbol{A}$ 有 $\boldsymbol{n}$ 个不同的特征值，则 $\boldsymbol{A}$ 可对角化.

$\boldsymbol{A}$ 有 n 个不同的特征值，则 $\boldsymbol{A}$ 的 n 个对应的特征向量线性无关，故 $\boldsymbol{A}$ 可对角化.

【例 5.9】 设矩阵

$$\boldsymbol{A}=\begin{pmatrix}-1 & 1 & 2\\ 3 & 1 & -3\\ -3 & -1 & 4\end{pmatrix},$$

将 $\boldsymbol{A}$ 对角化.

解 特征方程

$$\begin{vmatrix}\lambda+1 & -1 & -2\\ -3 & \lambda-1 & 3\\ 3 & 1 & \lambda-4\end{vmatrix}=\begin{vmatrix}\lambda-1 & -1 & -2\\ 0 & \lambda-1 & 3\\ \lambda-1 & 1 & \lambda-4\end{vmatrix}=(\lambda-1)(\lambda-4)(\lambda+1)=0.$$

故特征值为 $\lambda=1,4,-1$.

当 $\lambda=1$ 时，有

$$1\boldsymbol{E}-\boldsymbol{A}=\begin{pmatrix}2&-1&-2\\-3&0&3\\3&1&-3\end{pmatrix}\to\begin{pmatrix}1&0&-1\\0&1&0\\0&0&0\end{pmatrix},$$

无关特征向量为 $\boldsymbol{\xi}_1=(1,0,1)^{\mathrm{T}}$.

当 $\lambda=4$ 时,有

$$4\boldsymbol{E}-\boldsymbol{A}=\begin{pmatrix}5&-1&-2\\-3&3&3\\3&1&0\end{pmatrix}\to\begin{pmatrix}1&0&-1/4\\0&1&3/4\\0&0&0\end{pmatrix},$$

无关特征向量为 $\boldsymbol{\xi}_2=(1,-3,4)^{\mathrm{T}}$.

当 $\lambda=-1$ 时,有

$$-\boldsymbol{E}-\boldsymbol{A}=\begin{pmatrix}0&-1&-2\\-3&-2&3\\3&1&-5\end{pmatrix}\to\begin{pmatrix}1&0&-7/3\\0&1&2\\0&0&0\end{pmatrix},$$

无关特征向量为 $\boldsymbol{\xi}_3=(7,-6,3)^{\mathrm{T}}$.

令

$$\boldsymbol{P}=(\boldsymbol{\xi}_1,\boldsymbol{\xi}_2,\boldsymbol{\xi}_3)=\begin{pmatrix}1&1&7\\0&-3&-6\\1&4&3\end{pmatrix},$$

则有

$$\boldsymbol{P}^{-1}\boldsymbol{AP}=\begin{pmatrix}1&0&0\\0&4&0\\0&0&-1\end{pmatrix}.$$

□

【例 5.10】 设矩阵

$$\boldsymbol{A}=\begin{pmatrix}14&-7&5\\17&-10&5\\-17&7&-8\end{pmatrix},$$

将 $\boldsymbol{A}$ 对角化.

解 特征方程

$$\begin{vmatrix}\lambda-14&7&-5\\-17&\lambda+10&-5\\17&-7&\lambda+8\end{vmatrix}=\begin{vmatrix}\lambda+3&0&\lambda+3\\-17&\lambda+10&-5\\17&-7&\lambda+8\end{vmatrix}=(\lambda-2)(\lambda+3)^2=0.$$

故特征值为 $\lambda=2,-3$(二重).

当 $\lambda=2$ 时,有

$$2\boldsymbol{E}-\boldsymbol{A}=\begin{pmatrix}-12 & 7 & -5\\ -17 & 12 & -5\\ 17 & -7 & 10\end{pmatrix}\rightarrow\begin{pmatrix}1 & 0 & 1\\ 0 & 1 & 1\\ 0 & 0 & 0\end{pmatrix},$$

无关特征向量为 $\boldsymbol{\xi}_1=(-1,-1,1)^{\mathrm{T}}$.

当 $\lambda=-3$ 时,有

$$-3\boldsymbol{E}-\boldsymbol{A}=\begin{pmatrix}-17 & 7 & -5\\ -17 & 7 & -5\\ 17 & -7 & 5\end{pmatrix}\rightarrow\begin{pmatrix}1 & -7/17 & 5/17\\ 0 & 0 & 0\\ 0 & 0 & 0\end{pmatrix},$$

无关特征向量为 $\boldsymbol{\xi}_2=(7,17,0)^{\mathrm{T}},\boldsymbol{\xi}_3=(-5,0,17)^{\mathrm{T}}$.

令

$$\boldsymbol{P}=\begin{pmatrix}-1 & 7 & -5\\ -1 & 17 & 0\\ 1 & 0 & 17\end{pmatrix},$$

则有

$$\boldsymbol{P}^{-1}\boldsymbol{AP}=\begin{pmatrix}2 & 0 & 0\\ 0 & -3 & 0\\ 0 & 0 & -3\end{pmatrix}.$$ □

【例 5.11】 设矩阵

$$\boldsymbol{A}=\begin{pmatrix}4 & -3 & 2\\ 3 & -3 & 3\\ -7 & 3 & -5\end{pmatrix},$$

将 $\boldsymbol{A}$ 对角化.

解 特征方程

$$\begin{vmatrix}\lambda-4 & 3 & -2\\ -3 & \lambda+3 & -3\\ 7 & -3 & \lambda+5\end{vmatrix}=\begin{vmatrix}\lambda-2 & 3 & -2\\ 0 & \lambda+3 & -3\\ 2-\lambda & -3 & \lambda+5\end{vmatrix}=(\lambda-2)(\lambda+3)^2=0.$$

故特征值为 $\lambda=2,-3$(二重).

当 $\lambda=2$ 时,有

$$2\boldsymbol{E}-\boldsymbol{A}=\begin{pmatrix}-2 & 3 & -2\\ -3 & 5 & -3\\ 7 & -3 & 7\end{pmatrix}\to\begin{pmatrix}1 & 0 & 1\\ 0 & 1 & 0\\ 0 & 0 & 0\end{pmatrix},$$

无关特征向量为 $\boldsymbol{\xi}_1=(-1,0,1)^{\mathrm{T}}$.

当 $\lambda=-3$ 时,有

$$-3\boldsymbol{E}-\boldsymbol{A}=\begin{pmatrix}-7 & 3 & -2\\ -3 & 0 & -3\\ 7 & -3 & 2\end{pmatrix}\to\begin{pmatrix}1 & 0 & 1\\ 0 & 1 & 5/3\\ 0 & 0 & 0\end{pmatrix},$$

无关特征向量为 $\boldsymbol{\xi}_2=(-3,-5,3)^{\mathrm{T}}$.

因为无关特征向量的个数为 2,小于矩阵的阶数 3,故矩阵 $\boldsymbol{A}$ 不可对角化. □

【例 5.12】 设矩阵

$$\boldsymbol{A}=\begin{pmatrix}-2 & -3 & 2\\ 3 & -2 & -3\\ -4 & -2 & 4\end{pmatrix},$$

求 $\boldsymbol{A}^n$.

解 特征方程

$$\begin{vmatrix}\lambda+2 & 3 & -2\\ -3 & \lambda+2 & 3\\ 4 & 2 & \lambda-4\end{vmatrix}=\begin{vmatrix}\lambda & 3 & -2\\ 0 & \lambda+2 & 3\\ \lambda & 2 & \lambda-4\end{vmatrix}=(\lambda-1)(\lambda+1)\lambda=0.$$

故特征值为 $\lambda=1,-1,0$.

当 $\lambda=1$ 时,有

$$1\boldsymbol{E}-\boldsymbol{A}=\begin{pmatrix}3 & 3 & -2\\ -3 & 3 & 3\\ 4 & 2 & -3\end{pmatrix}\to\begin{pmatrix}1 & 0 & -5/6\\ 0 & 1 & 1/6\\ 0 & 0 & 0\end{pmatrix},$$

无关特征向量为 $\boldsymbol{\xi}_1=(5,-1,6)^{\mathrm{T}}$.

当 $\lambda=-1$ 时,有

$$-\boldsymbol{E}-\boldsymbol{A}=\begin{pmatrix}1 & 3 & -2\\ -3 & 1 & 3\\ 4 & 2 & -5\end{pmatrix}\to\begin{pmatrix}1 & 0 & -1.1\\ 0 & 1 & -0.3\\ 0 & 0 & 0\end{pmatrix},$$

无关特征向量为 $\boldsymbol{\xi}_2=(11,3,10)^{\mathrm{T}}$.

当$\lambda=0$时,有

$$0\boldsymbol{E}-\boldsymbol{A}=\begin{pmatrix}2&3&-2\\-3&2&3\\4&2&-4\end{pmatrix}\to\begin{pmatrix}1&0&-1\\0&1&0\\0&0&0\end{pmatrix},$$

无关特征向量为$\boldsymbol{\xi}_3=(1,0,1)^{\mathrm{T}}$.

令

$$\boldsymbol{P}=\begin{pmatrix}5&11&1\\-1&3&0\\6&10&1\end{pmatrix},$$

则有

$$\boldsymbol{P}^{-1}=\frac{1}{2}\begin{pmatrix}-3&1&3\\-1&1&1\\28&-16&-26\end{pmatrix},\text{且 }\boldsymbol{B}=\boldsymbol{P}^{-1}\boldsymbol{A}\boldsymbol{P}=\begin{pmatrix}1&0&0\\0&-1&0\\0&0&0\end{pmatrix}.$$

故

$$\boldsymbol{A}^n=(\boldsymbol{P}\boldsymbol{B}\boldsymbol{P}^{-1})^n=\boldsymbol{P}\boldsymbol{B}^n\boldsymbol{P}^{-1}=\begin{pmatrix}5&11&1\\-1&3&0\\6&10&1\end{pmatrix}\begin{pmatrix}1&0&0\\0&(-1)^n&0\\0&0&0\end{pmatrix}\frac{1}{2}\begin{pmatrix}-3&1&3\\-1&1&1\\28&-16&-26\end{pmatrix}$$

$$=\frac{1}{2}\begin{pmatrix}-11\times(-1)^n-15&11\times(-1)^n+5&11\times(-1)^n+15\\-3\times(-1)^n+3&3\times(-1)^n-1&3\times(-1)^n-3\\-10\times(-1)^n-18&10\times(-1)^n+6&10\times(-1)^n+18\end{pmatrix}.$$ □

5.3* 实对称矩阵正交对角化

我们考虑一类特殊的矩阵,即对称矩阵,这类矩阵进行对角化后也是对称矩阵,那么这类矩阵的对角化是否也有某种对称性,即对称矩阵$\boldsymbol{A}$的对角化式子$\boldsymbol{P}^{-1}\boldsymbol{A}\boldsymbol{P}=\boldsymbol{D}$,是否有对称性$\boldsymbol{P}^{-1}=\boldsymbol{P}^{\mathrm{T}}$,或者是否有对称形式$\boldsymbol{Q}^{\mathrm{T}}\boldsymbol{A}\boldsymbol{Q}=\boldsymbol{D}$.

【例 5.13】 将例 5.4 的变换矩阵

$$\boldsymbol{A}=\begin{pmatrix}2&1\\1&2\end{pmatrix}$$

对角化.

解　特征方程

$$\begin{vmatrix} \lambda-2 & -1 \\ -1 & \lambda-2 \end{vmatrix}=(\lambda-3)(\lambda-1)=0.$$

故特征值为 $\lambda=3,1$.

当 $\lambda=3$ 时,有

$$3\boldsymbol{E}-\boldsymbol{A}=\begin{pmatrix} 1 & -1 \\ -1 & 1 \end{pmatrix}\to\begin{pmatrix} 1 & -1 \\ 0 & 0 \end{pmatrix},$$

无关特征向量为 $\boldsymbol{\xi}_1=(1,1)^{\mathrm{T}}$.

当 $\lambda=1$ 时,有

$$1\boldsymbol{E}-\boldsymbol{A}=\begin{pmatrix} -1 & -1 \\ -1 & -1 \end{pmatrix}\to\begin{pmatrix} 1 & 1 \\ 0 & 0 \end{pmatrix},$$

无关特征向量为 $\boldsymbol{\xi}_2=(-1,1)^{\mathrm{T}}$.

令

$$\boldsymbol{P}=(\boldsymbol{\xi}_1,\boldsymbol{\xi}_2)=\begin{pmatrix} 1 & -1 \\ 1 & 1 \end{pmatrix},$$

则有

$$\boldsymbol{P}^{-1}=\begin{pmatrix} 1/2 & 1/2 \\ -1/2 & 1/2 \end{pmatrix},$$

于是

$$\boldsymbol{P}^{-1}\boldsymbol{A}\boldsymbol{P}=\begin{pmatrix} 1/2 & 1/2 \\ -1/2 & 1/2 \end{pmatrix}\begin{pmatrix} 2 & 1 \\ 1 & 2 \end{pmatrix}\begin{pmatrix} 1 & -1 \\ 1 & 1 \end{pmatrix}=\begin{pmatrix} 3 & 0 \\ 0 & 1 \end{pmatrix}=\boldsymbol{D}.$$

显然,$\boldsymbol{P}^{-1}\boldsymbol{A}\boldsymbol{P}$ 没有对称性,不是 $\boldsymbol{P}^{\mathrm{T}}\boldsymbol{A}\boldsymbol{P}$.

然而,由例 5.4 的解题过程知若令

$$\boldsymbol{Q}=\frac{1}{\sqrt{2}}\begin{pmatrix} 1 & -1 \\ 1 & 1 \end{pmatrix},$$

则有

$$\boldsymbol{Q}^{-1}\boldsymbol{A}\boldsymbol{Q}=\frac{1}{\sqrt{2}}\begin{pmatrix} 1 & 1 \\ -1 & 1 \end{pmatrix}\begin{pmatrix} 2 & 1 \\ 1 & 2 \end{pmatrix}\frac{1}{\sqrt{2}}\begin{pmatrix} 1 & -1 \\ 1 & 1 \end{pmatrix}=\begin{pmatrix} 3 & 0 \\ 0 & 1 \end{pmatrix},$$

即

$$Q^{-1}=\frac{1}{\sqrt{2}}\begin{pmatrix}1&1\\-1&1\end{pmatrix}=Q^{\mathrm{T}},Q^{-1}AQ=Q^{\mathrm{T}}AQ=D.$$

故 A 的对角化有对称形式. □

比较上述例子的相似变换矩阵 $P=\begin{pmatrix}1&-1\\1&1\end{pmatrix}$ 和 $Q=\frac{1}{\sqrt{2}}\begin{pmatrix}1&-1\\1&1\end{pmatrix}$，我们发现 P 与 Q 就相差一个比例因子，或者更准确地说，作为特征向量的矩阵的列相差一个比例因子.

我们来看

$$P=(\xi_1,\xi_2)=\begin{pmatrix}1&-1\\1&1\end{pmatrix},$$

则

$$P^{\mathrm{T}}P=\begin{pmatrix}\xi_1^{\mathrm{T}}\\\xi_2^{\mathrm{T}}\end{pmatrix}(\xi_1,\xi_2)=\begin{pmatrix}\xi_1^{\mathrm{T}}\xi_1&\xi_1^{\mathrm{T}}\xi_2\\\xi_2^{\mathrm{T}}\xi_1&\xi_2^{\mathrm{T}}\xi_2\end{pmatrix}=\begin{pmatrix}2&0\\0&2\end{pmatrix}\neq\begin{pmatrix}1&0\\0&1\end{pmatrix}=E,$$

故 $P^{-1}\neq P^{\mathrm{T}}$.

如果对于特征向量 ξ_1,ξ_2 做一下比例调整

$$\eta_1=\frac{1}{\sqrt{2}}\xi_1,\eta_2=\frac{1}{\sqrt{2}}\xi_2,$$

则

$$Q=(\eta_1,\eta_2)=\frac{1}{\sqrt{2}}\begin{pmatrix}1&-1\\1&1\end{pmatrix},$$

就有

$$Q^{\mathrm{T}}Q=\begin{pmatrix}\eta_1^{\mathrm{T}}\\\eta_2^{\mathrm{T}}\end{pmatrix}(\eta_1,\eta_2)=\begin{pmatrix}\eta_1^{\mathrm{T}}\eta_1&\eta_1^{\mathrm{T}}\eta_2\\\eta_2^{\mathrm{T}}\eta_1&\eta_2^{\mathrm{T}}\eta_2\end{pmatrix}=\begin{pmatrix}1&0\\0&1\end{pmatrix}=E.$$

这里我们看到了有一类矩阵 Q，它的逆矩阵就是它的转置矩阵，即

$$Q^{-1}=Q^{\mathrm{T}}.$$

另外我们还看到对于向量而言，我们有时候需要计算向量的乘积，即上述分析中的

$$\xi_1^{\mathrm{T}}\xi_1,\xi_1^{\mathrm{T}}\xi_2,\xi_2^{\mathrm{T}}\xi_1,\xi_2^{\mathrm{T}}\xi_2,\eta_1^{\mathrm{T}}\eta_1,\eta_1^{\mathrm{T}}\eta_2,\eta_2^{\mathrm{T}}\eta_1,\eta_2^{\mathrm{T}}\eta_2.$$

这其实就是向量的数量积.

我们知道平面向量有长度和夹角，向量的长度和夹角可以由向量数量积来表示，受此启发，我们有 n 维向量的内积(即数量积)、长度、向量夹角的概念，从而可以更加精细地描述空间的向量.

下面我们先介绍向量的内积、长度、夹角，再讨论逆就是转置的这一类矩阵，最后利用对称性来讨论实对称矩阵的对角化问题.

定义 5.7(向量内积、向量长度、单位向量) 若有列向量 $\boldsymbol{\alpha}=(x_1,x_2,\cdots,x_n)^{\mathrm{T}}$，$\boldsymbol{\beta}=(y_1,y_2,\cdots,y_n)^{\mathrm{T}}$，称 $\boldsymbol{\alpha}^{\mathrm{T}}\boldsymbol{\beta}$ 的值

$$x_1y_1+x_2y_2+\cdots+x_ny_n$$

为向量 $\boldsymbol{\alpha},\boldsymbol{\beta}$ 的内积，记为 $(\boldsymbol{\alpha},\boldsymbol{\beta})$. 称 $\sqrt{(\boldsymbol{\alpha},\boldsymbol{\alpha})}$ 为向量 $\boldsymbol{\alpha}$ 的长度，记为 $\|\boldsymbol{\alpha}\|$. 称长度为 1 的向量为单位向量. 此处向量为实向量.

【注 5.7】 行向量 $\boldsymbol{\alpha}=(x_1,x_2,\cdots,x_n)$，$\boldsymbol{\beta}=(y_1,y_2,\cdots,y_n)$ 的内积 $(\boldsymbol{\alpha},\boldsymbol{\beta})=x_1y_1+x_2y_2+\cdots+x_ny_n$ 为 $\boldsymbol{\alpha}\boldsymbol{\beta}^{\mathrm{T}}$.

向量有如下性质.

定理 5.9 (1) $(\boldsymbol{\alpha},\boldsymbol{\beta})=(\boldsymbol{\beta},\boldsymbol{\alpha})$；(2) $(\lambda\boldsymbol{\alpha}+\mu\boldsymbol{\beta},\boldsymbol{\gamma})=\lambda(\boldsymbol{\alpha},\boldsymbol{\gamma})+\mu(\boldsymbol{\beta},\boldsymbol{\gamma})$，$(\boldsymbol{\gamma},\lambda\boldsymbol{\alpha}+\mu\boldsymbol{\beta})=\lambda(\boldsymbol{\gamma},\boldsymbol{\alpha})+\mu(\boldsymbol{\gamma},\boldsymbol{\beta})$；(3) $(\boldsymbol{\alpha},\boldsymbol{\alpha})\geqslant 0$，$(\boldsymbol{\alpha},\boldsymbol{\alpha})=0$ 当且仅当 $\boldsymbol{\alpha}=\mathbf{0}$；(4) $|(\boldsymbol{\alpha},\boldsymbol{\beta})|\leqslant\|\boldsymbol{\alpha}\|\times\|\boldsymbol{\beta}\|$.

证明 设 $\boldsymbol{\alpha}=(x_1,x_2,\cdots,x_n)^{\mathrm{T}}$，$\boldsymbol{\beta}=(y_1,y_2,\cdots,y_n)^{\mathrm{T}}$，$\boldsymbol{\gamma}=(z_1,z_2,\cdots,z_n)^{\mathrm{T}}$.

(1) $(\boldsymbol{\alpha},\boldsymbol{\beta})=x_1y_1+x_2y_2+\cdots+x_ny_n=y_1x_1+y_2x_2+\cdots+y_nx_n=(\boldsymbol{\beta},\boldsymbol{\alpha})$.

(2)
$$\begin{aligned}(\lambda\boldsymbol{\alpha}+\mu\boldsymbol{\beta},\boldsymbol{\gamma})&=(\lambda x_1+\mu y_1)z_1+(\lambda x_2+\mu y_2)z_2+\cdots+(\lambda x_n+\mu y_n)z_n\\&=\lambda(x_1z_1+x_2z_2+\cdots+x_nz_n)+\mu(y_1z_1+y_2z_2+\cdots+y_nz_n)\\&=\lambda(\boldsymbol{\alpha},\boldsymbol{\gamma})+\mu(\boldsymbol{\beta},\boldsymbol{\gamma}).\end{aligned}$$

第二个式子利用性质(1)即可得到.

(3) $(\boldsymbol{\alpha},\boldsymbol{\alpha})=x_1^2+x_2^2+\cdots+x_n^2\geqslant 0$，且值为 0 当且仅当 $x_1=x_2=\cdots=x_n=0$，即 $\boldsymbol{\alpha}=\mathbf{0}$.

(4) 当 $\boldsymbol{\alpha}=\mathbf{0}$ 时公式显然成立. 当 $\boldsymbol{\alpha}\neq\mathbf{0}$ 时，由(3)可知 $(t\boldsymbol{\alpha}+\boldsymbol{\beta},t\boldsymbol{\alpha}+\boldsymbol{\beta})\geqslant 0$，又由(2)、(1)可知

$(t\boldsymbol{\alpha}+\boldsymbol{\beta},t\boldsymbol{\alpha}+\boldsymbol{\beta})=t^2(\boldsymbol{\alpha},\boldsymbol{\alpha})+2t(\boldsymbol{\alpha},\boldsymbol{\beta})+(\boldsymbol{\beta},\boldsymbol{\beta})=(\boldsymbol{\alpha},\boldsymbol{\alpha})(t+(\boldsymbol{\alpha},\boldsymbol{\beta})/(\boldsymbol{\alpha},\boldsymbol{\alpha}))^2+(\boldsymbol{\beta},\boldsymbol{\beta})-(\boldsymbol{\alpha},\boldsymbol{\beta})^2/(\boldsymbol{\alpha},\boldsymbol{\alpha})$.

取 $t=-(\boldsymbol{\alpha},\boldsymbol{\beta})/(\boldsymbol{\alpha},\boldsymbol{\alpha})$，则有 $(\boldsymbol{\beta},\boldsymbol{\beta})-(\boldsymbol{\alpha},\boldsymbol{\beta})^2/(\boldsymbol{\alpha},\boldsymbol{\alpha})\geqslant 0$，即 $(\boldsymbol{\alpha},\boldsymbol{\beta})^2\leqslant(\boldsymbol{\alpha},\boldsymbol{\alpha})(\boldsymbol{\beta},\boldsymbol{\beta})$，开平方即得

$$|(\boldsymbol{\alpha},\boldsymbol{\beta})|\leqslant\|\boldsymbol{\alpha}\|\times\|\boldsymbol{\beta}\|.$$ □

定义 5.8(向量夹角、向量正交) $\boldsymbol{\alpha},\boldsymbol{\beta}$ **为两个非零向量,称**

$$\arccos\left(\frac{(\boldsymbol{\alpha},\boldsymbol{\beta})}{\|\boldsymbol{\alpha}\|\times\|\boldsymbol{\beta}\|}\right)$$

为 $\boldsymbol{\alpha},\boldsymbol{\beta}$ **的夹角.** $\boldsymbol{\alpha},\boldsymbol{\beta}$ **为两个向量,若**

$$(\boldsymbol{\alpha},\boldsymbol{\beta})=0,$$

则称 $\boldsymbol{\alpha},\boldsymbol{\beta}$ **正交.**

显然,$\mathbf{0}$ 向量与任意向量都正交.任意两个非零正交向量的夹角为 $90°$.

【例 5.14】 设 $\boldsymbol{\alpha}=(1,2,-2)^{\mathrm{T}},\boldsymbol{\beta}=(1,0,-1)^{\mathrm{T}}$,将 $\boldsymbol{\alpha}$ 和 $\boldsymbol{\beta}$ 单位化为 $\boldsymbol{\alpha}_0$ 和 $\boldsymbol{\beta}_0$.求 $\boldsymbol{\alpha}$ 与 $\boldsymbol{\beta}$ 的夹角,再求 $\boldsymbol{\alpha}_0$ 与 $\boldsymbol{\beta}_0$ 的夹角.

解 求 $\boldsymbol{\alpha}$ 与 $\boldsymbol{\beta}$ 的长度,

$$\|\boldsymbol{\alpha}\|=\sqrt{1^2+2^2+(-2)^2}=3,\ \|\boldsymbol{\beta}\|=\sqrt{1^2+0^2+(-1)^2}=\sqrt{2},$$

向量单位化就是向量除以长度得到新的单位向量,即

$$\boldsymbol{\alpha}_0=\frac{1}{\|\boldsymbol{\alpha}\|}\boldsymbol{\alpha}=\frac{1}{3}\boldsymbol{\alpha}=\left(\frac{1}{3},\frac{2}{3},-\frac{2}{3}\right)^{\mathrm{T}},\boldsymbol{\beta}_0=\frac{1}{\|\boldsymbol{\beta}\|}\boldsymbol{\beta}=\frac{1}{\sqrt{2}}\boldsymbol{\beta}=\left(\frac{1}{\sqrt{2}},0,-\frac{1}{\sqrt{2}}\right)^{\mathrm{T}},$$

有 $\|\boldsymbol{\alpha}_0\|=\|\boldsymbol{\beta}_0\|=1$.

$(\boldsymbol{\alpha},\boldsymbol{\beta})=1+0+2=3$,故 $\boldsymbol{\alpha}$ 与 $\boldsymbol{\beta}$ 的夹角为

$$\arccos\left(\frac{(\boldsymbol{\alpha},\boldsymbol{\beta})}{\|\boldsymbol{\alpha}\|\times\|\boldsymbol{\beta}\|}\right)=\arccos\left(\frac{3}{3\sqrt{2}}\right)=45°.$$

$(\boldsymbol{\alpha}_0,\boldsymbol{\beta}_0)=\frac{1}{3\sqrt{2}}+0+\frac{2}{3\sqrt{2}}=\frac{1}{\sqrt{2}}$,故 $\boldsymbol{\alpha}_0$ 与 $\boldsymbol{\beta}_0$ 的夹角为

$$\arccos\left(\frac{(\boldsymbol{\alpha}_0,\boldsymbol{\beta}_0)}{\|\boldsymbol{\alpha}_0\|\times\|\boldsymbol{\beta}_0\|}\right)=\arccos((\boldsymbol{\alpha}_0,\boldsymbol{\beta}_0))=\arccos\left(\frac{1}{\sqrt{2}}\right)=45°.$$

$\boldsymbol{\alpha}$ 与 $\boldsymbol{\beta}$ 的夹角,跟 $\boldsymbol{\alpha}_0$ 与 $\boldsymbol{\beta}_0$ 的夹角相同,这是因为它们的方向相同,所以夹角相等. □

【例 5.15】 若两个同维的向量 $\boldsymbol{\alpha},\boldsymbol{\beta}$ 正交,证明 $\|\boldsymbol{\alpha}\|^2+\|\boldsymbol{\beta}\|^2=\|\boldsymbol{\alpha}+\boldsymbol{\beta}\|^2$.

证明 显然 $(\boldsymbol{\alpha},\boldsymbol{\beta})=(\boldsymbol{\beta},\boldsymbol{\alpha})=0$,故

$$\|\boldsymbol{\alpha}+\boldsymbol{\beta}\|^2=(\boldsymbol{\alpha}+\boldsymbol{\beta},\boldsymbol{\alpha}+\boldsymbol{\beta})=(\boldsymbol{\alpha},\boldsymbol{\alpha})+(\boldsymbol{\alpha},\boldsymbol{\beta})+(\boldsymbol{\beta},\boldsymbol{\alpha})+(\boldsymbol{\beta},\boldsymbol{\beta})=\|\boldsymbol{\alpha}\|^2+\|\boldsymbol{\beta}\|^2.$$ □

如果例 5.15 中的向量是平面中的两个向量,如图,则 $\boldsymbol{\alpha},\boldsymbol{\beta},\boldsymbol{\alpha}+\boldsymbol{\beta}$ 构成一个直角三角形. $\boldsymbol{\alpha}$ 和 $\boldsymbol{\beta}$ 对应两条直角边,$\boldsymbol{\alpha}+\boldsymbol{\beta}$ 对应斜边.式子

$$\|\boldsymbol{\alpha}\|^2+\|\boldsymbol{\beta}\|^2=\|\boldsymbol{\alpha}+\boldsymbol{\beta}\|^2$$

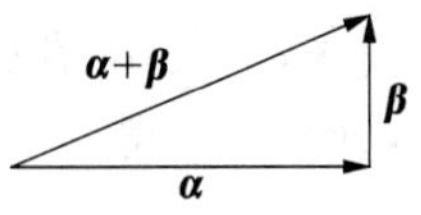

表示的就是勾股定理.

在向量的夹角中，特别有用的夹角是 $90°$，即正交. 如果有一组非零向量，两两都正交，这样的一组向量处理起来会很方便. 这样的向量组称为正交向量组.

定义 5.9(正交向量组、标准正交向量组)　**若向量组 $\boldsymbol{\alpha}_1,\boldsymbol{\alpha}_2,\cdots,\boldsymbol{\alpha}_m$ 的向量都是非零向量，且两两正交，称为正交向量组. 若正交向量组 $\boldsymbol{\alpha}_1,\boldsymbol{\alpha}_2,\cdots,\boldsymbol{\alpha}_m$ 的向量都是单位向量，则称为标准正交向量组.**

【例 5.16】　若 $\mathbf{R}^3$ 有一组基 $\boldsymbol{\alpha}_1=(2,2,1)^{\mathrm{T}},\boldsymbol{\alpha}_2=(-2,1,2)^{\mathrm{T}},\boldsymbol{\alpha}_3=(1,-2,2)^{\mathrm{T}}$，求向量 $\boldsymbol{\beta}=(6,12,-9)^{\mathrm{T}}$ 在基 $\boldsymbol{\alpha}_1,\boldsymbol{\alpha}_2,\boldsymbol{\alpha}_3$ 下的坐标.

解　注意到

$$(\boldsymbol{\alpha}_1,\boldsymbol{\alpha}_2)=(\boldsymbol{\alpha}_1,\boldsymbol{\alpha}_3)=(\boldsymbol{\alpha}_2,\boldsymbol{\alpha}_3)=0,$$

即这组基是一个正交向量组. 设 $\boldsymbol{\beta}$ 在这组基下的坐标为 $(x_1,x_2,x_3)^{\mathrm{T}}$，则有

$$\boldsymbol{\beta}=x_1\boldsymbol{\alpha}_1+x_2\boldsymbol{\alpha}_2+x_3\boldsymbol{\alpha}_3.$$

$\boldsymbol{\beta}$ 与 $\boldsymbol{\alpha}_1$ 内积得到

$$27=(\boldsymbol{\beta},\boldsymbol{\alpha}_1)=x_1(\boldsymbol{\alpha}_1,\boldsymbol{\alpha}_1)+x_2(\boldsymbol{\alpha}_2,\boldsymbol{\alpha}_1)+x_3(\boldsymbol{\alpha}_3,\boldsymbol{\alpha}_1)=x_1\times 9+0+0=9x_1,$$

故 $x_1=3$.

同理 $-18=(\boldsymbol{\beta},\boldsymbol{\alpha}_2)=x_2(\boldsymbol{\alpha}_2,\boldsymbol{\alpha}_2)=9x_2$，得 $x_2=-2$，$-36=(\boldsymbol{\beta},\boldsymbol{\alpha}_3)=x_3(\boldsymbol{\alpha}_3,\boldsymbol{\alpha}_3)=9x_3$，得 $x_3=-4$.

故有 $\boldsymbol{\beta}=3\boldsymbol{\alpha}_1-2\boldsymbol{\alpha}_2-4\boldsymbol{\alpha}_3$. 故 $\boldsymbol{\beta}$ 在基 $\boldsymbol{\alpha}_1,\boldsymbol{\alpha}_2,\boldsymbol{\alpha}_3$ 下的坐标为 $(x_1,x_2,x_3)^{\mathrm{T}}=(3,-2,-4)^{\mathrm{T}}$. □

如果不利用正交性，则例 5.16 就变成解方程组 $\boldsymbol{A}\boldsymbol{x}=\boldsymbol{\beta}$，其中 $\boldsymbol{A}=(\boldsymbol{\alpha}_1,\boldsymbol{\alpha}_2,\boldsymbol{\alpha}_3)$，增广矩阵化成简化阶梯形矩阵，即

$$(\boldsymbol{A},\boldsymbol{\beta})=\left(\begin{array}{ccc:c}2&-2&1&6\\2&1&-2&12\\1&2&2&-9\end{array}\right)\to\left(\begin{array}{ccc:c}1&0&0&3\\0&1&0&-2\\0&0&1&-4\end{array}\right),$$

得到 $\boldsymbol{\beta}$ 在基 $\boldsymbol{\alpha}_1,\boldsymbol{\alpha}_2,\boldsymbol{\alpha}_3$ 下的坐标 $(3,-2,-4)^{\mathrm{T}}$，这样计算量较大.

正交向量组有一个很重要的性质就是线性无关. 因为当我们将正交看成是无关程度最大的线性无关时，正交向量组就是无关程度最大的无关向量组.

定理 5.10　**正交向量组线性无关.**

证明　设正交向量组为 $\boldsymbol{\xi}_1,\boldsymbol{\xi}_2,\cdots,\boldsymbol{\xi}_m$，考虑线性组合

$$k_1\boldsymbol{\xi}_1+k_2\boldsymbol{\xi}_2+\cdots+k_m\boldsymbol{\xi}_m=\mathbf{0},$$

两边与 $\boldsymbol{\xi}_i\,(i=1,2,\cdots,m)$ 内积得

$$(k_1\boldsymbol{\xi}_1+k_2\boldsymbol{\xi}_2+\cdots+k_m\boldsymbol{\xi}_m,\boldsymbol{\xi}_i)=(\mathbf{0},\boldsymbol{\xi}_i).$$

而左边有

$$(k_1\boldsymbol{\xi}_1+\cdots+k_i\boldsymbol{\xi}_i+k_m\boldsymbol{\xi}_m,\boldsymbol{\xi}_i)=k_1(\boldsymbol{\xi}_1,\boldsymbol{\xi}_i)+\cdots+k_i(\boldsymbol{\xi}_i,\boldsymbol{\xi}_i)+\cdots+k_m(\boldsymbol{\xi}_m,\boldsymbol{\xi}_i)=$$
$$0+\cdots+k_i(\boldsymbol{\xi}_i,\boldsymbol{\xi}_i)+\cdots+0=k_i(\boldsymbol{\xi}_i,\boldsymbol{\xi}_i),$$

右边显然是 0，故

$$k_i(\boldsymbol{\xi}_i,\boldsymbol{\xi}_i)=0,$$

由于正交向量组的向量都是非零向量，故

$$(\boldsymbol{\xi}_i,\boldsymbol{\xi}_i)=\|\boldsymbol{\xi}_i\|^2\neq 0,$$

于是 $k_i=0,i=1,2,\cdots,m$，故向量组 $\boldsymbol{\xi}_1,\boldsymbol{\xi}_2,\cdots,\boldsymbol{\xi}_m$ 线性无关. □

线性无关的向量组显然不一定是正交向量组，考虑到正交向量组有一些好的性质，能否由线性无关的向量组构造出一组正交向量组？

以两个不正交的平面向量 $\boldsymbol{\alpha}$ 和 $\boldsymbol{\beta}$ 为例，看看不正交的两个向量如何能够构造出正交的两个向量.

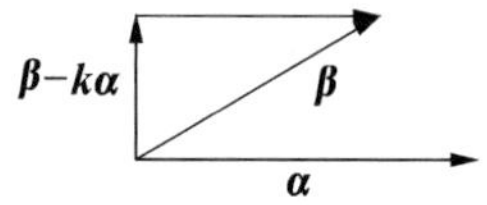

上述图中可以看出，$\boldsymbol{\beta}$ 与 $\boldsymbol{\alpha}$ 一开始并不正交，因为向量 $\boldsymbol{\beta}$ 包含了 $\boldsymbol{\alpha}$ 方向的成分，如果去掉这些成分，即 $\boldsymbol{\beta}-k\boldsymbol{\alpha}$，则新的调整后的向量就与 $\boldsymbol{\alpha}$ 正交了. $\boldsymbol{\beta}$ 需要去掉多少 $\boldsymbol{\alpha}$ 方向的成分 $k\boldsymbol{\alpha}$，或者需要多大的倍数 k 才能使得 $\boldsymbol{\beta}-k\boldsymbol{\alpha}$ 与 $\boldsymbol{\alpha}$ 正交？

这只需要列个式子计算，即

$$0=(\boldsymbol{\beta}-k\boldsymbol{\alpha},\boldsymbol{\alpha})=(\boldsymbol{\beta},\boldsymbol{\alpha})-k(\boldsymbol{\alpha},\boldsymbol{\alpha}),$$

即

$$k=(\boldsymbol{\beta},\boldsymbol{\alpha})/(\boldsymbol{\alpha},\boldsymbol{\alpha}).$$

如果不止两个向量，有 m 个线性无关的向量，并且维数是 n 维的，则用同样的想法可以将 m 个线性无关的向量调整成正交向量组，就是通过后续的向量去掉前面向量方向的成分而产生正交性. 下面的定理就是用去掉其他向量成分的方式将一个线性无关的向量组调整成一个正交向量组的.

定理 5.11（Gram-Schmidt 正交化定理） 若向量组 $\boldsymbol{\alpha}_1,\boldsymbol{\alpha}_2,\cdots,\boldsymbol{\alpha}_m$ 线性无关，则可由该向量组如下组合出正交向量组 $\boldsymbol{\xi}_1,\boldsymbol{\xi}_2,\cdots,\boldsymbol{\xi}_m$，

$$\boldsymbol{\xi}_1=\boldsymbol{\alpha}_1;\boldsymbol{\xi}_2=\boldsymbol{\alpha}_2-\frac{(\boldsymbol{\alpha}_2,\boldsymbol{\xi}_1)}{(\boldsymbol{\xi}_1,\boldsymbol{\xi}_1)}\boldsymbol{\xi}_1;$$

………

$$\boldsymbol{\xi}_k=\boldsymbol{\alpha}_k-\frac{(\boldsymbol{\alpha}_k,\boldsymbol{\xi}_1)}{(\boldsymbol{\xi}_1,\boldsymbol{\xi}_1)}\boldsymbol{\xi}_1-\frac{(\boldsymbol{\alpha}_k,\boldsymbol{\xi}_2)}{(\boldsymbol{\xi}_2,\boldsymbol{\xi}_2)}\boldsymbol{\xi}_2-\cdots-\frac{(\boldsymbol{\alpha}_k,\boldsymbol{\xi}_{k-1})}{(\boldsymbol{\xi}_{k-1},\boldsymbol{\xi}_{k-1})}\boldsymbol{\xi}_{k-1};$$

………

$$\boldsymbol{\xi}_m=\boldsymbol{\alpha}_m-\frac{(\boldsymbol{\alpha}_m,\boldsymbol{\xi}_1)}{(\boldsymbol{\xi}_1,\boldsymbol{\xi}_1)}\boldsymbol{\xi}_1-\frac{(\boldsymbol{\alpha}_m,\boldsymbol{\xi}_2)}{(\boldsymbol{\xi}_2,\boldsymbol{\xi}_2)}\boldsymbol{\xi}_2-\cdots-\frac{(\boldsymbol{\alpha}_m,\boldsymbol{\xi}_{m-1})}{(\boldsymbol{\xi}_{m-1},\boldsymbol{\xi}_{m-1})}\boldsymbol{\xi}_{m-1}.$$

进一步，可对 $\boldsymbol{\xi}_1,\boldsymbol{\xi}_2,\cdots,\boldsymbol{\xi}_m$ 单位化组合出标准正交向量组.

证明　先用数学归纳法证明构成的 $\boldsymbol{\xi}_k,k=1,2,\cdots,m$ 都非零.

当 $j=1$ 时 $\boldsymbol{\xi}_1=\boldsymbol{\alpha}_1\neq\mathbf{0}$ 成立.

假设当 $j\leqslant k$ 时(其中 $1\leqslant k<m$)，有 $\boldsymbol{\xi}_j\neq\mathbf{0}$.

当 $j=k+1$ 时，由归纳假设，$\boldsymbol{\xi}_1,\boldsymbol{\xi}_2,\cdots,\boldsymbol{\xi}_k$ 都非零，则 $\boldsymbol{\xi}_{k+1}$ 的组合式中的系数都有意义，由于 $\boldsymbol{\xi}_1$ 是 $\boldsymbol{\alpha}_1$ 的线性组合，$\boldsymbol{\xi}_2$ 是 $\boldsymbol{\alpha}_1,\boldsymbol{\alpha}_2$ 的线性组合，$\boldsymbol{\xi}_k$ 是 $\boldsymbol{\alpha}_1,\boldsymbol{\alpha}_2,\cdots,\boldsymbol{\alpha}_k$ 的线性组合，故

$$\boldsymbol{\xi}_{k+1}=\boldsymbol{\alpha}_{k+1}+t_1\boldsymbol{\alpha}_1+t_2\boldsymbol{\alpha}_2+\cdots+t_k\boldsymbol{\alpha}_k,$$

若 $\boldsymbol{\xi}_{k+1}=\mathbf{0}$，则该式与 $\boldsymbol{\alpha}_1,\boldsymbol{\alpha}_2,\cdots,\boldsymbol{\alpha}_{k+1}$ 线性无关矛盾，故一定有 $\boldsymbol{\xi}_{k+1}\neq\mathbf{0}$. 最后可得 $\boldsymbol{\xi}_1,\boldsymbol{\xi}_2,\cdots,\boldsymbol{\xi}_m$ 为非零向量组.

再来验证 $\boldsymbol{\xi}_1,\boldsymbol{\xi}_2,\cdots,\boldsymbol{\xi}_m$ 两两正交，考虑 $\boldsymbol{\xi}_i$ 和 $\boldsymbol{\xi}_k$，其中 $i<k,i=1,2,\cdots,m-1,k=2,\cdots,m$，则按公式有

$$\boldsymbol{\xi}_k=\boldsymbol{\alpha}_k-\frac{(\boldsymbol{\alpha}_k,\boldsymbol{\xi}_1)}{(\boldsymbol{\xi}_1,\boldsymbol{\xi}_1)}\boldsymbol{\xi}_1-\cdots-\frac{(\boldsymbol{\alpha}_k,\boldsymbol{\xi}_i)}{(\boldsymbol{\xi}_i,\boldsymbol{\xi}_i)}\boldsymbol{\xi}_i-\cdots-\frac{(\boldsymbol{\alpha}_k,\boldsymbol{\xi}_{k-1})}{(\boldsymbol{\xi}_{k-1},\boldsymbol{\xi}_{k-1})}\boldsymbol{\xi}_{k-1},$$

于是

$$\begin{aligned}(\boldsymbol{\xi}_i,\boldsymbol{\xi}_k)=(\boldsymbol{\xi}_k,\boldsymbol{\xi}_i)&=\left(\boldsymbol{\alpha}_k-\frac{(\boldsymbol{\alpha}_k,\boldsymbol{\xi}_1)}{(\boldsymbol{\xi}_1,\boldsymbol{\xi}_1)}\boldsymbol{\xi}_1-\cdots-\frac{(\boldsymbol{\alpha}_k,\boldsymbol{\xi}_i)}{(\boldsymbol{\xi}_i,\boldsymbol{\xi}_i)}\boldsymbol{\xi}_i-\cdots-\frac{(\boldsymbol{\alpha}_k,\boldsymbol{\xi}_{k-1})}{(\boldsymbol{\xi}_{k-1},\boldsymbol{\xi}_{k-1})}\boldsymbol{\xi}_{k-1},\boldsymbol{\xi}_i\right)\\&=(\boldsymbol{\alpha}_k,\boldsymbol{\xi}_i)-\frac{(\boldsymbol{\alpha}_k,\boldsymbol{\xi}_1)}{(\boldsymbol{\xi}_1,\boldsymbol{\xi}_1)}(\boldsymbol{\xi}_1,\boldsymbol{\xi}_i)-\cdots-\frac{(\boldsymbol{\alpha}_k,\boldsymbol{\xi}_i)}{(\boldsymbol{\xi}_i,\boldsymbol{\xi}_i)}(\boldsymbol{\xi}_i,\boldsymbol{\xi}_i)-\cdots-\\&\quad\frac{(\boldsymbol{\alpha}_k,\boldsymbol{\xi}_{k-1})}{(\boldsymbol{\xi}_{k-1},\boldsymbol{\xi}_{k-1})}(\boldsymbol{\xi}_{k-1},\boldsymbol{\xi}_i)\\&=(\boldsymbol{\alpha}_k,\boldsymbol{\xi}_i)-\frac{(\boldsymbol{\alpha}_k,\boldsymbol{\xi}_1)}{(\boldsymbol{\xi}_1,\boldsymbol{\xi}_1)}\times0-\cdots-\frac{(\boldsymbol{\alpha}_k,\boldsymbol{\xi}_i)}{(\boldsymbol{\xi}_i,\boldsymbol{\xi}_i)}(\boldsymbol{\xi}_i,\boldsymbol{\xi}_i)-\cdots-\frac{(\boldsymbol{\alpha}_k,\boldsymbol{\xi}_{k-1})}{(\boldsymbol{\xi}_{k-1},\boldsymbol{\xi}_{k-1})}\times0\\&=(\boldsymbol{\alpha}_k,\boldsymbol{\xi}_i)-(\boldsymbol{\alpha}_k,\boldsymbol{\xi}_i)=0.\end{aligned}$$

若再对 $\boldsymbol{\xi}_1,\boldsymbol{\xi}_2,\cdots,\boldsymbol{\xi}_m$ 单位化，即可组合出标准正交向量组. □

【例 5.17】　将无关向量组 $\boldsymbol{\alpha}_1=\begin{pmatrix}3\\-2\\0\\1\end{pmatrix},\boldsymbol{\alpha}_2=\begin{pmatrix}2\\1\\0\\3\end{pmatrix},\boldsymbol{\alpha}_3=\begin{pmatrix}1\\3\\3\\1\end{pmatrix}$ 标准正交化.

解　$\boldsymbol{\xi}_1=\boldsymbol{\alpha}_1=\begin{pmatrix}3\\-2\\0\\1\end{pmatrix};\boldsymbol{\xi}_2=\boldsymbol{\alpha}_2-\dfrac{(\boldsymbol{\alpha}_2,\boldsymbol{\xi}_1)}{(\boldsymbol{\xi}_1,\boldsymbol{\xi}_1)}\boldsymbol{\xi}_1=\begin{pmatrix}2\\1\\0\\3\end{pmatrix}-\dfrac{7}{14}\begin{pmatrix}3\\-2\\0\\1\end{pmatrix}=\begin{pmatrix}1/2\\2\\0\\5/2\end{pmatrix};$

$$\boldsymbol{\xi}_3=\boldsymbol{\alpha}_3-\frac{(\boldsymbol{\alpha}_3,\boldsymbol{\xi}_1)}{(\boldsymbol{\xi}_1,\boldsymbol{\xi}_1)}\boldsymbol{\xi}_1-\frac{(\boldsymbol{\alpha}_3,\boldsymbol{\xi}_2)}{(\boldsymbol{\xi}_2,\boldsymbol{\xi}_2)}\boldsymbol{\xi}_2=\begin{pmatrix}1\\3\\3\\1\end{pmatrix}-\frac{-2}{14}\begin{pmatrix}3\\-2\\0\\1\end{pmatrix}-\frac{9}{\left(\frac{21}{2}\right)}\begin{pmatrix}1/2\\2\\0\\5/2\end{pmatrix}=\begin{pmatrix}1\\1\\3\\-1\end{pmatrix}.$$

单位化得

$$\boldsymbol{\eta}_1=\frac{1}{\|\boldsymbol{\xi}_1\|}\boldsymbol{\xi}_1=\frac{1}{\sqrt{14}}\begin{pmatrix}3\\-2\\0\\1\end{pmatrix};\boldsymbol{\eta}_2=\frac{1}{\|\boldsymbol{\xi}_2\|}\boldsymbol{\xi}_2=\frac{1}{\sqrt{42}}\begin{pmatrix}1\\4\\0\\5\end{pmatrix};$$

$$\boldsymbol{\eta}_3=\frac{1}{\|\boldsymbol{\xi}_3\|}\boldsymbol{\xi}_3=\frac{1}{2\sqrt{3}}\begin{pmatrix}1\\1\\3\\-1\end{pmatrix}.$$

□

下面我们来讨论实对称矩阵对角化，并且是对称形式的对角化，即对角化形式为

$$\boldsymbol{P}^{-1}\boldsymbol{A}\boldsymbol{P}=\boldsymbol{P}^{\mathrm{T}}\boldsymbol{A}\boldsymbol{P}=\boldsymbol{D}.$$

【例 5.18】 设矩阵

$$\boldsymbol{A}=\begin{pmatrix}0&2&2\\2&1&0\\2&0&-1\end{pmatrix},$$

将 $\boldsymbol{A}$ 对角化，并且相似变换矩阵 $\boldsymbol{P}$ 满足 $\boldsymbol{P}^{-1}=\boldsymbol{P}^{\mathrm{T}}$.

解 特征方程

$$\begin{vmatrix}\lambda&-2&-2\\-2&\lambda-1&0\\-2&0&\lambda+1\end{vmatrix}=\lambda(\lambda^2-1)-4(\lambda+1)-4(\lambda-1)=(\lambda-3)(\lambda+3)\lambda=0.$$

故特征值为 $\lambda=3,-3,0$.

当 $\lambda=3$ 时，有

$$3\boldsymbol{E}-\boldsymbol{A}=\begin{pmatrix}3&-2&-2\\-2&2&0\\-2&0&4\end{pmatrix}\to\begin{pmatrix}1&0&-2\\0&1&-2\\0&0&0\end{pmatrix},$$

无关特征向量为 $\boldsymbol{\xi}_1=(2,2,1)^{\mathrm{T}}$.

当 $\lambda=-3$ 时,有

$$-3\boldsymbol{E}-\boldsymbol{A}=\begin{pmatrix}-3&-2&-2\\-2&-4&0\\-2&0&-2\end{pmatrix}\to\begin{pmatrix}1&0&1\\0&1&-1/2\\0&0&0\end{pmatrix},$$

无关特征向量为 $\boldsymbol{\xi}_2=(-2,1,2)^{\mathrm{T}}$.

当 $\lambda=0$ 时,有

$$0\boldsymbol{E}-\boldsymbol{A}=\begin{pmatrix}0&-2&-2\\-2&-1&0\\-2&0&1\end{pmatrix}\to\begin{pmatrix}1&0&-1/2\\0&1&1\\0&0&0\end{pmatrix},$$

无关特征向量为 $\boldsymbol{\xi}_3=(1,-2,2)^{\mathrm{T}}$.

显然 $\boldsymbol{\xi}_1,\boldsymbol{\xi}_2,\boldsymbol{\xi}_3$ 两两正交,故将 $\boldsymbol{\xi}_1,\boldsymbol{\xi}_2,\boldsymbol{\xi}_3$ 单位化得

$$\boldsymbol{\eta}_1=\frac{1}{\|\boldsymbol{\xi}_1\|}\boldsymbol{\xi}_1=\frac{1}{3}\begin{pmatrix}2\\2\\1\end{pmatrix},\boldsymbol{\eta}_2=\frac{1}{\|\boldsymbol{\xi}_2\|}\boldsymbol{\xi}_2=\frac{1}{3}\begin{pmatrix}-2\\1\\2\end{pmatrix},\boldsymbol{\eta}_3=\frac{1}{\|\boldsymbol{\xi}_3\|}\boldsymbol{\xi}_3=\frac{1}{3}\begin{pmatrix}1\\-2\\2\end{pmatrix},$$

则 $\boldsymbol{\eta}_1,\boldsymbol{\eta}_2,\boldsymbol{\eta}_3$ 是属于特征值 $3,-3,0$ 的特征向量.

令

$$\boldsymbol{P}=(\boldsymbol{\eta}_1,\boldsymbol{\eta}_2,\boldsymbol{\eta}_3)=\frac{1}{3}\begin{pmatrix}2&-2&1\\2&1&-2\\1&2&2\end{pmatrix},$$

则有

$$\boldsymbol{P}^{-1}\boldsymbol{AP}=\begin{pmatrix}3&0&0\\0&-3&0\\0&0&0\end{pmatrix}.$$

因为

$$\boldsymbol{P}^{\mathrm{T}}\boldsymbol{P}=\begin{pmatrix}\boldsymbol{\eta}_1^{\mathrm{T}}\\\boldsymbol{\eta}_2^{\mathrm{T}}\\\boldsymbol{\eta}_3^{\mathrm{T}}\end{pmatrix}(\boldsymbol{\eta}_1,\boldsymbol{\eta}_2,\boldsymbol{\eta}_3)=\begin{pmatrix}\boldsymbol{\eta}_1^{\mathrm{T}}\boldsymbol{\eta}_1&\boldsymbol{\eta}_1^{\mathrm{T}}\boldsymbol{\eta}_2&\boldsymbol{\eta}_1^{\mathrm{T}}\boldsymbol{\eta}_3\\\boldsymbol{\eta}_2^{\mathrm{T}}\boldsymbol{\eta}_1&\boldsymbol{\eta}_2^{\mathrm{T}}\boldsymbol{\eta}_2&\boldsymbol{\eta}_2^{\mathrm{T}}\boldsymbol{\eta}_3\\\boldsymbol{\eta}_3^{\mathrm{T}}\boldsymbol{\eta}_1&\boldsymbol{\eta}_3^{\mathrm{T}}\boldsymbol{\eta}_2&\boldsymbol{\eta}_3^{\mathrm{T}}\boldsymbol{\eta}_3\end{pmatrix}=\begin{pmatrix}1&0&0\\0&1&0\\0&0&1\end{pmatrix}=\boldsymbol{E},$$

故有 $\boldsymbol{P}^{-1}=\boldsymbol{P}^{\mathrm{T}}$. □

上述例子中,满足 $\boldsymbol{P}^{-1}=\boldsymbol{P}^{\mathrm{T}}$ 的相似变换矩阵 $\boldsymbol{P}$ 的列是由标准正交向量组构成的,我们称为正交矩阵.

定义 5.10(正交矩阵)　设 A 是 n 阶实方阵,若 A 满足 $A^{T}A=E$,则称 A 为正交矩阵.

矩阵

$$A=\frac{1}{3}\begin{pmatrix}2 & -2 & 1\\ 2 & 1 & -2\\ 1 & 2 & 2\end{pmatrix} \text{和} B=\begin{pmatrix}\cos\theta & -\sin\theta\\ \sin\theta & \cos\theta\end{pmatrix}$$

都是正交矩阵.

正交矩阵有下列性质.

定理 5.12　设 A 是 n 阶实方阵,则下列条件相互等价:

(1) $A^{T}A=E$,即 A 是正交矩阵;

(2) $A^{-1}=A^{T}$;

(3) A 的列构成标准正交向量组;

(4) A 的行构成标准正交向量组.

证明　(1)与(2)显然等价.

设 $A=(\boldsymbol{\alpha}_1,\boldsymbol{\alpha}_2,\cdots,\boldsymbol{\alpha}_n)$,则

$$C=A^{T}A=(c_{ij}),\text{其中 } c_{ij}=\boldsymbol{\alpha}_i^{T}\boldsymbol{\alpha}_j.$$

由(1)知

$$1=c_{ii}=\boldsymbol{\alpha}_i^{T}\boldsymbol{\alpha}_i=\|\boldsymbol{\alpha}_i\|^2,$$

故 $\boldsymbol{\alpha}_1,\boldsymbol{\alpha}_2,\cdots,\boldsymbol{\alpha}_n$ 都是单位向量. 另外有

$$0=c_{ij}=\boldsymbol{\alpha}_i^{T}\boldsymbol{\alpha}_j,i\neq j,$$

即 $\boldsymbol{\alpha}_1,\boldsymbol{\alpha}_2,\cdots,\boldsymbol{\alpha}_n$ 是标准正交向量组,故 A 的列构成标准正交向量组.

反之由(3)知当 $i\neq j$ 时,$\boldsymbol{\alpha}_i^{T}\boldsymbol{\alpha}_j=0$,且 $\boldsymbol{\alpha}_i^{T}\boldsymbol{\alpha}_i=1$,于是

$$C=A^{T}A=(\boldsymbol{\alpha}_i^{T}\boldsymbol{\alpha}_j)=E,$$

即(1)满足. 于是(1)与(3)等价.

因为(1)等价于(2),于是等价于条件 $AA^{T}=E$,等价于 A^{T} 的列构成标准正交向量组,即 A 的行构成标准正交向量组,故(1) 与(4) 等价. □

下面我们进一步讨论实对称矩阵对角化问题. 首先实对称矩阵没有复特征值,故可以在实数范围内考虑特征值和特征向量. 下面定理给出了这样的结论.

定理 5.13　若矩阵 A 是实对称矩阵,则有(1) A 的特征值都是实数;(2) A 的不同特征值的特征向量正交.

证明　(1) 设 A 是 n 阶实对称矩阵,先在复数范围内考虑. 设 λ 是 A 的任意一个

特征值，$\boldsymbol{\xi} \neq \mathbf{0}$ 是 $\boldsymbol{A}$ 的属于 λ 的一个特征向量，即

$$\boldsymbol{A\xi} = \lambda \boldsymbol{\xi}.$$

两边式子左边乘以 $\boldsymbol{\xi}$ 的共轭转置 $\boldsymbol{\xi}^{\mathrm{H}}$（复数的共轭就是复数的虚部取负），其中 $\boldsymbol{\xi}^{\mathrm{H}} = (\bar{\boldsymbol{\xi}})^{\mathrm{T}}$，而 $\bar{\boldsymbol{\xi}}$ 表示向量 $\boldsymbol{\xi}$ 的所有分量取共轭得到的向量，则有

$$\boldsymbol{\xi}^{\mathrm{H}} \boldsymbol{A\xi} = \lambda \boldsymbol{\xi}^{\mathrm{H}} \boldsymbol{\xi},$$

再对两边取共轭转置，因为 $\boldsymbol{A}^{\mathrm{H}} = \boldsymbol{A}$，$(\boldsymbol{\xi}^{\mathrm{H}})^{\mathrm{H}} = \boldsymbol{\xi}$，故有

$$\boldsymbol{\xi}^{\mathrm{H}} \boldsymbol{A\xi} = \boldsymbol{\xi}^{\mathrm{H}} \boldsymbol{A}^{\mathrm{H}} \boldsymbol{\xi} = (\boldsymbol{\xi}^{\mathrm{H}} \boldsymbol{A\xi})^{\mathrm{H}} = (\lambda \boldsymbol{\xi}^{\mathrm{H}} \boldsymbol{\xi})^{\mathrm{H}} = \bar{\lambda} \boldsymbol{\xi}^{\mathrm{H}} \boldsymbol{\xi}.$$

于是有

$$\lambda \boldsymbol{\xi}^{\mathrm{H}} \boldsymbol{\xi} = \bar{\lambda} \boldsymbol{\xi}^{\mathrm{H}} \boldsymbol{\xi}.$$

因为 $\boldsymbol{\xi}^{\mathrm{H}} \boldsymbol{\xi}$ 是非零向量 $\boldsymbol{\xi}$ 的分量的模的平方和，故 $\boldsymbol{\xi}^{\mathrm{H}} \boldsymbol{\xi} > 0$，可得 $\lambda = \bar{\lambda}$，即 λ 是实数. 所以 $\boldsymbol{A}$ 的特征值都是实数.

(2) 因为实矩阵 $\boldsymbol{A}$ 的特征值 λ 都是实数，所以对应的特征向量 $\boldsymbol{\xi}$ 满足 $\boldsymbol{A\xi} = \lambda \boldsymbol{\xi}$，即满足 $(\lambda \boldsymbol{E} - \boldsymbol{A})\boldsymbol{\xi} = \mathbf{0}$，就可以在实数范围内考虑.

设 $\boldsymbol{A}$ 有两个不同的特征值 λ_1 和 λ_2，对应特征向量 $\boldsymbol{\xi}_1$ 和 $\boldsymbol{\xi}_2$，则我们有

$$\boldsymbol{A\xi}_1 = \lambda_1 \boldsymbol{\xi}_1, \quad \boldsymbol{A\xi}_2 = \lambda_2 \boldsymbol{\xi}_2,$$

于是有

$$\boldsymbol{\xi}_2^{\mathrm{T}} \boldsymbol{A\xi}_1 = \lambda_1 \boldsymbol{\xi}_2^{\mathrm{T}} \boldsymbol{\xi}_1, \boldsymbol{\xi}_1^{\mathrm{T}} \boldsymbol{A\xi}_2 = \lambda_2 \boldsymbol{\xi}_1^{\mathrm{T}} \boldsymbol{\xi}_2.$$

因为

$$(\boldsymbol{\xi}_2^{\mathrm{T}} \boldsymbol{A\xi}_1)^{\mathrm{T}} = \boldsymbol{\xi}_1^{\mathrm{T}} \boldsymbol{A}^{\mathrm{T}} \boldsymbol{\xi}_2 = \boldsymbol{\xi}_1^{\mathrm{T}} \boldsymbol{A\xi}_2, (\lambda_1 \boldsymbol{\xi}_2^{\mathrm{T}} \boldsymbol{\xi}_1)^{\mathrm{T}} = \lambda_1 \boldsymbol{\xi}_1^{\mathrm{T}} \boldsymbol{\xi}_2,$$

故有

$$\lambda_1 \boldsymbol{\xi}_1^{\mathrm{T}} \boldsymbol{\xi}_2 = \lambda_2 \boldsymbol{\xi}_1^{\mathrm{T}} \boldsymbol{\xi}_2,$$

即

$$(\lambda_1 - \lambda_2) \boldsymbol{\xi}_1^{\mathrm{T}} \boldsymbol{\xi}_2 = 0,$$

而 $\lambda_1 \neq \lambda_2$，可得 $\boldsymbol{\xi}_1^{\mathrm{T}} \boldsymbol{\xi}_2 = 0$，即 $\boldsymbol{\xi}_1$ 和 $\boldsymbol{\xi}_2$ 正交. □

我们知道实对称矩阵不同特征值的特征向量正交，所以可以考虑由单位特征向量构成相似变换矩阵 $\boldsymbol{P}$，这样就有 $\boldsymbol{P}^{-1}\boldsymbol{AP} = \boldsymbol{P}^{\mathrm{T}}\boldsymbol{AP} = \mathrm{diag}(\lambda_1, \lambda_2, \cdots, \lambda_n)$. 我们称为正交对角化.

对于有重特征值的无关特征向量，我们可以标准正交化来组合出标准正交向量组，这样所有的特征向量都两两正交，构成完整的标准正交向量组，这样构成的矩阵就是正交矩阵.

现在剩下的问题就是，实对称矩阵是否一定可以对角化. 下面定理告诉我们实对称矩阵一定可以对角化，并且可以正交对角化.

定理 5.14 实对称矩阵可以正交对角化，即对于 n 阶实对称矩阵 $\boldsymbol{A}$，存在正交矩阵 $\boldsymbol{P}$ 使得

$$\boldsymbol{P}^{-1}\boldsymbol{A}\boldsymbol{P}=\boldsymbol{P}^{\mathrm{T}}\boldsymbol{A}\boldsymbol{P}=\boldsymbol{D}=\mathrm{diag}(\lambda_1,\lambda_2,\cdots,\lambda_n),$$

$\boldsymbol{D}$ 的对角元素是矩阵所有特征值，次序可以任意，$\boldsymbol{P}$ 的列是对应的单位特征向量.

证明 设 $\boldsymbol{A}$ 是 n 阶实对称矩阵，则有 $\boldsymbol{A}^{\mathrm{T}}=\boldsymbol{A}$，我们用数学归纳法证明.

当 $n=1$ 时显然成立，假设当 $n=k$ 时成立，则当 $n=k+1$ 时，设 λ_1 为 $k+1$ 阶方阵 $\boldsymbol{A}$ 的特征值，$\boldsymbol{\xi}_1$ 为 $\boldsymbol{A}$ 的属于 λ_1 的单位特征向量，再补充单位向量 $\boldsymbol{\xi}_2,\boldsymbol{\xi}_3,\cdots,\boldsymbol{\xi}_{k+1}$ 使得 $\boldsymbol{\xi}_1,\boldsymbol{\xi}_2,\cdots,\boldsymbol{\xi}_{k+1}$ 为标准正交向量组，令

$$\boldsymbol{P}_1=(\boldsymbol{\xi}_1,\boldsymbol{\xi}_2,\cdots,\boldsymbol{\xi}_{k+1}),$$

则 $\boldsymbol{P}_1$ 满足

$$\boldsymbol{P}_1^{\mathrm{T}}\boldsymbol{P}_1=\boldsymbol{E},$$

即 $\boldsymbol{P}_1$ 是正交矩阵. 我们有

$$\boldsymbol{P}_1^{\mathrm{T}}\boldsymbol{A}\boldsymbol{P}_1=\boldsymbol{P}_1^{\mathrm{T}}(\lambda_1\boldsymbol{\xi}_1,\boldsymbol{\eta}_2,\cdots,\boldsymbol{\eta}_{k+1})=(\lambda_1\boldsymbol{e}_1,\boldsymbol{\gamma}_2,\cdots,\boldsymbol{\gamma}_{k+1})=\begin{pmatrix}\lambda_1 & * & \cdots & * \\ 0 & * & \cdots & * \\ \vdots & \vdots & & \vdots \\ 0 & * & \cdots & *\end{pmatrix}=$$

$$\begin{pmatrix}\lambda_1 & * \\ \boldsymbol{0} & \boldsymbol{A}_{22}\end{pmatrix}.$$

其中的块 $\boldsymbol{A}_{22}$ 为 k 阶的子矩阵.

由于 $\boldsymbol{A}$ 是实对称矩阵，故

$$(\boldsymbol{P}_1^{\mathrm{T}}\boldsymbol{A}\boldsymbol{P}_1)^{\mathrm{T}}=\boldsymbol{P}_1^{\mathrm{T}}\boldsymbol{A}^{\mathrm{T}}\boldsymbol{P}_1=\boldsymbol{P}_1^{\mathrm{T}}\boldsymbol{A}\boldsymbol{P}_1,$$

于是上式的右边也是实对称的，即第一行的 $*$ 部分为 $\boldsymbol{0}$ 行，$\boldsymbol{A}_{22}$ 为 k 阶的实对称矩阵，即

$$\boldsymbol{P}_1^{\mathrm{T}}\boldsymbol{A}\boldsymbol{P}_1=\begin{pmatrix}\lambda_1 & \\ & \boldsymbol{A}_{22}\end{pmatrix},\boldsymbol{A}_{22}{}^{\mathrm{T}}=\boldsymbol{A}_{22}.$$

利用归纳假设，存在 k 阶正交矩阵 $\boldsymbol{P}_2$ 使得 $\boldsymbol{P}_2^{\mathrm{T}}\boldsymbol{A}_{22}\boldsymbol{P}_2$ 为实对角矩阵，即

$$\boldsymbol{P}_2^{\mathrm{T}}\boldsymbol{A}_{22}\boldsymbol{P}_2=\begin{pmatrix}\lambda_2 & & & \\ & \lambda_3 & & \\ & & \ddots & \\ & & & \lambda_{k+1}\end{pmatrix}.$$

令

$$P = P_1 \begin{pmatrix} 1 & \\ & P_2 \end{pmatrix},$$

则有

$$P^{\mathrm{T}}P = \begin{pmatrix} 1 & \\ & P_2 \end{pmatrix}^{\mathrm{T}} P_1^{\mathrm{T}} P_1 \begin{pmatrix} 1 & \\ & P_2 \end{pmatrix} = \begin{pmatrix} 1 & \\ & P_2 \end{pmatrix}^{\mathrm{T}} E \begin{pmatrix} 1 & \\ & P_2 \end{pmatrix} = \begin{pmatrix} 1 & \\ & P_2^{\mathrm{T}} P_2 \end{pmatrix} = E,$$

即 P 是正交矩阵,且有

$$P^{\mathrm{T}}AP = \begin{pmatrix} 1 & \\ & P_2^{\mathrm{T}} \end{pmatrix} P_1^{\mathrm{T}} A P_1 \begin{pmatrix} 1 & \\ & P_2 \end{pmatrix} = \begin{pmatrix} 1 & \\ & P_2^{\mathrm{T}} \end{pmatrix} \begin{pmatrix} \lambda_1 & \\ & A_{22} \end{pmatrix} \begin{pmatrix} 1 & \\ & P_2 \end{pmatrix} =$$

$$\begin{pmatrix} \lambda_1 & \\ & P_2^{\mathrm{T}} A_{22} P_2 \end{pmatrix} = \begin{pmatrix} \lambda_1 & & & \\ & \lambda_2 & & \\ & & \ddots & \\ & & & \lambda_{k+1} \end{pmatrix}.$$

由定理 5.8 知对角元素 $\lambda_1, \lambda_2, \cdots, \lambda_{k+1}$ 为 A 的特征值,由 λ_1 的自由选取可知对角元素特征值的次序可以是任意次序,正交矩阵 P 为相似变换矩阵,列为与对角矩阵对角元素即特征值对应的单位特征向量. □

【例 5.19】 设矩阵

$$A = \begin{pmatrix} 2 & 1 & 1 \\ 1 & 2 & -1 \\ 1 & -1 & 0 \end{pmatrix},$$

求正交矩阵 P 使得 $P^{-1}AP$ 为对角矩阵.

解 特征方程

$$\begin{vmatrix} \lambda-2 & -1 & -1 \\ -1 & \lambda-2 & 1 \\ -1 & 1 & \lambda \end{vmatrix} = \begin{vmatrix} \lambda-3 & \lambda-3 & 0 \\ -1 & \lambda-2 & 1 \\ -1 & 1 & \lambda \end{vmatrix} = (\lambda-3)(\lambda-2)(\lambda+1) = 0.$$

故特征值为 $\lambda = 3, 2, -1$.

当 $\lambda = 3$ 时,有

$$3E - A = \begin{pmatrix} 1 & -1 & -1 \\ -1 & 1 & 1 \\ -1 & 1 & 3 \end{pmatrix} \to \begin{pmatrix} 1 & -1 & 0 \\ 0 & 0 & 1 \\ 0 & 0 & 0 \end{pmatrix},$$

无关特征向量为 $\boldsymbol{\xi}_1=(1,1,0)^{\mathrm{T}}$，单位化得 $\boldsymbol{\eta}_1=\left(\frac{1}{\sqrt{2}},\frac{1}{\sqrt{2}},0\right)^{\mathrm{T}}$.

当 $\lambda=2$ 时，有

$$2\boldsymbol{E}-\boldsymbol{A}=\begin{pmatrix}0&-1&-1\\-1&0&1\\-1&1&2\end{pmatrix}\to\begin{pmatrix}1&0&-1\\0&1&1\\0&0&0\end{pmatrix},$$

无关特征向量为 $\boldsymbol{\xi}_2=(1,-1,1)^{\mathrm{T}}$，单位化得 $\boldsymbol{\eta}_2=\left(\frac{1}{\sqrt{3}},-\frac{1}{\sqrt{3}},\frac{1}{\sqrt{3}}\right)^{\mathrm{T}}$.

当 $\lambda=-1$ 时，有

$$-\boldsymbol{E}-\boldsymbol{A}=\begin{pmatrix}-3&-1&-1\\-1&-3&1\\-1&1&-1\end{pmatrix}\to\begin{pmatrix}1&0&1/2\\0&1&-1/2\\0&0&0\end{pmatrix},$$

无关特征向量为 $\boldsymbol{\xi}_3=(-1,1,2)^{\mathrm{T}}$，单位化得 $\boldsymbol{\eta}_3=\left(-\frac{1}{\sqrt{6}},\frac{1}{\sqrt{6}},\frac{2}{\sqrt{6}}\right)^{\mathrm{T}}$.

令

$$\boldsymbol{P}=(\boldsymbol{\eta}_1,\boldsymbol{\eta}_2,\boldsymbol{\eta}_3)=\begin{pmatrix}\frac{1}{\sqrt{2}}&\frac{1}{\sqrt{3}}&-\frac{1}{\sqrt{6}}\\\frac{1}{\sqrt{2}}&-\frac{1}{\sqrt{3}}&\frac{1}{\sqrt{6}}\\0&\frac{1}{\sqrt{3}}&\frac{2}{\sqrt{6}}\end{pmatrix},$$

则有

$$\boldsymbol{P}^{\mathrm{T}}\boldsymbol{P}=\boldsymbol{E}\text{ 且 }\boldsymbol{P}^{-1}\boldsymbol{A}\boldsymbol{P}=\begin{pmatrix}3&0&0\\0&2&0\\0&0&-1\end{pmatrix}.$$ □

【例 5.20】 设矩阵

$$\boldsymbol{A}=\begin{pmatrix}4&-1&1\\-1&4&-1\\1&-1&4\end{pmatrix},$$

求正交矩阵 $\boldsymbol{P}$ 使得 $\boldsymbol{P}^{-1}\boldsymbol{A}\boldsymbol{P}$ 为对角矩阵.

解 特征方程

$$\begin{vmatrix} \lambda-4 & 1 & -1 \\ 1 & \lambda-4 & 1 \\ -1 & 1 & \lambda-4 \end{vmatrix} = \begin{vmatrix} \lambda-3 & \lambda-3 & 0 \\ 1 & \lambda-4 & 1 \\ -1 & 1 & \lambda-4 \end{vmatrix} = (\lambda-3)^2(\lambda-6)=0.$$

故特征值为 $\lambda=3$(二重),6.

当 $\lambda=3$ 时,有

$$3\boldsymbol{E}-\boldsymbol{A}=\begin{pmatrix} -1 & 1 & -1 \\ 1 & -1 & 1 \\ -1 & 1 & -1 \end{pmatrix} \to \begin{pmatrix} 1 & -1 & 1 \\ 0 & 0 & 0 \\ 0 & 0 & 0 \end{pmatrix},$$

无关特征向量为 $\boldsymbol{\xi}_1=(1,1,0)^{\mathrm{T}}$,$\boldsymbol{\xi}_2=(-1,0,1)^{\mathrm{T}}$,标准正交化得 $\boldsymbol{\eta}_1=\left(\frac{1}{\sqrt{2}},\frac{1}{\sqrt{2}},0\right)^{\mathrm{T}}$,$\boldsymbol{\eta}_2=\left(-\frac{1}{\sqrt{6}},\frac{1}{\sqrt{6}},\frac{2}{\sqrt{6}}\right)^{\mathrm{T}}$.

当 $\lambda=6$ 时,有

$$6\boldsymbol{E}-\boldsymbol{A}=\begin{pmatrix} 2 & 1 & -1 \\ 1 & 2 & 1 \\ -1 & 1 & 2 \end{pmatrix} \to \begin{pmatrix} 1 & 0 & -1 \\ 0 & 1 & 1 \\ 0 & 0 & 0 \end{pmatrix},$$

无关特征向量为 $\boldsymbol{\xi}_3=(1,-1,1)^{\mathrm{T}}$,单位化得 $\boldsymbol{\eta}_3=\left(\frac{1}{\sqrt{3}},-\frac{1}{\sqrt{3}},\frac{1}{\sqrt{3}}\right)^{\mathrm{T}}$.

令

$$\boldsymbol{P}=(\boldsymbol{\eta}_1,\boldsymbol{\eta}_2,\boldsymbol{\eta}_3),$$

则有

$$\boldsymbol{P}^{\mathrm{T}}\boldsymbol{P}=\boldsymbol{E},\text{且 } \boldsymbol{P}^{-1}\boldsymbol{A}\boldsymbol{P}=\begin{pmatrix} 3 & 0 & 0 \\ 0 & 3 & 0 \\ 0 & 0 & 6 \end{pmatrix}.$$

□

练习五

1. 求矩阵的特征值和特征向量.

(1) $\begin{pmatrix} -2 & 6 & -2 \\ 3 & 1 & -3 \\ -4 & 4 & 0 \end{pmatrix}$.　　(2) $\begin{pmatrix} 1 & -3 & -2 \\ 1 & -1 & 1 \\ -5 & 1 & -2 \end{pmatrix}$.

(3) $\begin{pmatrix} 5 & 2 & 2 \\ 18 & 5 & 6 \\ -30 & -10 & -11 \end{pmatrix}$.　　(4) $\begin{pmatrix} 1 & -2 & -1 \\ 2 & -3 & -2 \\ -3 & 4 & 3 \end{pmatrix}$.

(5) n 阶矩阵 $\boldsymbol{A}=\begin{pmatrix} 2 & 1 & \cdots & 1 \\ 1 & 2 & \cdots & 1 \\ \vdots & \vdots & \ddots & \vdots \\ 1 & 1 & \cdots & 2 \end{pmatrix}$.

2. 判断矩阵是否可对角化,若可对角化则将矩阵对角化.

(1) $\begin{pmatrix} 1 & -2 & 1 \\ 2 & 5 & -3 \\ 1 & 1 & 0 \end{pmatrix}$.　　(2) $\begin{pmatrix} 5 & 1 & -1 \\ 9 & 5 & -3 \\ 15 & 5 & -3 \end{pmatrix}$.

(3) $\begin{pmatrix} 1 & -1 & -3 \\ -3 & 2 & 3 \\ 3 & 3 & -5 \end{pmatrix}$.　　(4) $\begin{pmatrix} 3 & -1 & 2 \\ 1 & 1 & 2 \\ -4 & 4 & 4 \end{pmatrix}$.

3. 计算 $\boldsymbol{A}^n$.

(1) $\boldsymbol{A}=\begin{pmatrix} -2 & 3 & -9 \\ 3 & -2 & 9 \\ 3 & -3 & 10 \end{pmatrix}$.　　(2) $\boldsymbol{A}=\begin{pmatrix} 1 & 2 & -2 \\ 0 & -5 & 6 \\ 1 & -3 & 4 \end{pmatrix}$.

4*. 将线性无关的向量组标准正交化.

(1) $\boldsymbol{\alpha}_1=\begin{pmatrix} 2 \\ 1 \\ 1 \end{pmatrix},\boldsymbol{\alpha}_2=\begin{pmatrix} 1 \\ 3 \\ 1 \end{pmatrix},\boldsymbol{\alpha}_3=\begin{pmatrix} 3 \\ 4 \\ -4 \end{pmatrix}$.

(2) $\boldsymbol{\alpha}_1=\begin{pmatrix} 1 \\ 0 \\ -2 \\ 1 \end{pmatrix},\boldsymbol{\alpha}_2=\begin{pmatrix} 3 \\ 1 \\ -1 \\ 1 \end{pmatrix},\boldsymbol{\alpha}_3=\begin{pmatrix} 2 \\ 1 \\ -2 \\ -3 \end{pmatrix}$.

5*. 将实对称矩阵正交对角化.

(1) $\begin{pmatrix} 1 & 2 & 3 \\ 2 & 1 & -3 \\ 3 & -3 & 2 \end{pmatrix}$.　　(2) $\begin{pmatrix} 1 & 4 & 4 \\ 4 & 1 & 4 \\ 4 & 4 & 1 \end{pmatrix}$.

第六章* 二次型

6.1 最小二乘解——矛盾方程组的解

我们之前考虑解非齐次方程组的时候，如果有解就考虑将通解表示出来，如果无解就停止解方程组了.但是有时候我们需要考虑进一步处理这样的无解方程组，这有两方面的原因，一方面有可能实测得到的方程组本来应该是有解的，但是测量误差导致了成为矛盾方程组而无解，另一方面可能方程组肯定是无解的，我们只是希望找出使得方程组产生的误差 $\boldsymbol{y}=\boldsymbol{Ax}-\boldsymbol{b}$ 最小的解 $\boldsymbol{x}$，换句话说就是求 $\boldsymbol{x}$ 使得 $\|\boldsymbol{Ax}-\boldsymbol{b}\|$ 最小.

历史上高斯提出了最小二乘法来均衡计算值与数据间的误差，就是求 $\boldsymbol{x}$ 使得 $\|\boldsymbol{Ax}-\boldsymbol{b}\|$ 最小.

定义 6.1(最小二乘解) 若有 ξ 满足

$$\|\boldsymbol{A}\xi-\boldsymbol{b}\|=\min_{x\in\mathbf{R}^n}\|\boldsymbol{Ax}-\boldsymbol{b}\|,$$

称 ξ 为方程组 $\boldsymbol{Ax}=\boldsymbol{b}$ 的最小二乘解.

如何计算使得 $\|\boldsymbol{Ax}-\boldsymbol{b}\|$ 最小的 $\boldsymbol{x}$？

设

$$\boldsymbol{A}=\begin{pmatrix} a_{11} & a_{12} & \cdots & a_{1n} \\ a_{21} & a_{22} & \cdots & a_{2n} \\ \vdots & \vdots & & \vdots \\ a_{m1} & a_{m2} & \cdots & a_{mn} \end{pmatrix},\boldsymbol{x}=\begin{pmatrix} x_1 \\ x_2 \\ \vdots \\ x_n \end{pmatrix},\boldsymbol{b}=\begin{pmatrix} b_1 \\ b_2 \\ \vdots \\ b_m \end{pmatrix},$$

则 $\|\boldsymbol{Ax}-\boldsymbol{b}\|$ 最小就是 $\|\boldsymbol{Ax}-\boldsymbol{b}\|^2$ 最小.而

$$\|\boldsymbol{Ax}-\boldsymbol{b}\|^2=(\boldsymbol{Ax}-\boldsymbol{b})^{\mathrm{T}}(\boldsymbol{Ax}-\boldsymbol{b})=\boldsymbol{x}^{\mathrm{T}}\boldsymbol{A}^{\mathrm{T}}\boldsymbol{Ax}-2\boldsymbol{b}^{\mathrm{T}}\boldsymbol{Ax}+\boldsymbol{b}^{\mathrm{T}}\boldsymbol{b}=\sum_{i=1}^{n}\sum_{j=1}^{n}(\sum_{k=1}^{n}a_{ki}a_{kj})x_ix_j-2\sum_{i=1}^{n}(\sum_{k=1}^{n}b_ka_{ki})x_i+\sum_{k=1}^{n}b_k^2,$$

即求一个 n 元二次多项式的最小值，当然可以用微积分的方法来求解，我们也可以用线性代数的方法来求解.先看下列求点到空间平面的距离的例子.

【例 6.1】 设三维空间建立了坐标系 $Oxyz$，空间中的一点 P 坐标为(0,0,3)，空间中

有一平面 π，π 的平面方程是 $x+y+z=0$，求 P 点到平面 π 的距离.

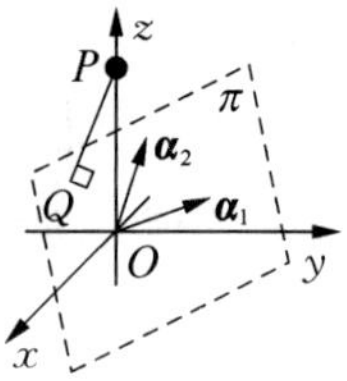

解 P 点到平面的距离就是 P 点到平面的垂直线交点 Q 的距离，平面的法线方向即垂直线方向就是平面方程的系数，即(1，1，1)，故过 P 点(0，0，3)方向为(1，1，1)的直线参数方程为

$$\begin{cases} x=t, \\ y=t, \\ z=3+t, \end{cases} \quad t \text{ 为任意实数.}$$

代入平面方程 $x+y+z=0$ 得 $t=-1$，于是垂直线与平面的交点为 $Q(-1,-1,2)$，故距离为

$$PQ=\sqrt{(-1)^2+(-1)^2+(-1)^2}=\sqrt{3}.$$

下面我们从向量角度来分析.

平面 π 的点集，就是平面方程

$$x+y+z=0$$

的解集，即通解

$$k_1\boldsymbol{\alpha}_1+k_2\boldsymbol{\alpha}_2，\text{其中 } \boldsymbol{\alpha}_1=(-1,1,0)^{\mathrm{T}},\boldsymbol{\alpha}_2=(-1,0,1)^{\mathrm{T}}.$$

P 点坐标看成 P 点向量 $\boldsymbol{\beta}=(0,0,3)^{\mathrm{T}}$，我们要找 k_1,k_2 使得 P 点到平面直线交点 Q 的向量 PQ 与平面中的向量垂直，即只要与 $\boldsymbol{\alpha}_1,\boldsymbol{\alpha}_2$ 垂直，向量 PQ 为

$$\boldsymbol{\gamma}=k_1\boldsymbol{\alpha}_1+k_2\boldsymbol{\alpha}_2-\boldsymbol{\beta},$$

故 $\boldsymbol{\gamma}$ 垂直于 $\boldsymbol{\alpha}_1,\boldsymbol{\alpha}_2$，即

$$\boldsymbol{\alpha}_1^{\mathrm{T}}\boldsymbol{\gamma}=\boldsymbol{\alpha}_2^{\mathrm{T}}\boldsymbol{\gamma}=0.$$

关系式 $\boldsymbol{\alpha}_1^{\mathrm{T}}\boldsymbol{\gamma}=\boldsymbol{\alpha}_2^{\mathrm{T}}\boldsymbol{\gamma}=0$ 即方程组

$$\begin{cases} \boldsymbol{\alpha}_1^{\mathrm{T}}\boldsymbol{\gamma}=\boldsymbol{\alpha}_1^{\mathrm{T}}(k_1\boldsymbol{\alpha}_1+k_2\boldsymbol{\alpha}_2-\boldsymbol{\beta})=0, \\ \boldsymbol{\alpha}_2^{\mathrm{T}}\boldsymbol{\gamma}=\boldsymbol{\alpha}_2^{\mathrm{T}}(k_1\boldsymbol{\alpha}_1+k_2\boldsymbol{\alpha}_2-\boldsymbol{\beta})=0, \end{cases}$$

写成矩阵形式，即

$$\begin{pmatrix} \boldsymbol{\alpha}_1^{\mathrm{T}} \\ \boldsymbol{\alpha}_2^{\mathrm{T}} \end{pmatrix}(k_1\boldsymbol{\alpha}_1+k_2\boldsymbol{\alpha}_2-\boldsymbol{\beta})=0,$$

此即方程组

$$\begin{pmatrix} \boldsymbol{\alpha}_1^{\mathrm{T}} \\ \boldsymbol{\alpha}_2^{\mathrm{T}} \end{pmatrix}(\boldsymbol{\alpha}_1,\boldsymbol{\alpha}_2)\begin{pmatrix} k_1 \\ k_2 \end{pmatrix}=\begin{pmatrix} \boldsymbol{\alpha}_1^{\mathrm{T}} \\ \boldsymbol{\alpha}_2^{\mathrm{T}} \end{pmatrix}\boldsymbol{\beta}.$$

代入具体数据得到

$$\begin{pmatrix} 2 & 1 \\ 1 & 2 \end{pmatrix}\begin{pmatrix} k_1 \\ k_2 \end{pmatrix}=\begin{pmatrix} 0 \\ 3 \end{pmatrix},$$

解得 $k_1=-1,k_2=2$.

下面计算距离，由前面计算的 k_1,k_2 得

$$\boldsymbol{\gamma}=-\boldsymbol{\alpha}_1+2\boldsymbol{\alpha}_2-\boldsymbol{\beta}=(-1,-1,-1)^{\mathrm{T}},$$

故

$$\|\boldsymbol{\gamma}\|=\|-\boldsymbol{\alpha}_1+2\boldsymbol{\alpha}_2-\boldsymbol{\beta}\|=\min_{k_1,k_2\in\mathbf{R}}\|k_1\boldsymbol{\alpha}_1+k_2\boldsymbol{\alpha}_2-\boldsymbol{\beta}\|=\sqrt{(-1)^2+(-1)^2+(-1)^2}=\sqrt{3}.$$

□

受例 6.1 的启发，对于求方程组 $\boldsymbol{Ax}=\boldsymbol{b}$ 的最小二乘解，可以利用正交性质来解决.

设 $\boldsymbol{A}=(\boldsymbol{\alpha}_1,\boldsymbol{\alpha}_2,\cdots,\boldsymbol{\alpha}_n)$，找 $\boldsymbol{x}$ 使得 $\|\boldsymbol{Ax}-\boldsymbol{b}\|$ 最小，就是找 $x_1,x_2,\cdots,x_n$ 使得 $\|x_1\boldsymbol{\alpha}_1+x_2\boldsymbol{\alpha}_2+\cdots+x_n\boldsymbol{\alpha}_n-\boldsymbol{b}\|$ 最小. 如果考虑 $\boldsymbol{\alpha}_1,\boldsymbol{\alpha}_2,\cdots,\boldsymbol{\alpha}_n$ 生成的空间 $V=\{k_1\boldsymbol{\alpha}_1+k_2\boldsymbol{\alpha}_2+\cdots+k_n\boldsymbol{\alpha}_n\}$，则找 $\boldsymbol{x}$ 使得 $\|\boldsymbol{Ax}-\boldsymbol{b}\|$ 最小，就是找 V 中的向量 $\boldsymbol{\gamma}=\boldsymbol{Ax}$ 使得 $\|\boldsymbol{\gamma}-\boldsymbol{b}\|$ 最小.

从几何角度来看，就是求 $\boldsymbol{\gamma}=\boldsymbol{Ax}$ 使得 $\boldsymbol{\gamma}-\boldsymbol{b}$ 与空间中的所有向量都正交，而这只要 $\boldsymbol{\gamma}-\boldsymbol{b}=\boldsymbol{Ax}-\boldsymbol{b}$ 与 $\boldsymbol{\alpha}_1,\boldsymbol{\alpha}_2,\cdots,\boldsymbol{\alpha}_n$ 正交即可，即

$$\boldsymbol{\alpha}_i^{\mathrm{T}}(\boldsymbol{Ax}-\boldsymbol{b})=0,i=1,2,\cdots,n,$$

矩阵形式就是

$$\boldsymbol{A}^{\mathrm{T}}(\boldsymbol{Ax}-\boldsymbol{b})=\boldsymbol{0},\text{或者 }\boldsymbol{A}^{\mathrm{T}}\boldsymbol{Ax}=\boldsymbol{A}^{\mathrm{T}}\boldsymbol{b}.$$

故利用线性代数方法求 $\boldsymbol{Ax}=\boldsymbol{b}$ 的最小二乘解就是解方程组 $\boldsymbol{A}^{\mathrm{T}}\boldsymbol{Ax}=\boldsymbol{A}^{\mathrm{T}}\boldsymbol{b}$ 的问题.

定理 6.1　设有方程组 $\boldsymbol{Ax}=\boldsymbol{b}$，则方程组 $\boldsymbol{A}^{\mathrm{T}}\boldsymbol{Ax}=\boldsymbol{A}^{\mathrm{T}}\boldsymbol{b}$ 必有解，其解即为 $\boldsymbol{Ax}=\boldsymbol{b}$ 的最小二乘解.

证明　因为矩阵增加列后列秩一定不会减小，故有

$$\mathrm{r}(\boldsymbol{A}^{\mathrm{T}}\boldsymbol{A})\leqslant\mathrm{r}(\boldsymbol{A}^{\mathrm{T}}\boldsymbol{A},\boldsymbol{A}^{\mathrm{T}}\boldsymbol{b})=\mathrm{r}(\boldsymbol{A}^{\mathrm{T}}(\boldsymbol{A},\boldsymbol{b})).$$

$\boldsymbol{A}^{\mathrm{T}}$ 经过一系列初等行变换可以变成简化阶梯形矩阵 $\boldsymbol{B}$，等价于在 $\boldsymbol{A}^{\mathrm{T}}$ 左边乘以可逆矩阵 $\boldsymbol{P}$，即 $\boldsymbol{B}=\boldsymbol{PA}^{\mathrm{T}}$，且 $\boldsymbol{B}$ 有非零行个数为 $r=\mathrm{r}(\boldsymbol{A}^{\mathrm{T}})$，则

$$\mathrm{r}(\boldsymbol{A}^{\mathrm{T}}(\boldsymbol{A},\boldsymbol{b}))=\mathrm{r}(\boldsymbol{PA}^{\mathrm{T}}(\boldsymbol{A},\boldsymbol{b}))=\mathrm{r}(\boldsymbol{B}(\boldsymbol{A},\boldsymbol{b})).$$

因为 $\boldsymbol{B}$ 的零行对应 $\boldsymbol{B}(\boldsymbol{A},\boldsymbol{b})$ 的零行，故 $\boldsymbol{B}(\boldsymbol{A},\boldsymbol{b})$ 非零行个数小于等于 $\boldsymbol{B}$ 的非零行个数 $\mathrm{r}(\boldsymbol{A}^{\mathrm{T}})$，即

$$\mathrm{r}(\boldsymbol{A}^{\mathrm{T}}(\boldsymbol{A},\boldsymbol{b}))=\mathrm{r}(\boldsymbol{B}(\boldsymbol{A},\boldsymbol{b}))\leqslant\mathrm{r}(\boldsymbol{A}^{\mathrm{T}})=\mathrm{r}(\boldsymbol{A}).$$

若有 $\boldsymbol{\xi}$ 使得 $\boldsymbol{A\xi}=\boldsymbol{0}$，则有 $\boldsymbol{A}^{\mathrm{T}}\boldsymbol{A\xi}=\boldsymbol{0}$. 若有 $\boldsymbol{A}^{\mathrm{T}}\boldsymbol{A\xi}=\boldsymbol{0}$，则有 $\|\boldsymbol{A\xi}\|^2=\boldsymbol{\xi}^{\mathrm{T}}\boldsymbol{A}^{\mathrm{T}}\boldsymbol{A\xi}=0$，故 $\boldsymbol{A\xi}=\boldsymbol{0}$. 故有 $\boldsymbol{Ax}=\boldsymbol{0}$ 与 $\boldsymbol{A}^{\mathrm{T}}\boldsymbol{Ax}=\boldsymbol{0}$ 同解，则它们共享基础解系，于是有

$$\mathrm{r}(\boldsymbol{A})=\mathrm{r}(\boldsymbol{A}^{\mathrm{T}}\boldsymbol{A}).$$

结合前面的式子有

$$\mathrm{r}(\boldsymbol{A}^{\mathrm{T}}\boldsymbol{A})\leqslant \mathrm{r}(\boldsymbol{A}^{\mathrm{T}}\boldsymbol{A},\boldsymbol{A}^{\mathrm{T}}\boldsymbol{b})\leqslant \mathrm{r}(\boldsymbol{A})=\mathrm{r}(\boldsymbol{A}^{\mathrm{T}}\boldsymbol{A}),$$

故

$$\mathrm{r}(\boldsymbol{A}^{\mathrm{T}}\boldsymbol{A})=\mathrm{r}(\boldsymbol{A}^{\mathrm{T}}\boldsymbol{A},\boldsymbol{A}^{\mathrm{T}}\boldsymbol{b}),$$

则 $\boldsymbol{A}^{\mathrm{T}}\boldsymbol{A}\boldsymbol{x}=\boldsymbol{A}^{\mathrm{T}}\boldsymbol{b}$ 必有解.

现在证明 $\boldsymbol{A}^{\mathrm{T}}\boldsymbol{A}\boldsymbol{x}=\boldsymbol{A}^{\mathrm{T}}\boldsymbol{b}$ 的解就是 $\boldsymbol{A}\boldsymbol{x}=\boldsymbol{b}$ 的最小二乘解.

设 $\boldsymbol{\eta}$ 满足

$$\boldsymbol{A}^{\mathrm{T}}\boldsymbol{A}\boldsymbol{\eta}=\boldsymbol{A}^{\mathrm{T}}\boldsymbol{b},$$

令 $\boldsymbol{x}=\boldsymbol{\eta}+\boldsymbol{\gamma}$，则

$\|\boldsymbol{A}\boldsymbol{x}-\boldsymbol{b}\|^2-\|\boldsymbol{A}\boldsymbol{\eta}-\boldsymbol{b}\|^2=(\boldsymbol{A}\boldsymbol{x}-\boldsymbol{b})^{\mathrm{T}}(\boldsymbol{A}\boldsymbol{x}-\boldsymbol{b})-(\boldsymbol{A}\boldsymbol{\eta}-\boldsymbol{b})^{\mathrm{T}}(\boldsymbol{A}\boldsymbol{\eta}-\boldsymbol{b})=\boldsymbol{x}^{\mathrm{T}}\boldsymbol{A}^{\mathrm{T}}\boldsymbol{A}\boldsymbol{x}-\boldsymbol{\eta}^{\mathrm{T}}\boldsymbol{A}^{\mathrm{T}}\boldsymbol{A}\boldsymbol{\eta}-2\boldsymbol{b}^{\mathrm{T}}\boldsymbol{A}(\boldsymbol{x}-\boldsymbol{\eta})=(\boldsymbol{\eta}+\boldsymbol{\gamma})^{\mathrm{T}}\boldsymbol{A}^{\mathrm{T}}\boldsymbol{A}(\boldsymbol{\eta}+\boldsymbol{\gamma})-\boldsymbol{\eta}^{\mathrm{T}}\boldsymbol{A}^{\mathrm{T}}\boldsymbol{A}\boldsymbol{\eta}-2\boldsymbol{b}^{\mathrm{T}}\boldsymbol{A}\boldsymbol{\gamma}=\boldsymbol{\gamma}^{\mathrm{T}}\boldsymbol{A}^{\mathrm{T}}\boldsymbol{A}\boldsymbol{\gamma}=\|\boldsymbol{A}\boldsymbol{\gamma}\|^2\geqslant 0.$

故

$$\|\boldsymbol{A}\boldsymbol{x}-\boldsymbol{b}\|^2\geqslant\|\boldsymbol{A}\boldsymbol{\eta}-\boldsymbol{b}\|^2,$$

即 $\boldsymbol{A}^{\mathrm{T}}\boldsymbol{A}\boldsymbol{x}=\boldsymbol{A}^{\mathrm{T}}\boldsymbol{b}$ 的解就是 $\boldsymbol{A}\boldsymbol{x}=\boldsymbol{b}$ 的最小二乘解. □

当 $\boldsymbol{A}\boldsymbol{x}=\boldsymbol{b}$ 有解时，解就是 $\boldsymbol{A}\boldsymbol{x}=\boldsymbol{b}$ 的最小二乘解，此时最小的 $\|\boldsymbol{A}\boldsymbol{x}-\boldsymbol{b}\|$ 为 0.

【例 6.2】 设方程组为

$$\begin{cases} x_1+2x_2-x_3=1, \\ x_1-3x_3=-2, \\ x_1+x_2-2x_3=-2, \end{cases}$$

求该方程组的最小二乘解.

解 方程组写成矩阵形式有

$$\boldsymbol{A}\boldsymbol{x}=\boldsymbol{b},\text{其中}\boldsymbol{A}=\begin{pmatrix}1&2&-1\\1&0&-3\\1&1&-2\end{pmatrix},\boldsymbol{b}=\begin{pmatrix}1\\-2\\-2\end{pmatrix}.$$

因为

$$(\boldsymbol{A},\boldsymbol{b})=\left(\begin{array}{ccc:c}1&2&-1&1\\1&0&-3&-2\\1&1&-2&-2\end{array}\right)\to\left(\begin{array}{ccc:c}1&0&-3&-2\\0&1&1&0\\0&0&0&3\end{array}\right),\mathrm{r}(\boldsymbol{A})=2<\mathrm{r}(\boldsymbol{A},\boldsymbol{b})=3,$$

故该方程组无解.

下面通过解 $\boldsymbol{A}^{\mathrm{T}}\boldsymbol{A}\boldsymbol{x}=\boldsymbol{A}^{\mathrm{T}}\boldsymbol{b}$，来求 $\boldsymbol{A}\boldsymbol{x}=\boldsymbol{b}$ 的最小二乘解.

易知

$$\boldsymbol{A}^{\mathrm{T}}\boldsymbol{A}=\begin{pmatrix}3&3&-6\\3&5&-4\\-6&-4&14\end{pmatrix},\boldsymbol{A}^{\mathrm{T}}\boldsymbol{b}=\begin{pmatrix}-3\\0\\9\end{pmatrix},$$

解方程组 $\boldsymbol{A}^{\mathrm{T}}\boldsymbol{A}\boldsymbol{x}=\boldsymbol{A}^{\mathrm{T}}\boldsymbol{b}$，有

$$\left(\begin{array}{ccc:c}3&3&-6&-3\\3&5&-4&0\\-6&-4&14&9\end{array}\right)\rightarrow\left(\begin{array}{ccc:c}1&1&-2&-1\\0&2&2&3\\0&0&0&0\end{array}\right)\rightarrow\left(\begin{array}{ccc:c}1&0&-3&-5/2\\0&1&1&3/2\\0&0&0&0\end{array}\right),$$

故方程组的解为 $\boldsymbol{x}=(-5/2,3/2,0)^{\mathrm{T}}+k(3,-1,1)^{\mathrm{T}}$，其中 $k\in\mathbf{R}$. 此即原方程组的最小二乘解. □

上述介绍的求最小二乘解告诉我们，对于矛盾方程组 $\boldsymbol{A}\boldsymbol{x}=\boldsymbol{b}$，我们求解的是使 $\|\boldsymbol{A}\boldsymbol{x}-\boldsymbol{b}\|$ 最小的解. 实际就是处理 n 元二次函数

$$f(x)=f(x_1,\cdots,x_n)=\boldsymbol{x}^{\mathrm{T}}\boldsymbol{A}^{\mathrm{T}}\boldsymbol{A}\boldsymbol{x}-2\boldsymbol{b}^{\mathrm{T}}\boldsymbol{A}\boldsymbol{x}+\boldsymbol{b}^{\mathrm{T}}\boldsymbol{b},$$

求得函数最小值的 $\boldsymbol{x}=(x_1,\cdots,x_n)^{\mathrm{T}}$. 该问题我们还可以看成是处理 $n+1$ 元二次齐次函数

$g(y)=g(y_1,\cdots,y_n,y_{n+1})=\boldsymbol{y}^{\mathrm{T}}(\boldsymbol{A},\boldsymbol{b})^{\mathrm{T}}(\boldsymbol{A},\boldsymbol{b})\boldsymbol{y}=\boldsymbol{y}^{\mathrm{T}}\boldsymbol{B}\boldsymbol{y}$，其中 $\boldsymbol{y}=(y_1,\cdots,y_{n+1})^{\mathrm{T}}$，$\boldsymbol{B}=(\boldsymbol{A},\boldsymbol{b})^{\mathrm{T}}(\boldsymbol{A},\boldsymbol{b})$，当 $y_{n+1}=-1$ 时的问题.

这里我们看到了线性代数也可以处理二次函数的问题.

二次函数问题还有二次曲线的分类.

【例 6.3】 设有平面中的二次曲线

$$f(x,y)=41x^2+18xy+41y^2-320x-320y+224=0,$$

判断该曲线是何种曲线.

解 我们考虑做一个合适的坐标系变换

$$\begin{pmatrix}x\\y\end{pmatrix}=\boldsymbol{P}\begin{pmatrix}u\\v\end{pmatrix}$$

简化二次曲线，使得变换后二次曲线方程的二次项

$$41x^2+18xy+41y^2$$

只有平方项，这样就可以判断是哪一类曲线.

由于坐标系 Oxy 和坐标系 Ouv 都是直角坐标系，所以 $\boldsymbol{P}$ 是正交矩阵.

由于

$$f(x,y)=(x,y)\begin{pmatrix}41&9\\9&41\end{pmatrix}\begin{pmatrix}x\\y\end{pmatrix}-(320,320)\begin{pmatrix}x\\y\end{pmatrix}+224=0,$$

所以需要 $\boldsymbol{P}^{\mathrm{T}}\begin{pmatrix}41&9\\9&41\end{pmatrix}\boldsymbol{P}$ 是对角矩阵，就是 $\begin{pmatrix}41&9\\9&41\end{pmatrix}$ 正交对角化，可得

$$\boldsymbol{P}=\frac{1}{\sqrt{2}}\begin{pmatrix}1&-1\\1&1\end{pmatrix},\boldsymbol{P}^{\mathrm{T}}\begin{pmatrix}41&9\\9&41\end{pmatrix}\boldsymbol{P}=\begin{pmatrix}50&0\\0&32\end{pmatrix},$$

代入

$$\begin{pmatrix}x\\y\end{pmatrix}=\boldsymbol{P}\begin{pmatrix}u\\v\end{pmatrix}$$

后二次曲线方程变为

$$50u^2+32v^2-320\sqrt{2}u+224=0.$$

此即方程

$$\frac{\left(u-\frac{16\sqrt{2}}{5}\right)^2}{16}+\frac{v^2}{25}=1,$$

故通过坐标系变换得中心在 $\left(\frac{16\sqrt{2}}{5},0\right)$，两个半轴长为 4 和 5 的椭圆方程. □

再看二次齐次函数的约束最大值和最小值.

我们考虑这样的问题，当 $\|\boldsymbol{x}\|=1$ 时 $f(\boldsymbol{x})=\boldsymbol{x}^{\mathrm{T}}\boldsymbol{A}\boldsymbol{x}$ 的最大值和最小值是什么？此处 $\boldsymbol{A}$ 为对称矩阵.

将对称矩阵正交对角化，即求出正交矩阵 $\boldsymbol{P}$ 使得 $\boldsymbol{P}^{\mathrm{T}}\boldsymbol{A}\boldsymbol{P}=\boldsymbol{P}^{-1}\boldsymbol{A}\boldsymbol{P}=\boldsymbol{D}=\mathrm{diag}(\lambda_1,\lambda_2,\cdots,\lambda_n)$，做可逆线性变换 $\boldsymbol{x}=\boldsymbol{P}\boldsymbol{y}$，则有

$$\boldsymbol{x}^{\mathrm{T}}\boldsymbol{A}\boldsymbol{x}=\boldsymbol{y}^{\mathrm{T}}\boldsymbol{P}^{\mathrm{T}}\boldsymbol{A}\boldsymbol{P}\boldsymbol{y}=\boldsymbol{y}^{\mathrm{T}}\boldsymbol{D}\boldsymbol{y}=\lambda_1y_1^2+\lambda_2y_2^2+\cdots+\lambda_ny_n^2,$$

依此简化式求出最大值和最小值.

【例 6.4】 若

$$\boldsymbol{A}=\begin{pmatrix}7&-2&5\\-2&0&2\\5&2&7\end{pmatrix},$$

求 $f(x_1,x_2,x_3)=\boldsymbol{x}^{\mathrm{T}}\boldsymbol{A}\boldsymbol{x}$ 当 $\|\boldsymbol{x}\|=1$ 时的最大值和最小值,其中 $\boldsymbol{x}=(x_1,x_2,x_3)^{\mathrm{T}}$,并求最大值最小值时的向量 $\boldsymbol{x}$.

解 将 $\boldsymbol{A}$ 正交对角化,得正交矩阵

$$\boldsymbol{P}=\begin{pmatrix} 1/\sqrt{2} & -1/\sqrt{3} & -1/\sqrt{6} \\ 0 & 1/\sqrt{3} & -2/\sqrt{6} \\ 1/\sqrt{2} & 1/\sqrt{3} & 1/\sqrt{6} \end{pmatrix},$$

使得

$$\boldsymbol{P}^{\mathrm{T}}\boldsymbol{A}\boldsymbol{P}=\boldsymbol{P}^{-1}\boldsymbol{A}\boldsymbol{P}=\boldsymbol{D}=\begin{pmatrix} 12 & 0 & 0 \\ 0 & 4 & 0 \\ 0 & 0 & -2 \end{pmatrix}.$$

令 $\boldsymbol{x}=\boldsymbol{P}\boldsymbol{y}$,其中 $\boldsymbol{y}=(y_1,y_2,y_3)^{\mathrm{T}}$,则有

$$\|\boldsymbol{x}\|^2=\boldsymbol{x}^{\mathrm{T}}\boldsymbol{x}=\boldsymbol{y}^{\mathrm{T}}\boldsymbol{P}^{\mathrm{T}}\boldsymbol{P}\boldsymbol{y}=\boldsymbol{y}^{\mathrm{T}}\boldsymbol{y}=y_1^2+y_2^2+y_3^2=1,$$

且有

$$f(\boldsymbol{x})=\boldsymbol{x}^{\mathrm{T}}\boldsymbol{A}\boldsymbol{x}=\boldsymbol{y}^{\mathrm{T}}\boldsymbol{D}\boldsymbol{y}=12y_1^2+4y_2^2-2y_3^2,$$

故有

$$f(\boldsymbol{x})\leqslant 12y_1^2+12y_2^2+12y_3^2=12(y_1^2+y_2^2+y_3^2)=12,$$

同理可得 $f(\boldsymbol{x})\geqslant -2$,即

$$12\geqslant f(\boldsymbol{x})\geqslant -2,$$

且取 $\boldsymbol{x}=\boldsymbol{P}\boldsymbol{e}_1=\begin{pmatrix} 1/\sqrt{2} \\ 0 \\ 1/\sqrt{2} \end{pmatrix}$ 时,有 $f(\boldsymbol{x})=(1,0,0)\boldsymbol{D}(1,0,0)^{\mathrm{T}}=12$,为最大值.

取 $\boldsymbol{x}=\boldsymbol{P}\boldsymbol{e}_3=\begin{pmatrix} -1/\sqrt{6} \\ -2/\sqrt{6} \\ 1/\sqrt{6} \end{pmatrix}$ 时,有 $f(\boldsymbol{x})=(0,0,1)\boldsymbol{D}(0,0,1)^{\mathrm{T}}=-2$,为最小值. □

由上述的讨论,我们知道用矩阵知识可以处理二次齐次函数 $f(x_1,x_2,\cdots,x_n)=\sum\limits_{i=1}^{n}\sum\limits_{j=1}^{n}a_{ij}x_ix_j$,其中 $a_{ij}=a_{ji}$,$i,j=1,2,\cdots,n$,这样的二次齐次函数称为二次型.

定义 6.2(实二次型,二次型矩阵) 有 n 个变量 $x_1,x_2,\cdots,x_n$ 的实二次齐次函数

$$f(x_1,x_2,\cdots,x_n)=a_{11}x_1^2+2a_{12}x_1x_2+\cdots+2a_{1n}x_1x_n$$
$$+a_{22}x_2^2+\cdots+2a_{2n}x_2x_n$$
$$+\cdots$$
$$+a_{nn}x_n^2,$$

称为实二次型,简称二次型.若记实对称矩阵

$$A=\begin{pmatrix} a_{11} & a_{12} & \cdots & a_{1n} \\ a_{12} & a_{22} & \cdots & a_{2n} \\ \vdots & \vdots & & \vdots \\ a_{1n} & a_{2n} & \cdots & a_{nn} \end{pmatrix},$$

则 $f(x_1,x_2,\cdots,x_n)=x^TAx$,其中 $x=(x_1,x_2,\cdots,x_n)^T$,称矩阵 A 为二次型 $f(x_1,x_2,\cdots,x_n)$的矩阵.二次型矩阵的秩称为二次型的秩.

【注 6.1】 本书二次型专指实二次型,不讨论复二次型.

6.2 二次型的简化

从例 6.3 和例 6.4 我们看到,我们需要对二次齐次式进行简化,即对二次型通过变换简化成新的只有平方项的二次型,这样的只有平方项的二次型称为原来二次型的标准形,当然变换必须是可逆变换.

如果变换矩阵是正交矩阵,我们称变换为正交变换.

定义 6.3(二次型的标准形) **若二次型 $f(x_1,x_2,\cdots,x_n)=x^TAx$,其中 $x=(x_1,x_2,\cdots,x_n)^T$,经过可逆线性变换 $x=Py$,其中 $y=(y_1,y_2,\cdots,y_n)^T$,后得到的二次型 $g(y_1,y_2,\cdots,y_n)=y^TP^TAPy$ 只含平方项,则称 $g(y_1,y_2,\cdots,y_n)$为原二次型 $f(x_1,x_2,\cdots,x_n)$的一个标准形.**

定义 6.4(惯性指数) **称二次型 $f(x_1,x_2,\cdots,x_n)$的标准形的正平方项个数为正惯性指数,标准形的负平方项个数为负惯性指数,正惯性指数和负惯性指数,统称惯性指数.**

从定义 6.3 知,通过可逆线性变换 $x=Py$ 将二次型 x^TAx 变换到标准形 yP^TAPy,本质上就是将原来二次型的矩阵 A 变换到对角矩阵 P^TAP,矩阵之间 A 与 P^TAP 这样的关系称为合同关系.

定义 6.5(合同) **设 A,B 为两个 n 阶方阵,若存在可逆矩阵 P,使得 $P^TAP=B$,则称 A 合同于 B,称 P 是 A 到 B 的合同变换矩阵.**

定理 6.2 二次型一定有标准形,而且正负惯性指数是确定的.

证明 设二次型为 $f(\boldsymbol{x})=\boldsymbol{x}^{\mathrm{T}}\boldsymbol{A}\boldsymbol{x}$,其中 $\boldsymbol{A}$ 是 n 阶实对称矩阵,由定理5.14知存在正交矩阵 $\boldsymbol{P}$ 使得

$$\boldsymbol{P}^{\mathrm{T}}\boldsymbol{A}\boldsymbol{P}=\boldsymbol{P}^{-1}\boldsymbol{A}\boldsymbol{P}=\boldsymbol{D}=\operatorname{diag}(\lambda_1,\lambda_2,\cdots,\lambda_n).$$

故在正交变换 $\boldsymbol{x}=\boldsymbol{P}\boldsymbol{y}$ 下,有

$$f(\boldsymbol{x})=\boldsymbol{x}^{\mathrm{T}}\boldsymbol{A}\boldsymbol{x}=\boldsymbol{y}^{\mathrm{T}}\boldsymbol{P}^{\mathrm{T}}\boldsymbol{A}\boldsymbol{P}\boldsymbol{y}=\boldsymbol{y}^{\mathrm{T}}\boldsymbol{D}\boldsymbol{y}=\lambda_1y_1^2+\lambda_2y_2^2+\cdots+\lambda_ny_n^2.$$

故二次型一定有标准形.

二次型 $f(\boldsymbol{x})$的正惯性指数就是 $\boldsymbol{A}$ 的合同对角矩阵 $\boldsymbol{D}$ 的正对角元素的个数,负惯性指数就是 $\boldsymbol{D}$ 的负对角元素的个数,若正惯性指数为 s,负惯性指数为 t,则我们可以进一步简化 $\boldsymbol{D}$.

因为 $\boldsymbol{D}$ 可以写为

$$\boldsymbol{D}=\operatorname{diag}(d_1^2,\cdots,d_s^2,-d_{s+1}^2,\cdots,-d_{s+t}^2,0,\cdots,0),$$

再做合同变换

$\boldsymbol{Q}^{\mathrm{T}}\boldsymbol{D}\boldsymbol{Q}=\boldsymbol{D}'=\operatorname{diag}(1,\cdots,1,-1,\cdots,-1,0,\cdots,0)$,其中 $\boldsymbol{Q}=\operatorname{diag}(1/d_1,\cdots,1/d_{s+t},1,\cdots,1)$.

现在证明正负惯性指数是确定的,即证 $\boldsymbol{A}$ 合同化为对角矩阵 $\boldsymbol{D}'=\operatorname{diag}(1,\cdots,1,-1,\cdots,-1,0,\cdots,0)$ 中 1 的个数与 -1 的个数唯一.

设

$$\boldsymbol{P}^{\mathrm{T}}\boldsymbol{A}\boldsymbol{P}=\boldsymbol{D}_1,\boldsymbol{Q}^{\mathrm{T}}\boldsymbol{A}\boldsymbol{Q}=\boldsymbol{D}_2,$$

其中 $\boldsymbol{P},\boldsymbol{Q}$ 为可逆矩阵,$\boldsymbol{D}_1$ 与 $\boldsymbol{D}_2$ 都是对角元素为 1 或-1 或 0 的对角矩阵,则有

$$(\boldsymbol{P}^{-1}\boldsymbol{Q})^{\mathrm{T}}\boldsymbol{D}_1(\boldsymbol{P}^{-1}\boldsymbol{Q})=\boldsymbol{R}^{\mathrm{T}}\boldsymbol{D}_1\boldsymbol{R}=\boldsymbol{D}_2,\boldsymbol{R}=\boldsymbol{P}^{-1}\boldsymbol{Q}\text{ 可逆}.$$

设 $\boldsymbol{D}_1$ 的 1 有 s_1 个,在对角元素前面,后面紧跟 t_1 个-1,最后是 $n-s_1-t_1$ 个 0,$\boldsymbol{D}_2$ 对角元素为前面 s_2 个 1,紧跟 t_2 个-1,最后是 $n-s_2-t_2$ 个 0.

反证法,假设 $\boldsymbol{R}^{\mathrm{T}}\boldsymbol{D}_1\boldsymbol{R}=\boldsymbol{D}_2$ 中 $s_1<s_2$,则考虑

$$\boldsymbol{x}^{\mathrm{T}}\boldsymbol{D}_2\boldsymbol{x}=\boldsymbol{x}^{\mathrm{T}}\boldsymbol{R}^{\mathrm{T}}\boldsymbol{D}_1\boldsymbol{R}\boldsymbol{x}=\boldsymbol{y}^{\mathrm{T}}\boldsymbol{D}_1\boldsymbol{y},\text{其中 }\boldsymbol{y}=\boldsymbol{R}\boldsymbol{x},$$

而

$\boldsymbol{x}^{\mathrm{T}}\boldsymbol{D}_2\boldsymbol{x}=x_1^2+\cdots+x_{s_2}^2-x_{s_2+1}^2-\cdots-x_{s_2+t_2}^2$,$\boldsymbol{y}^{\mathrm{T}}\boldsymbol{D}_1\boldsymbol{y}=y_1^2+\cdots+y_{s_1}^2-y_{s_1+1}^2-\cdots-y_{s_1+t_1}^2$.

设

$$\boldsymbol{R}=\begin{pmatrix} r_{11} & r_{12} & \cdots & r_{1n} \\ r_{21} & r_{22} & \cdots & r_{2n} \\ \vdots & \vdots & & \vdots \\ r_{n1} & r_{n2} & \cdots & r_{nn} \end{pmatrix},$$

因为 $s_1<s_2$,故方程组

$$\begin{cases} r_{11}x_1+\cdots+r_{1s_2}x_{s_2}=0, \\ r_{21}x_1+\cdots+r_{2s_2}x_{s_2}=0, \\ \qquad\vdots \\ r_{s_11}x_1+\cdots+r_{s_1s_2}x_{s_2}=0 \end{cases}$$

有非零解 $(x_1,x_2,\cdots,x_{s_2})^{\mathrm{T}}$,故取 $\boldsymbol{x}=(x_1,x_2,\cdots,x_{s_2},0,\cdots,0)^{\mathrm{T}}\neq\mathbf{0}$,则得 $\boldsymbol{y}=(0,\cdots,0,y_{s_1+1},\cdots,y_n)^{\mathrm{T}}$,于是有

$$\boldsymbol{x}^{\mathrm{T}}\boldsymbol{D}_2\boldsymbol{x}=x_1^2+\cdots+x_{s_2}^2>0,$$

而

$$\boldsymbol{x}^{\mathrm{T}}\boldsymbol{D}_2\boldsymbol{x}=\boldsymbol{y}^{\mathrm{T}}\boldsymbol{D}_1\boldsymbol{y}=-y_{s_1+1}^2-\cdots-y_{s_1+t_1}^2\leqslant 0,$$

矛盾,故 $s_1\geqslant s_2$,同理 $s_2\geqslant s_1$,故 $s_1=s_2$.

因为

$$r(\boldsymbol{D}_2)=r(\boldsymbol{R}^{\mathrm{T}}\boldsymbol{D}_1\boldsymbol{R})=r(\boldsymbol{D}_1),$$

故 $s_1+t_1=s_2+t_2$,故 $t_1=t_2$. 于是正惯性指数和负惯性指数是唯一确定的. □

【注 6.2】 正惯性指数与负惯性指数的和就是二次型的秩.

自然地,可以利用将二次型矩阵正交对角化的变换矩阵 $\boldsymbol{P}$ 做变换 $\boldsymbol{x}=\boldsymbol{P}\boldsymbol{y}$,可以将二次型化成标准形,这种方法称为化标准形的正交变换法.

【例 6.5】 用正交变换法将二次型

$$f(x_1,x_2,x_3)=2x_1^2+2x_1x_2+4x_1x_3+2x_2^2-4x_2x_3-x_3^2$$

变换成标准形.

解 二次型矩阵为

$$\boldsymbol{A}=\begin{pmatrix} 2 & 1 & 2 \\ 1 & 2 & -2 \\ 2 & -2 & -1 \end{pmatrix},$$

将 $\boldsymbol{A}$ 正交对角化.

特征方程

$$|\lambda \boldsymbol{E}-\boldsymbol{A}|=\begin{vmatrix}\lambda-2 & -1 & -2\\ -1 & \lambda-2 & 2\\ -2 & 2 & \lambda+1\end{vmatrix}=(\lambda-3)^2(\lambda+3)=0.$$

故特征值为 $\lambda=3$(二重),$\lambda=-3$.

当 $\lambda=3$ 时,解 $(3\boldsymbol{E}-\boldsymbol{A})\boldsymbol{\xi}=\boldsymbol{0}$ 得无关特征向量为 $\boldsymbol{\xi}_1=(1,1,0)^{\mathrm{T}}$,$\boldsymbol{\xi}_2=(2,0,1)^{\mathrm{T}}$,标准正交化得

$$\boldsymbol{\eta}_1=\left(\frac{1}{\sqrt{2}},\frac{1}{\sqrt{2}},0\right)^{\mathrm{T}},\boldsymbol{\eta}_2=\left(\frac{1}{\sqrt{3}},-\frac{1}{\sqrt{3}},\frac{1}{\sqrt{3}}\right)^{\mathrm{T}}.$$

当 $\lambda=-3$ 时,解 $(-3\boldsymbol{E}-\boldsymbol{A})\boldsymbol{\xi}=\boldsymbol{0}$ 得单位特征向量为

$$\boldsymbol{\eta}_3=\left(-\frac{1}{\sqrt{6}},\frac{1}{\sqrt{6}},\frac{2}{\sqrt{6}}\right)^{\mathrm{T}}.$$

令 $\boldsymbol{P}=(\boldsymbol{\eta}_1,\boldsymbol{\eta}_2,\boldsymbol{\eta}_3)$,则 $\boldsymbol{P}$ 为正交矩阵,使得

$$\boldsymbol{P}^{-1}\boldsymbol{A}\boldsymbol{P}=\boldsymbol{P}^{\mathrm{T}}\boldsymbol{A}\boldsymbol{P}=\mathrm{diag}(3,3,-3).$$

故在正交变换

$$\boldsymbol{x}=\boldsymbol{P}\boldsymbol{y},\text{其中 }\boldsymbol{x}=(x_1,x_2,x_3)^{\mathrm{T}},\boldsymbol{y}=(y_1,y_2,y_3)^{\mathrm{T}}$$

下,原二次型化为标准形

$$g(y_1,y_2,y_3)=3y_1^2+3y_2^2-3y_3^2.$$ □

正交变换法化二次型为标准形有其局限性,首先二次型变量如果多于 3 个,则二次型矩阵就是 4 阶以上矩阵,求特征值就很困难了.其次如果二次型矩阵的特征值不是整数,那么我们也是很难求特征值的,特别是特征值也不是有理数时就只能用计算机计算近似值了.好在我们还有其他的方法化标准形,下面我们介绍的配方法就可以避免二次型矩阵特征值难求的困难.

如例 6.5 我们也可以用配方法化成标准形,即

$$\begin{aligned}f(x_1,x_2,x_3)&=2x_1^2+2x_1x_2+4x_1x_3+2x_2^2-4x_2x_3-x_3^2\\&=2\left(x_1+x_3+\frac{1}{2}x_2\right)^2-3(x_3+x_2)^2+\frac{9}{2}x_2^2,\end{aligned}$$

故在变换

$$\begin{cases} y_1 = x_1 + x_3 + \frac{1}{2}x_2, \\ y_2 = x_3 + x_2, \\ y_3 = x_2 \end{cases}$$

下，原二次型变为

$$g(x_1, x_2, x_3) = 2y_1^2 - 3y_2^2 + \frac{9}{2}y_3^2.$$

因为变换 $\boldsymbol{y} = \boldsymbol{P}\boldsymbol{x}$ 的矩阵 $\boldsymbol{P}$ 的行列式

$$|\boldsymbol{P}| = \begin{vmatrix} 1 & 1/2 & 1 \\ 0 & 1 & 1 \\ 0 & 1 & 0 \end{vmatrix} = -1 \neq 0,$$

故是可逆变换，于是

$$g(x_1, x_2, x_3) = 2y_1^2 - 3y_2^2 + \frac{9}{2}y_3^2$$

即是原二次型的标准形.

配方法化标准形的思想是先将 x_1 的项配成含 x_1 和其他变量的组合的平方，使得剩下的项不再含有 x_1 的项，再在剩下的项中通过配平方配出其他如含 x_2 的组合的平方，剩下不再含 x_1, x_2 的项，如此下去，最后配出的项都是平方项，这些组合作为新的变量 $y_1, y_2, \cdots$，这样就化成了标准形.

配平方项的次序不一定是 $x_1, x_2, \cdots, x_n$，也可以是其他次序，如 $x_n, x_{n-1}, \cdots, x_1$. 另外如果没有平方项，则需要先变换出平方项再利用平方项进行配方操作.

配方法化标准形的具体操作过程见下面的定理.

定理 6.3　若二次型为 $f(x_1, x_2, \cdots, x_n)$，若有 x_k 的非零平方项 $a_{kk}x_k^2$，将所有含 x_k 的项全部配方成一个组合式的平方项 $a_{kk}(x_k + \cdots)^2$. 若没有一项平方项，则一定有混合项如 $2a_{kj}x_kx_j$，做变换 $x_k = y_k - y_j, x_j = y_k + y_j, x_i = y_i, i = 1, 2, \cdots, n, i \neq k, j$，则化成的变量 $y_1, y_2, \cdots, y_n$ 的二次型一定有平方项，可以按照有非零平方项的配方法处理. 每一次配方后剩下的项少了一个变量，同样的方法对剩下的项不断配方下去，直到全部的项配方成平方项，这就化成了标准形，而且变换一定是可逆变换.

证明　配方消除变量的次序大部分是按自然次序，即配方的变量依次为 $x_1, x_2, \cdots, x_n$，若是其他配方次序，则相当于做了一个置换变换

$$y_1 = x_{i_1}, y_2 = x_{i_2}, \cdots, y_n = x_{i_n}.$$

该变换的矩阵是可逆矩阵，变换是可逆变换.

下面我们就考虑按自然次序配方，每配方一次我们看成是一次变换，若配方后二次型为

$$f(x_1,\cdots,x_n)=a_{11}x_1^2+\cdots+a_{k-1,k-1}x_{k-1}^2+a_{kk}(x_k+b_{k+1}x_{k+1}+\cdots+b_nx_n)^2+a_{k+1,k+1}x_{k+1}^2+2a_{k+1,k+2}x_{k+1}x_{k+2}+\cdots+2a_{n-1,n}x_{n-1}x_n+a_{nn}x_n^2,$$

则变换为

$$y_k=x_{kk}+b_{k+1}x_{k+1}+\cdots+b_nx_n,y_i=x_i,i=1,2,\cdots,n,i\neq k,$$

即 $\boldsymbol{y}=\boldsymbol{P}_k\boldsymbol{x}$，变换矩阵为

$$\boldsymbol{P}_k=\begin{pmatrix}1&&&&\\&\ddots&&&\\&&1&\cdots&b_n\\&&&\ddots&\\&&&&1\end{pmatrix},$$

显然可逆,且变换后的式子不再含 y_k 的混合项.

若剩下的项中只有非零混合项没有平方项,则利用平方差变换产生出一些平方项.如有混合项 $2a_{kj}x_kx_j$,做变换

$$x_k=y_k-y_j,x_j=y_k+y_j,x_i=y_i,i=1,2,\cdots,n,i\neq k,j,$$

即 $\boldsymbol{x}=\boldsymbol{P}_{kj}\boldsymbol{y}$，变换矩阵为

$$\boldsymbol{P}_{kj}=\begin{pmatrix}1&&&&&\\&\ddots&&&&\\&&1&&-1&\\&&&\ddots&&\\&&1&&1&\\&&&&&\ddots&\\&&&&&&1\end{pmatrix},$$

行列式非零,矩阵可逆,且变换后出现了新的平方项.

故各种变换的变换矩阵都是可逆矩阵,于是经过一系列的配方变换和平方差变换后,剩下的只有平方项,即标准形,而总的变换的变换矩阵就是各个变换矩阵或变换矩阵逆矩阵的乘积,是可逆矩阵,即变换是可逆变换. □

【例 6.6】 用配方法将二次型

$$f(x_1,x_2,x_3)=2x_1^2+2x_1x_2+4x_1x_3-2x_2^2+10x_2x_3$$

变换成标准形.

解
$$\begin{aligned}f(x_1,x_2,x_3)&=2\left(x_1+\frac{1}{2}x_2+x_3\right)^2-\frac{5}{2}x_2^2+8x_2x_3-2x_3^2\\&=2\left(x_1+\frac{1}{2}x_2+x_3\right)^2-\frac{5}{2}\left(x_2-\frac{8}{5}x_3\right)^2+\frac{22}{5}x_3^2,\end{aligned}$$

在可逆线性变换

$$\begin{cases} y_1 = x_1 + \dfrac{1}{2}x_2 + x_3, \\ y_2 = x_2 - \dfrac{8}{5}x_3, \\ y_3 = x_3 \end{cases}$$

下，原二次型的标准形为

$$g(y_1, y_2, y_3) = 2y_1^2 - \frac{5}{2}y_2^2 + \frac{22}{5}y_3^2.$$ □

【例 6.7】 用配方法将二次型

$$f(x_1, x_2, x_3) = -2x_1x_2 + 4x_1x_3 - 4x_2x_3$$

变换成标准形.

解 由于没有平方项，先做变换

$$\begin{cases} x_1 = y_1 - y_2, \\ x_2 = y_1 + y_2, \\ x_3 = y_3, \end{cases}$$

于是原二次型变换为

$$f(x_1, x_2, x_3) = -2y_1^2 + 2y_2^2 - 8y_2y_3,$$

进一步配方有

$$f(x_1, x_2, x_3) = -2y_1^2 + 2(y_2 - 2y_3)^2 - 8y_3^2,$$

故在可逆线性变换

$$\begin{cases} z_1 = y_1 = \dfrac{1}{2}x_1 + \dfrac{1}{2}x_2, \\ z_2 = y_2 - 2y_3 = -\dfrac{1}{2}x_1 + \dfrac{1}{2}x_2 - 2x_3, \\ z_3 = y_3 = x_3 \end{cases}$$

下，原二次型的标准型为

$$g(z_1, z_2, z_3) = -2z_1^2 + 2z_2^2 - 8z_3^2.$$ □

【例 6.8】 求如下二次型的惯性指数

$f(x_1, x_2, \cdots, x_n) = x_1^2 + x_2^2 + \cdots + x_n^2 + x_1x_2 + x_1x_3 + \cdots + x_1x_n + x_2x_3 + \cdots + x_{n-1}x_n$.

解 二次型矩阵为

$$A=\begin{pmatrix}1 & 1/2 & \cdots & 1/2\\ 1/2 & 1 & \cdots & 1/2\\ \vdots & \vdots & & \vdots\\ 1/2 & 1/2 & \cdots & 1\end{pmatrix},$$

其特征方程如下，

$$\begin{vmatrix}\lambda-1 & -1/2 & \cdots & -1/2\\ -1/2 & \lambda-1 & \cdots & -1/2\\ \vdots & \vdots & & \vdots\\ -1/2 & -1/2 & \cdots & \lambda-1\end{vmatrix}\xlongequal{c_1+c_2+\cdots+c_n}\begin{vmatrix}\lambda-(n+1)/2 & -1/2 & \cdots & -1/2\\ \lambda-(n+1)/2 & \lambda-1 & \cdots & -1/2\\ \vdots & \vdots & & \vdots\\ \lambda-(n+1)/2 & -1/2 & \cdots & \lambda-1\end{vmatrix}$$

$$=(\lambda-(n+1)/2)\begin{vmatrix}1 & 0 & \cdots & 0\\ 1 & \lambda-1/2 & \cdots & 0\\ \vdots & \vdots & & \vdots\\ 1 & 0 & \cdots & \lambda-1/2\end{vmatrix}=(\lambda-(n+1)/2)(\lambda-1/2)^{n-1}=0.$$

二次型矩阵的特征值有$(n+1)/2$和$1/2$($n-1$重)，都是正数，而二次型矩阵正交相似于对角元素为特征值的对角矩阵$\boldsymbol{D}=\mathrm{diag}((n+1)/2,1/2,\cdots,1/2)$，即合同于$\boldsymbol{D}$，故正惯性指数为$n$，负惯性指数为0. □

【例 6.9】 求如下二次型的惯性指数

$f(x_1,x_2,\cdots,x_n)=x_1^2+x_2^2+\cdots+x_n^2+2x_1x_2+2x_1x_3+\cdots+2x_1x_n+2x_2x_3+\cdots+2x_{n-1}x_n$.

解 易知有

$$f(x_1,x_2,\cdots,x_n)=(x_1+x_2+\cdots+x_n)^2=y_1^2.$$

故正惯性指数为1，负惯性指数为0. □

【例 6.10】 求如下二次型的惯性指数

$f(x_1,x_2,x_3,x_4)=x_1^2+4x_1x_2+6x_1x_3-4x_1x_4+7x_2^2-6x_2x_3+4x_2x_4+x_3^2+4x_4^2$.

解 易知 $f(x_1,x_2,x_3,x_4)=(x_1+2x_2-2x_4+3x_3)^2+3(x_2+2x_4-3x_3)^2-12(x_4-2x_3)^2+13x_3^2=y_1^2+3y_2^2-12y_3^2+13y_4^2$.

故正惯性指数为3，负惯性指数为1. □

6.3 正定二次型

本章开始时讨论的矛盾方程组 $\boldsymbol{Ax}=\boldsymbol{b}$,我们可以求最小二乘解,即满足 $\|\boldsymbol{Ax}-\boldsymbol{b}\|$ 最小的 $\boldsymbol{x}$,而 $\|\boldsymbol{Ax}-\boldsymbol{b}\|$ 的最小值对应于 $\|\boldsymbol{Ax}-\boldsymbol{b}\|^2=\boldsymbol{x}^{\mathrm{T}}\boldsymbol{A}^{\mathrm{T}}\boldsymbol{Ax}-2\boldsymbol{b}^{\mathrm{T}}\boldsymbol{Ax}+\boldsymbol{b}^{\mathrm{T}}\boldsymbol{b}$ 的最小值,这一类的问题我们看成是求二次函数

$$f(\boldsymbol{x})=\frac{1}{2}\boldsymbol{x}^{\mathrm{T}}\boldsymbol{Ax}+\boldsymbol{b}^{\mathrm{T}}\boldsymbol{x}+c$$

的最小值的问题,其中 $\boldsymbol{x}=(x_1,x_2,\cdots,x_n)^{\mathrm{T}}$,$\boldsymbol{A}^{\mathrm{T}}=\boldsymbol{A}$.

该函数 $f(x)$,当 $\boldsymbol{A}$ 有负特征值如 $\lambda_0<0$ 时,设 λ_0 的单位特征向量是 $\boldsymbol{\xi}_0$,取 $\boldsymbol{x}=k\boldsymbol{\xi}_0$,则有

$$f(\boldsymbol{x})=\frac{1}{2}\lambda_0k^2+(\boldsymbol{b}^{\mathrm{T}}\boldsymbol{\xi}_0)k+c,$$

由 $\frac{1}{2}\lambda_0<0$ 知 $f(x)$ 没有最小值.

当 $\boldsymbol{A}$ 有 0 特征值如 $\lambda_1=0$ 时,设 λ_1 的单位特征向量是 $\boldsymbol{\xi}_1$,取 $\boldsymbol{x}=k\boldsymbol{\xi}_1$,则有

$$f(\boldsymbol{x})=(\boldsymbol{b}^{\mathrm{T}}\boldsymbol{\xi}_1)k+c,$$

当 $\boldsymbol{b}^{\mathrm{T}}\boldsymbol{\xi}_1\neq 0$ 时,可知 $f(\boldsymbol{x})$ 没有最小值.

故函数 $f(\boldsymbol{x})$ 只有当 $\boldsymbol{A}$ 的特征值都是正数时才能谈求 $f(\boldsymbol{x})$ 最小值的问题.

当 $\boldsymbol{A}$ 的特征值都是正数时,由对称性知存在正交矩阵 $\boldsymbol{P}$,使得 $\boldsymbol{P}^{\mathrm{T}}\boldsymbol{AP}=\mathrm{diag}(\lambda_1,\lambda_2,\cdots,\lambda_n)$,对角元素都是特征值,都为正数. 令 $\boldsymbol{B}=\mathrm{diag}(\sqrt{\lambda_1},\sqrt{\lambda_2},\cdots,\sqrt{\lambda_n})\boldsymbol{P}^{\mathrm{T}}$,则 $\boldsymbol{B}$ 可逆,且 $\boldsymbol{A}=\boldsymbol{B}^{\mathrm{T}}\boldsymbol{B}$,于是可以将 $f(\boldsymbol{x})$ 改写成

$$f(\boldsymbol{x})=\frac{1}{2}\boldsymbol{x}^{\mathrm{T}}\boldsymbol{B}^{\mathrm{T}}\boldsymbol{Bx}+\boldsymbol{b}^{\mathrm{T}}\boldsymbol{x}+c=\frac{1}{2}\|\boldsymbol{Bx}-\boldsymbol{\eta}\|^2+c-\frac{1}{2}\boldsymbol{\eta}^{\mathrm{T}}\boldsymbol{\eta},$$

其中 $\boldsymbol{\eta}=-(\boldsymbol{B}^{-1})^{\mathrm{T}}\boldsymbol{b}$. 而我们知道 $\|\boldsymbol{Bx}-\boldsymbol{\eta}\|$ 是有最小值的,此时 $\boldsymbol{x}$ 就是 $\boldsymbol{Bx}=\boldsymbol{\eta}$ 的最小二乘解,也是 $\boldsymbol{B}^{\mathrm{T}}\boldsymbol{Bx}=\boldsymbol{B}^{\mathrm{T}}\boldsymbol{\eta}$ 的解,即 $\boldsymbol{Ax}=-\boldsymbol{b}$ 的解($\boldsymbol{A}$ 可逆一定有解). 故我们知道要讨论 $f(x)$ 的最小值,需要保证 $\boldsymbol{A}$ 的特征值都是正数. 这样的矩阵我们称为正定矩阵.

定义 6.6(正定二次型、正定矩阵)　二次型 $f(x_1,x_2,\cdots,x_n)$ 中,对于任意不全为零的变量值 $x_1,x_2,\cdots,x_n$,函数值 $f(x_1,x_2,\cdots,x_n)$ 都大于 0,称该二次型为正定二次型. 实对称矩阵 $\boldsymbol{A}$ 若对任意 $\boldsymbol{x}\neq\boldsymbol{0}$ 都有 $\boldsymbol{x}^{\mathrm{T}}\boldsymbol{Ax}>0$,则称矩阵 $\boldsymbol{A}$ 为正定矩阵.

【注 6.3】 正定矩阵一定可逆.

因为若正定矩阵 $\boldsymbol{A}$ 不可逆,则有 $|\boldsymbol{A}|=0$,于是存在 $\boldsymbol{x}\neq\boldsymbol{0}$ 有 $\boldsymbol{Ax}=\boldsymbol{0}$,进一步有

$\boldsymbol{x}^{\mathrm{T}}\boldsymbol{A}\boldsymbol{x}=0$ 与正定矛盾.

【例 6.11】 设有矩阵

$$\boldsymbol{A}=\begin{pmatrix}1 & -2\\ -2 & 5\end{pmatrix},\boldsymbol{B}=\begin{pmatrix}1 & 3\\ 3 & 4\end{pmatrix},\boldsymbol{C}=\begin{pmatrix}3 & 1\\ 4 & 3\end{pmatrix},$$

判断 $\boldsymbol{A},\boldsymbol{B},\boldsymbol{C}$ 是否是正定矩阵.

解 设 $\boldsymbol{x}=\begin{pmatrix}x_1\\ x_2\end{pmatrix}\neq\boldsymbol{0}$,则

$$\boldsymbol{x}^{\mathrm{T}}\boldsymbol{A}\boldsymbol{x}=(x_1,x_2)\begin{pmatrix}1 & -2\\ -2 & 5\end{pmatrix}\begin{pmatrix}x_1\\ x_2\end{pmatrix}=x_1^2-4x_1x_2+5x_2^2=(x_1-2x_2)^2+x_2^2>0.$$

故 $\boldsymbol{A}$ 是正定矩阵.

$$\boldsymbol{x}^{\mathrm{T}}\boldsymbol{B}\boldsymbol{x}=(x_1,x_2)\begin{pmatrix}1 & 3\\ 3 & 4\end{pmatrix}\begin{pmatrix}x_1\\ x_2\end{pmatrix}=x_1^2+6x_1x_2+4x_2^2=(x_1+3x_2)^2-5x_2^2.$$

取 $\boldsymbol{x}=\begin{pmatrix}1\\ 0\end{pmatrix}$ 得 $\boldsymbol{x}^{\mathrm{T}}\boldsymbol{B}\boldsymbol{x}=1>0$,取 $\boldsymbol{x}=\begin{pmatrix}-3\\ 1\end{pmatrix}$ 得 $\boldsymbol{x}^{\mathrm{T}}\boldsymbol{B}\boldsymbol{x}=-5<0$,故 $\boldsymbol{B}$ 不是正定矩阵.

因为 $\boldsymbol{C}$ 不是实对称矩阵,故不是正定矩阵. □

下面我们考虑如何判别一个矩阵是正定矩阵,或者一个二次型是正定二次型. 显然用定义来判定正定矩阵不太方便,好在我们可以利用一些矩阵的性质来判定正定矩阵.

定义 6.7(顺序主子式) n 阶方阵 $\boldsymbol{A}$ 的前 k 行和前 k 列($1\leqslant k\leqslant n$)的元素构成的行列式,称为 $\boldsymbol{A}$ 的 k 阶顺序主子式,即

$$\boldsymbol{A}=\begin{pmatrix}a_{11} & a_{12} & \cdots & a_{1n}\\ a_{12} & a_{22} & \cdots & a_{2n}\\ \vdots & \vdots & & \vdots\\ a_{1n} & a_{2n} & \cdots & a_{nn}\end{pmatrix},$$

则 k 阶顺序主子式为

$$|\boldsymbol{A}_k|=\begin{vmatrix}a_{11} & a_{12} & \cdots & a_{1k}\\ a_{21} & a_{22} & \cdots & a_{2k}\\ \vdots & \vdots & & \vdots\\ a_{k1} & a_{k2} & \cdots & a_{kk}\end{vmatrix},1\leqslant k\leqslant n.$$

定理 6.4 **若 $\boldsymbol{A}$ 是 n 阶实对称矩阵,则下列 5 个性质是等价的:(1) $\boldsymbol{A}$ 正定;(2) $\boldsymbol{A}$ 的特征值都大于 0;(3) $\boldsymbol{A}$ 合同于正对角元素的对角矩阵;(4) $\boldsymbol{A}=\boldsymbol{B}^{\mathrm{T}}\boldsymbol{B}$,其中 $\boldsymbol{B}$ 可逆;(5) $\boldsymbol{A}$ 的顺序主子式都大于 0.**

另外二次型正定当且仅当二次型矩阵是正定矩阵.

证明 先证明(1)、(2)、(3)、(4)的结论是等价的.

(1) ⇒(2)设 λ 是 $\boldsymbol{A}$ 的任意一个特征值,$\boldsymbol{\xi}\neq\boldsymbol{0}$ 是 $\boldsymbol{A}$ 的属于 λ 的特征向量,即 $\boldsymbol{A\xi}=\lambda\boldsymbol{\xi}$. 则有 $\boldsymbol{\xi}^{\mathrm{T}}\boldsymbol{A\xi}=\lambda\boldsymbol{\xi}^{\mathrm{T}}\boldsymbol{\xi}$,而由于 $\boldsymbol{A}$ 正定,$\boldsymbol{\xi}$ 非零,故有 $\boldsymbol{\xi}^{\mathrm{T}}\boldsymbol{A\xi}>0$ 和 $\boldsymbol{\xi}^{\mathrm{T}}\boldsymbol{\xi}>0$,于是 $\lambda>0$.

(2) ⇒(3)因为 $\boldsymbol{A}$ 对称,故存在正交矩阵 $\boldsymbol{P}$ 使得 $\boldsymbol{P}^{\mathrm{T}}\boldsymbol{AP}=\mathrm{diag}(\lambda_1,\lambda_2,\cdots,\lambda_n)$,其中对角矩阵的对角元素都是特征值,由(2) 的条件有 $\lambda_1>0,\lambda_2>0,\cdots,\lambda_n>0$,结论得证.

(3) ⇒(4)$\boldsymbol{A}$ 合同于正对角元素的对角矩阵,即存在可逆矩阵 $\boldsymbol{P}$ 使得 $\boldsymbol{P}^{\mathrm{T}}\boldsymbol{AP}=\boldsymbol{D}=\mathrm{diag}(d_1,d_2,\cdots,d_n)$,且 $d_1>0,d_2>0,\cdots,d_n>0$,令

$$\boldsymbol{B}=\mathrm{diag}(\sqrt{d_1},\sqrt{d_2},\cdots,\sqrt{d_n})\boldsymbol{P}^{\mathrm{T}},$$

则 $\boldsymbol{B}$ 可逆,且 $\boldsymbol{A}=\boldsymbol{B}^{\mathrm{T}}\boldsymbol{B}$.

(4) ⇒(1) $\boldsymbol{A}=\boldsymbol{B}^{\mathrm{T}}\boldsymbol{B}$,其中 $\boldsymbol{B}$ 可逆,则对任意向量 $\boldsymbol{x}\neq\boldsymbol{0}$,有 $\boldsymbol{y}=\boldsymbol{Bx}\neq\boldsymbol{0}$,否则 $\boldsymbol{x}=\boldsymbol{B}^{-1}\boldsymbol{y}=\boldsymbol{0}$. 于是有

$$\boldsymbol{x}^{\mathrm{T}}\boldsymbol{Ax}=\boldsymbol{x}^{\mathrm{T}}\boldsymbol{B}^{\mathrm{T}}\boldsymbol{Bx}=\boldsymbol{y}^{\mathrm{T}}\boldsymbol{y}>0,$$

故 $\boldsymbol{A}$ 正定.

下面证明(1)⇔(5).

(1) ⇒(5)设 $\boldsymbol{A}_k$ 为 $\boldsymbol{A}$ 的顺序主子矩阵,即

$$\boldsymbol{A}_k=\begin{pmatrix} a_{11} & a_{12} & \cdots & a_{1k} \\ a_{12} & a_{22} & \cdots & a_{2k} \\ \vdots & \vdots & & \vdots \\ a_{1k} & a_{2k} & \cdots & a_{kk} \end{pmatrix},1\leqslant k\leqslant n,\text{其中 }\boldsymbol{A}=\begin{pmatrix} a_{11} & a_{12} & \cdots & a_{1n} \\ a_{12} & a_{22} & \cdots & a_{2n} \\ \vdots & \vdots & & \vdots \\ a_{1n} & a_{2n} & \cdots & a_{nn} \end{pmatrix},$$

故对 $\boldsymbol{y}=(x_1,x_2,\cdots,x_k)^{\mathrm{T}}\neq\boldsymbol{0}$,有 $\boldsymbol{x}=(x_1,x_2,\cdots,x_k,0,\cdots,0)^{\mathrm{T}}\neq\boldsymbol{0}$,于是

$$\begin{aligned}\boldsymbol{y}^{\mathrm{T}}\boldsymbol{A}_k\boldsymbol{y}&=(x_1,\cdots,x_k,0,\cdots,0)\left(\begin{array}{ccc|ccc} a_{11} & \cdots & a_{1k} & a_{1,k+1} & \cdots & a_{1n} \\ \vdots & & \vdots & \vdots & & \vdots \\ a_{1k} & \cdots & a_{kk} & a_{k,k+1} & \cdots & a_{kn} \\ \hline a_{1,k+1} & \cdots & a_{k,k+1} & a_{k+1,k+1} & \cdots & a_{k+1,n} \\ \vdots & & \vdots & \vdots & & \vdots \\ a_{1n} & \cdots & a_{kn} & a_{k+1,n} & \cdots & a_{nn} \end{array}\right)\begin{pmatrix} x_1 \\ \vdots \\ x_k \\ 0 \\ \vdots \\ 0 \end{pmatrix}\\ &=\boldsymbol{x}^{\mathrm{T}}\boldsymbol{Ax}>0.\end{aligned}$$

$\boldsymbol{A}_k$ 对称性显然，故 $\boldsymbol{A}_k$ 是正定矩阵，特征值 $\lambda_1>0,\lambda_2>0,\cdots,\lambda_k>0$. $\boldsymbol{A}_k$ 对称知存在正交矩阵 $\boldsymbol{P}_k$ 使得

$$\boldsymbol{P}_k^{-1}\boldsymbol{A}_k\boldsymbol{P}_k=\boldsymbol{D}_k=\mathrm{diag}(\lambda_1,\lambda_2,\cdots,\lambda_k),$$

即 $\boldsymbol{A}_k\sim\boldsymbol{D}_k$，于是

$$|\boldsymbol{A}_k|=|\boldsymbol{D}_k|=\lambda_1\lambda_2\cdots\lambda_k>0.$$

(5) ⇒(1)用数学归纳法证明.

当 $n=1$ 时，$\boldsymbol{A}=(a_{11})$，且 $\det(\boldsymbol{A})=a_{11}>0$，显然 $\boldsymbol{A}$ 正定.

假设 $n=m$ 时结论成立，当 $n=m+1$ 时，将对称矩阵 $\boldsymbol{A}$ 分块如下

$$\boldsymbol{A}=\left(\begin{array}{cccc:c} a_{11} & a_{12} & \cdots & a_{1m} & a_{1,m+1} \\ a_{12} & a_{22} & \cdots & a_{2m} & a_{2,m+1} \\ \vdots & \vdots & & \vdots & \vdots \\ a_{1m} & a_{2m} & \cdots & a_{mm} & a_{m,m+1} \\ \hdashline a_{1,m+1} & a_{2,m+1} & \cdots & a_{m,m+1} & a_{m+1,m+1} \end{array}\right)=\begin{pmatrix} \boldsymbol{A}_2 & \boldsymbol{u} \\ \boldsymbol{u}^{\mathrm{T}} & \boldsymbol{s} \end{pmatrix},$$

显然 $\boldsymbol{A}_2$ 的顺序主子式也是 $\boldsymbol{A}$ 的顺序主子式，故都大于 0，由归纳假设知 $\boldsymbol{A}_2$ 是 m 阶的正定矩阵，则存在正交矩阵 $\boldsymbol{Q}$ 使得

$$\boldsymbol{Q}^{\mathrm{T}}\boldsymbol{A}_2\boldsymbol{Q}=\boldsymbol{D}=\mathrm{diag}(\lambda_1,\lambda_2,\cdots,\lambda_m)，且\ \lambda_1>0,\lambda_2>0,\cdots,\lambda_m>0.$$

我们有如下关系

$$\boldsymbol{P}^{\mathrm{T}}\boldsymbol{A}\boldsymbol{P}=\begin{pmatrix} \boldsymbol{Q} & -\boldsymbol{A}_2^{-1}\boldsymbol{u} \\ & 1 \end{pmatrix}^{\mathrm{T}}\begin{pmatrix} \boldsymbol{A}_2 & \boldsymbol{u} \\ \boldsymbol{u}^{\mathrm{T}} & \boldsymbol{s} \end{pmatrix}\begin{pmatrix} \boldsymbol{Q} & -\boldsymbol{A}_2^{-1}\boldsymbol{u} \\ & 1 \end{pmatrix}=\begin{pmatrix} \boldsymbol{Q}^{\mathrm{T}}\boldsymbol{A}_2\boldsymbol{Q} & \boldsymbol{0} \\ \boldsymbol{0}^{\mathrm{T}} & \boldsymbol{s}-\boldsymbol{u}^{\mathrm{T}}\boldsymbol{A}_2^{-1}\boldsymbol{u} \end{pmatrix}=$$

$$\begin{pmatrix} \lambda_1 & & & \\ & \ddots & & \\ & & \lambda_m & \\ & & & \boldsymbol{s}-\boldsymbol{u}^{\mathrm{T}}\boldsymbol{A}_2^{-1}\boldsymbol{u} \end{pmatrix}=\boldsymbol{B},$$

两边取行列式，得到

$$|\boldsymbol{P}^{\mathrm{T}}|\times|\boldsymbol{A}|\times|\boldsymbol{P}|=\lambda_1\lambda_2\cdots\lambda_m(\boldsymbol{s}-\boldsymbol{u}^{\mathrm{T}}\boldsymbol{A}_2^{-1}\boldsymbol{u}),$$

而

$$|\boldsymbol{P}|=\begin{vmatrix} \boldsymbol{Q} & -\boldsymbol{A}_2^{-1}\boldsymbol{u} \\ 0 & 1 \end{vmatrix}=|\boldsymbol{Q}|,$$

$\boldsymbol{Q}$ 为正交矩阵，故

$$|\boldsymbol{P}|^2=|\boldsymbol{Q}|^2=|\boldsymbol{Q}^{\mathrm{T}}|\times|\boldsymbol{Q}|=|\boldsymbol{Q}^{\mathrm{T}}\boldsymbol{Q}|=|\boldsymbol{E}|=1,$$

于是

$$\lambda_1\lambda_2\cdots\lambda_m(s-\boldsymbol{u}^{\mathrm{T}}\boldsymbol{A}_2^{-1}\boldsymbol{u})=|\boldsymbol{P}|^2\times|\boldsymbol{A}|=|\boldsymbol{A}|>0,$$

因为$\lambda_1>0,\lambda_2>0,\cdots,\lambda_m>0$,故有$s-\boldsymbol{u}^{\mathrm{T}}\boldsymbol{A}_2^{-1}\boldsymbol{u}>0$,于是合同对角矩阵$\boldsymbol{B}$的对角元素都是正数,$\boldsymbol{A}$正定,故结论成立. □

【例 6.12】 判定二次型

$$f(x_1,x_2,x_3)=x_1^2+4x_1x_2+4x_1x_3+2x_2^2-2x_2x_3+2x_3^2$$

是否正定.

解 二次型矩阵为

$$\boldsymbol{A}=\begin{pmatrix}1&2&2\\2&2&-1\\2&-1&2\end{pmatrix},$$

其特征方程为

$$\begin{vmatrix}\lambda-1&-2&-2\\-2&\lambda-2&1\\-2&1&\lambda-2\end{vmatrix}=\begin{vmatrix}\lambda-1&0&-2\\-2&\lambda-3&1\\-2&3-\lambda&\lambda-2\end{vmatrix}=(\lambda-3)(\lambda^2-2\lambda-7)=0,$$

故特征值为$\lambda_1=3,\lambda_2=1+2\sqrt{2},\lambda_3=1-2\sqrt{2}<0$,特征值不都大于0,故矩阵不是正定矩阵,二次型也不是正定二次型. □

【例 6.13】 判定如下二次型

$f(x_1,x_2,x_3,x_4)=x_1^2+2x_1x_2+4x_1x_3-2x_1x_4+2x_2^2+6x_2x_3-4x_2x_4+3x_3^2-10x_3x_4+4x_4^2$是否正定.

解 $$\begin{aligned}f(x_1,x_2,x_3,x_4)=&(x_1+x_2+2x_3-x_4)^2+(x_2+x_3-x_4)^2-\\&2(x_3+x_4)^2+4x_4^2=y_1^2+y_2^2-2y_3^2+4y_4^2.\end{aligned}$$

二次型负惯性指数为1,即二次型矩阵合同于一个有负元素的对角矩阵,故矩阵不是正定矩阵,二次型也不是正定二次型. □

【例 6.14】 判定矩阵

$$\boldsymbol{A}=\begin{pmatrix}3&1&-1&1\\1&2&0&2\\-1&0&1&1\\1&2&1&4\end{pmatrix}$$

的正定性.

解 矩阵$\boldsymbol{A}$显然对称,它的顺序主子式为:

$$\det(3)=3>0,\ \begin{vmatrix}3&1\\1&2\end{vmatrix}=5>0,\ \begin{vmatrix}3&1&-1\\1&2&0\\-1&0&1\end{vmatrix}=3>0,\ \begin{vmatrix}3&1&-1&1\\1&2&0&2\\-1&0&1&1\\1&2&1&4\end{vmatrix}=$$

$$\begin{vmatrix}3&1&2&4\\1&2&1&3\\-1&0&0&0\\1&2&2&5\end{vmatrix}=1>0.$$

顺序主子式都大于 0,故矩阵为正定矩阵. □

练习六

1. 求方程组的最小二乘解.

(1) $\begin{cases}2x_1+x_2-x_3=-1,\\-x_1+x_2-2x_3=1,\\2x_1-x_2+x_3=-2.\end{cases}$ (2) $\begin{cases}x_1-x_2+x_3=4,\\x_1+x_2-2x_3=1,\\x_1-x_2+x_3=3,\\x_1+x_2-x_3=2.\end{cases}$

2. 用正交变换法将二次型化为标准形.

(1) $f(x_1,x_2,x_3)=2x_1^2+2x_1x_2+4x_1x_3+3x_2^2+2x_2x_3+2x_3^2$.

(2) $f(x_1,x_2,x_3)=4x_1^2+4x_1x_2+4x_1x_3+4x_2^2-4x_2x_3+4x_3^2$.

3. 用配方法将二次型化为标准形.

(1) $f(x_1,x_2,x_3)=x_1^2+4x_1x_2-2x_1x_3+2x_2^2+6x_2x_3-x_3^2$.

(2) $f(x_1,x_2,x_3)=x_1^2-2x_1x_2+2x_1x_3+2x_2^2+2x_2x_3+3x_3^2$.

(3) $f(x_1,x_2,x_3)=2x_1x_2-4x_1x_3-2x_2x_3$.

(4) $f(x_1,x_2,x_3,x_4)=x_1^2+2x_1x_2+4x_1x_3-2x_1x_4+2x_2^2+2x_2x_3+4x_2x_4-10x_3x_4+10x_4^2$.

4. 求二次型的惯性指数.

(1) $f(x_1,x_2,x_3)=x_1^2+4x_1x_2+2x_1x_3-x_2^2+4x_2x_3-x_3^2$.

(2) $f(x_1,x_2,x_3)=3x_1^2+2x_1x_2+2x_2^2-4x_2x_3+x_3^2$.

(3) $f(x_1,x_2,x_3,x_4)=2x_1^2+4x_1x_2+6x_1x_3-2x_1x_4-2x_2x_3+4x_2x_4+x_3^2+6x_3x_4+x_4^2$.

5. 判断二次型是否正定.

(1) $f(x_1,x_2,x_3)=x_1^2-2x_1x_2+x_1x_3-x_2^2+3x_2x_3+x_3^2$.

(2) $f(x_1,x_2,x_3)=2x_1^2+2x_1x_2+2x_2^2+2x_2x_3+2x_3^2$.

6. 判断矩阵是否正定.

(1) $\begin{pmatrix} 1 & 0 & -1 \\ 0 & 3 & -2 \\ -1 & -2 & 3 \end{pmatrix}$.　　(2) $\begin{pmatrix} 1 & 2 & 3 \\ 2 & 4 & 5 \\ 3 & 5 & 6 \end{pmatrix}$.

(3) $\begin{pmatrix} 4 & 1 & 1 & 1 \\ 1 & 3 & 0 & -1 \\ 1 & 0 & 2 & 0 \\ 1 & -1 & 0 & 4 \end{pmatrix}$.　　(4) $\begin{pmatrix} 3 & 1 & \cdots & 1 \\ 1 & 3 & \cdots & 1 \\ \vdots & \vdots & \ddots & \vdots \\ 1 & 1 & \cdots & 3 \end{pmatrix}$.($n$ 阶)

附录 1 练习答案

练习一

1. (1) $x_1=-t, x_2=-2t, x_3=t$.　(2) $x_1=5/2, x_2=-3, x_3=1/2$.

2. (1) $x_1=1, x_2=-1, x_3=2$.　(2) $x_1=-2t, x_2=t, x_3=-5t, x_4=t$.

(3) $x_1=2+t, x_2=1+t, x_3=t$.　(4) 无解.

3. (1) $\mathrm{r}(\boldsymbol{A})=\mathrm{r}(\boldsymbol{A},\boldsymbol{b})=3$ 有唯一解.　(2) $\mathrm{r}(\boldsymbol{A})=2<\mathrm{r}(\boldsymbol{A},\boldsymbol{b})=3$ 无解.

练习二

1. (1) $\boldsymbol{\beta}=-3\boldsymbol{\alpha}_1+2\boldsymbol{\alpha}_2$.　(2) $\boldsymbol{\beta}=\dfrac{3-t}{2}\boldsymbol{\alpha}_1+(2+t)\boldsymbol{\alpha}_2+t\boldsymbol{\alpha}_3$.　(3) $\boldsymbol{\beta}=(2-2t)\boldsymbol{\alpha}_1+t\boldsymbol{\alpha}_2+\boldsymbol{\alpha}_3$.　(4) $\mathrm{r}(\boldsymbol{A})=2<\mathrm{r}(\boldsymbol{A},\boldsymbol{b})=3$ 不能表示.

2. (1) $\mathrm{r}(\boldsymbol{A})=3<4$ 相关.　(2) $\mathrm{r}(\boldsymbol{A})=3$ 无关.　(3) 维数 3<个数 4,相关.

3. (1) $(-3,4,1)^{\mathrm{T}}$.　(2) $(-3,-2,1,2)^{\mathrm{T}}$.

(3) $(2,1,0)^{\mathrm{T}}$.　(4) $(4,-3,5,0)^{\mathrm{T}},(3,4,0,5)^{\mathrm{T}}$.

4. (1) $(2,3/2,0)^{\mathrm{T}}+k(-2,-1,2)^{\mathrm{T}}$.

(2) $(7/3,2/3,0,0)^{\mathrm{T}}+k_1(1,1,1,0)^{\mathrm{T}}+k_2(-7,1,0,3)^{\mathrm{T}}$.

(3) $(3,0,2,0)^{\mathrm{T}}+k(0,-1,-1,1)^{\mathrm{T}}$.

(4) $(2,0,1,0)^{\mathrm{T}}+k_1(-3,1,0,0)^{\mathrm{T}}+k_2(4,0,3,1)^{\mathrm{T}}$.

5. (1) 极大无关组 $\boldsymbol{\alpha}_1,\boldsymbol{\alpha}_2$，　$\boldsymbol{\alpha}_3=-\boldsymbol{\alpha}_1+\boldsymbol{\alpha}_2, \boldsymbol{\alpha}_4=4\boldsymbol{\alpha}_1-\boldsymbol{\alpha}_2$.

(2) 极大无关组 $\boldsymbol{\alpha}_1,\boldsymbol{\alpha}_3$，　$\boldsymbol{\alpha}_2=-2\boldsymbol{\alpha}_1, \boldsymbol{\alpha}_4=2\boldsymbol{\alpha}_1-3\boldsymbol{\alpha}_3$.

(3) 极大无关组 $\boldsymbol{\alpha}_1,\boldsymbol{\alpha}_2$，　$\boldsymbol{\alpha}_3=2\boldsymbol{\alpha}_1-\boldsymbol{\alpha}_2$.

6. (1) 秩=2.　(2) 秩=3.　(3) 秩=2.

7. (1) 等价.　(2) 不等价,$\boldsymbol{\beta}_1,\boldsymbol{\beta}_2,\boldsymbol{\beta}_3$ 不能表示 $\boldsymbol{\alpha}_1,\boldsymbol{\alpha}_2,\boldsymbol{\alpha}_3$.

练习三

1. (1) -9　(2) -4　(3) 3

2. (1) 6　(2) -36　(3) 24

3. (1) -18　(2) 125　(3) 1　(4) $(3x+y)(y-x)^3$

4. (1) $D=6, D_1=-9, D_2=9, D_3=3, x_1=-3/2, x_2=3/2, x_3=1/2$.

(2) $D=-3, D_1=-3, D_2=-6, D_3=3, x_1=1, x_2=2, x_3=-1$.

(3) $D=3, D_1=3, D_2=6, D_3=9, D_4=-9, x_1=1, x_2=2, x_3=3, x_4=-3$.

5. $a=4$ 或 $b=2$ 时方程组有非零解.

练习四

1. $\begin{pmatrix} 3 & -3 & -5 \\ 4 & 2 & -2 \\ -1 & -3 & -5 \end{pmatrix}$,结果显示 $\boldsymbol{AB}-\boldsymbol{BA}\neq\boldsymbol{O}$,即 $\boldsymbol{AB}\neq\boldsymbol{BA}$,不可交换.

2. (1) $\begin{bmatrix} 2 & -3 \\ 4 & 0 \\ 0 & 0 \\ 0 & 0 \end{bmatrix}$.　(2) $\begin{pmatrix} 2 & -3 & 3 & 1 \\ 4 & 5 & -5 & 2 \\ -2 & -4 & 4 & -1 \end{pmatrix}$.

3. (1) $D=-1, A_{11}=-4, A_{21}=1, A_{31}=1, A_{12}=-2, A_{22}=1, A_{32}=0$,

$A_{13}=5, A_{23}=-2, A_{33}=-1$, $\begin{pmatrix} 4 & -1 & -1 \\ 2 & -1 & 0 \\ -5 & 2 & 1 \end{pmatrix}$.

(2) $D=6, A_{11}=2, A_{21}=-2, A_{31}=4, A_{12}=1, A_{22}=2, A_{32}=-4, A_{13}=-2, A_{23}=2$,

$A_{33}=2$, $\dfrac{1}{6}\begin{pmatrix} 2 & -2 & 4 \\ 1 & 2 & -4 \\ -2 & 2 & 2 \end{pmatrix}$.

4. (1) $\dfrac{1}{5}\begin{pmatrix} 2 & 2 & -3 \\ -3 & 2 & 2 \\ 2 & -3 & 2 \end{pmatrix}$.　(2) $\begin{pmatrix} 1 & 1 & 1 \\ 9 & 8 & 11 \\ -6 & -5 & -7 \end{pmatrix}$.　(3) $\begin{pmatrix} -2 & 1 & 3 \\ -3 & -2 & 5 \\ -1 & -2 & 2 \end{pmatrix}$.

5. $\boldsymbol{A}^{-1}=\begin{pmatrix} 0 & 1 & -1 \\ 1 & 0 & -1 \\ -1 & -1 & 3 \end{pmatrix}$, $\boldsymbol{X}=\boldsymbol{A}^{-1}\boldsymbol{B}=\begin{pmatrix} 2 & 0 & -1 \\ 2 & 1 & 0 \\ -5 & 0 & 2 \end{pmatrix}$,

$\boldsymbol{Y}=\boldsymbol{BA}^{-1}=\begin{pmatrix} 1 & 0 & 0 \\ 1 & 1 & -2 \\ 0 & -2 & 3 \end{pmatrix}$.

6. (1) $|\boldsymbol{A}|=8$, $\boldsymbol{A}^{-1}=\dfrac{1}{8}\begin{pmatrix} 6 & -4 & 4 \\ -11 & 10 & -6 \\ -9 & 6 & -2 \end{pmatrix}$, $\boldsymbol{A}^{*}=|\boldsymbol{A}|\boldsymbol{A}^{-1}=\begin{pmatrix} 6 & -4 & 4 \\ -11 & 10 & -6 \\ -9 & 6 & -2 \end{pmatrix}$.

(2) $|\boldsymbol{A}|=-4, \boldsymbol{A}^{-1}=\frac{1}{4}\begin{pmatrix} -1 & -5 & 5 & -4 \\ 9 & 25 & -17 & 20 \\ 10 & 26 & -18 & 20 \\ 7 & 19 & -15 & 16 \end{pmatrix}$,

$$\boldsymbol{A}^{*}=|\boldsymbol{A}|\boldsymbol{A}^{-1}=\begin{pmatrix} 1 & 5 & -5 & 4 \\ -9 & -25 & 17 & -20 \\ -10 & -26 & 18 & -20 \\ -7 & -19 & 15 & -16 \end{pmatrix}$$

7. (1) $\boldsymbol{P}=\begin{pmatrix} 0 & 5/2 & -3/2 \\ 0 & -1/2 & 1/2 \\ 1 & -3 & 1 \end{pmatrix}, \boldsymbol{PA}=\begin{pmatrix} 1 & 0 & -5/2 \\ 0 & 1 & 3/2 \\ 0 & 0 & 0 \end{pmatrix}$, $\boldsymbol{P}$ 不唯一.

(2) $\boldsymbol{P}=\begin{pmatrix} -3 & 2 & 0 \\ 2 & -1 & 0 \\ -5 & 1 & 1 \end{pmatrix}, \boldsymbol{PA}=\begin{pmatrix} 1 & 0 & -5 & -9 \\ 0 & 1 & 3 & 6 \\ 0 & 0 & 0 & 0 \end{pmatrix}$, $\boldsymbol{P}$ 不唯一.

8. (1) $r(\boldsymbol{A})=3$. (2) $r(\boldsymbol{A})=2$. (3) $r(\boldsymbol{A})=2$.

练习五

1. (1) $\lambda=-4, k_1(1,0,1)^T, \lambda=-1, k_2(14,9,20)^T, \lambda=4, k_3(1,1,0)^T$.
(2) $\lambda=-3, k_1(1,-6,11)^T, \lambda=-2, k_2(-1,-5,6)^T, \lambda=3, k_3(-1,0,1)^T$.
(3) $\lambda=-1$(二重), $k_1(-1,3,0)^T+k_2(-1,0,3)^T, \lambda=1, k_3(-1,-3,5)^T$.
(4) $\lambda=0$(二重), $k_1(1,0,1)^T, \lambda=1, k_3(0,-1,2)^T$.
(5) $\lambda=n+1, k_1(1,1,\cdots,1)^T, \lambda=1$($n-1$ 重),
$k_2(-1,1,0,\cdots,0)^T+k_3(-1,0,1,0,\cdots,0)^T+\cdots+k_n(-1,0,\cdots,0,1)^T$.

2. (1) $\boldsymbol{P}=\begin{pmatrix} 1 & 3 & -1 \\ 1 & -1 & 1 \\ 2 & 1 & 0 \end{pmatrix}, \boldsymbol{P}^{-1}\boldsymbol{AP}=\begin{pmatrix} 1 & 0 & 0 \\ 0 & 2 & 0 \\ 0 & 0 & 3 \end{pmatrix}$. (2) $\boldsymbol{P}=\begin{pmatrix} -1 & 1 & 1 \\ 3 & 0 & 3 \\ 0 & 3 & 5 \end{pmatrix}, \boldsymbol{P}^{-1}\boldsymbol{AP}=$ $\begin{pmatrix} 2 & 0 & 0 \\ 0 & 2 & 0 \\ 0 & 0 & 3 \end{pmatrix}$. (3) $\boldsymbol{P}=\begin{pmatrix} 5 & 1 & -3 \\ -2 & 0 & 6 \\ 9 & 1 & 1 \end{pmatrix}, \boldsymbol{P}^{-1}\boldsymbol{AP}=\begin{pmatrix} -4 & 0 & 0 \\ 0 & -2 & 0 \\ 0 & 0 & 4 \end{pmatrix}$. (4) $\lambda=2$(二重), $\boldsymbol{\xi}_1=(1,1,0)^T, \lambda=4, \boldsymbol{\xi}_2=(1,1,1)^T$, 没有3个无关特征向量,不可对角化.

3. (1) $\boldsymbol{P}=\begin{pmatrix} -1 & 1 & -3 \\ 1 & 1 & 0 \\ 1 & 0 & 1 \end{pmatrix}, \boldsymbol{P}^{-1}=\begin{pmatrix} 1 & -1 & 3 \\ -1 & 2 & -3 \\ -1 & 1 & -2 \end{pmatrix}, \boldsymbol{P}^{-1}\boldsymbol{AP}=\begin{pmatrix} 4 & 0 & 0 \\ 0 & 1 & 0 \\ 0 & 0 & 1 \end{pmatrix}, \boldsymbol{A}^n=$

$$\begin{pmatrix} -4^n+2 & 4^n-1 & -3\times 4^n+3 \\ 4^n-1 & -4^n+2 & 3\times 4^n-3 \\ 4^n-1 & -4^n+1 & 3\times 4^n-2 \end{pmatrix}.$$

(2) $\boldsymbol{P}=\begin{pmatrix} -1 & -2 & 0 \\ 3 & 6 & 1 \\ 2 & 5 & 1 \end{pmatrix}$，$\boldsymbol{P}^{-1}=\begin{pmatrix} 1 & 2 & -2 \\ -1 & -1 & 1 \\ 3 & 1 & 0 \end{pmatrix}$，$\boldsymbol{P}^{-1}\boldsymbol{AP}=\begin{pmatrix} -1 & 0 & 0 \\ 0 & 0 & 0 \\ 0 & 0 & 1 \end{pmatrix}$，$\boldsymbol{A}^n=$

$$\begin{pmatrix} -(-1)^n & -2(-1)^n & 2(-1)^n \\ 3(-1)^n+3 & 6(-1)^n+1 & -6(-1)^n \\ 2(-1)^n+3 & 4(-1)^n+1 & -4(-1)^n \end{pmatrix}.$$

4*. (1) $\boldsymbol{\eta}_1=\dfrac{1}{\sqrt{6}}\begin{pmatrix} 2 \\ 1 \\ 1 \end{pmatrix}$，$\boldsymbol{\eta}_2=\dfrac{1}{\sqrt{5}}\begin{pmatrix} -1 \\ 2 \\ 0 \end{pmatrix}$，$\boldsymbol{\eta}_3=\dfrac{1}{\sqrt{30}}\begin{pmatrix} 2 \\ 1 \\ -5 \end{pmatrix}$.

(2) $\boldsymbol{\eta}_1=\dfrac{1}{\sqrt{6}}\begin{pmatrix} 1 \\ 0 \\ -2 \\ 1 \end{pmatrix}$，$\boldsymbol{\eta}_2=\dfrac{1}{\sqrt{6}}\begin{pmatrix} 2 \\ 1 \\ 1 \\ 0 \end{pmatrix}$，$\boldsymbol{\eta}_3=\dfrac{1}{2\sqrt{15}}\begin{pmatrix} 1 \\ 1 \\ -3 \\ -7 \end{pmatrix}$.

5*. (1) $\boldsymbol{P}=\begin{pmatrix} -1/\sqrt{3} & 1/\sqrt{2} & 1/\sqrt{6} \\ 1/\sqrt{3} & 1/\sqrt{2} & -1/\sqrt{6} \\ 1/\sqrt{3} & 0 & 2/\sqrt{6} \end{pmatrix}$，$\boldsymbol{P}^{-1}\boldsymbol{AP}=\boldsymbol{P}^{\mathrm{T}}\boldsymbol{AP}=\begin{pmatrix} -4 & 0 & 0 \\ 0 & 3 & 0 \\ 0 & 0 & 5 \end{pmatrix}$.

(2) $\boldsymbol{P}=\begin{pmatrix} 1/\sqrt{3} & -1/\sqrt{2} & -1/\sqrt{6} \\ 1/\sqrt{3} & 1/\sqrt{2} & -1/\sqrt{6} \\ 1/\sqrt{3} & 0 & 2/\sqrt{6} \end{pmatrix}$，$\boldsymbol{P}^{-1}\boldsymbol{AP}=\boldsymbol{P}^{\mathrm{T}}\boldsymbol{AP}=\begin{pmatrix} 9 & 0 & 0 \\ 0 & -3 & 0 \\ 0 & 0 & -3 \end{pmatrix}$.

练习六

1. (1) $x_1=-3/4, x_2=3/4, x_3=1/4$.　(2) $x_1=11/4, x_2=1/4, x_3=1$.

2. (1) $\boldsymbol{P}=\begin{pmatrix} 1/\sqrt{3} & 1/\sqrt{6} & -1/\sqrt{2} \\ 1/\sqrt{3} & -2/\sqrt{6} & 0 \\ 1/\sqrt{3} & 1/\sqrt{6} & 1/\sqrt{2} \end{pmatrix}$，$\boldsymbol{P}^{-1}\boldsymbol{AP}=\boldsymbol{P}^{\mathrm{T}}\boldsymbol{AP}=\begin{pmatrix} 5 & 0 & 0 \\ 0 & 2 & 0 \\ 0 & 0 & 0 \end{pmatrix}$，在正交变换 $\boldsymbol{x}=\boldsymbol{Py}$ 下，$f=5y_1^2+2y_2^2$.

(2) $\boldsymbol{P}=\begin{pmatrix}1/\sqrt{2} & 1/\sqrt{6} & -1/\sqrt{3}\\ 1/\sqrt{2} & -1/\sqrt{6} & 1/\sqrt{3}\\ 0 & 2/\sqrt{6} & 1/\sqrt{3}\end{pmatrix}$，$\boldsymbol{P}^{-1}\boldsymbol{AP}=\boldsymbol{P}^{\mathrm{T}}\boldsymbol{AP}=\begin{pmatrix}6&0&0\\0&6&0\\0&0&0\end{pmatrix}$，在正交变换 $\boldsymbol{x}=\boldsymbol{Py}$ 下，$f=6y_1^2+6y_2^2$.

3. (1) $y_1=x_1+2x_2-x_3, y_2=x_2-\frac{5}{2}x_3, y_3=x_3, f=y_1^2-2y_2^2+\frac{21}{2}y_3^2$.

(2) $y_1=x_1-x_2+x_3, y_2=x_2+2x_3, y_3=x_3, f=y_1^2+y_2^2-2y_3^2$.

(3) $z_1=y_1-\frac{3}{2}y_3=\frac{1}{2}x_1+\frac{1}{2}x_2-\frac{3}{2}x_3, z_2=y_2-\frac{1}{2}y_3=-\frac{1}{2}x_1+\frac{1}{2}x_2-\frac{1}{2}x_3, z_3=y_3=x_3, f=2z_1^2-2z_2^2-4z_3^2$.

(4) $y_1=x_1+x_2+2x_3-x_4, y_2=x_2-x_3+3x_4, y_3=x_3, y_4=x_4, f=y_1^2+y_2^2-5y_3^2$.

4. (1) $f=(x_1+2x_2+x_3)^2-5x_2^2-2x_3^2=y_1^2-5y_2^2-2y_3^2$，正负惯性指数为 1、2.

(2) $f=(x_3-2x_2)^2-2\left(x_2-\frac{1}{2}x_1\right)^2+\frac{7}{2}x_1^2=y_1^2-2y_2^2+\frac{7}{2}y_3^2$，正负惯性指数为 2、1.

(3) $f=2\left(x_1+x_2+\frac{3}{2}x_3-\frac{1}{2}x_4\right)^2-2\left(x_2+2x_3-\frac{3}{2}x_4\right)^2+\frac{9}{2}\left(x_3-\frac{1}{3}x_4\right)^2+\frac{9}{2}x_4^2=2y_1^2-2y_2^2+\frac{9}{2}y_3^2+\frac{9}{2}y_4^2$，正负惯性指数为 3、1.

5. (1) $f=\left(x_1-x_2+\frac{1}{2}x_3\right)^2-2(x_2-x_3)^2+\frac{11}{4}x_3^2=y_1^2-2y_2^2+\frac{11}{4}y_3^2$，合同矩阵对角元素有负数，矩阵非正定.

(2) $f=x_1^2+(x_1+x_2)^2+(x_2+x_3)^2+x_3^2\geqslant 0$，$f=0$ 仅当 $x_1=x_1+x_2=x_2+x_3=x_3=0$ 时成立，即 $x_1=x_2=x_3=0$，故正定.

6. (1) 二次型为 $f(x_1,x_2,x_3)=x_1^2-2x_1x_3+3x_2^2-4x_2x_3+3x_3^2=(x_1-x_3)^2+2(x_3-x_2)^2+x_2^2=y_1^2+2y_2^2+y_3^2$，合同矩阵对角元素都是正数，故对称矩阵正定.

(2) $\det(1)=1>0$，因为 $\begin{vmatrix}1&2\\2&4\end{vmatrix}=0$，故矩阵非正定.

(3) $\det(4)=4>0$，$\begin{vmatrix}4&1\\1&3\end{vmatrix}=11>0$，$\begin{vmatrix}4&1&1\\1&3&0\\1&0&2\end{vmatrix}=19>0$，$\begin{vmatrix}4&1&1&1\\1&3&0&-1\\1&0&2&0\\1&-1&0&4\end{vmatrix}=59>0$，顺序主子式都大于 0，对称矩阵正定.

(4) $|\lambda\boldsymbol{E}-\boldsymbol{A}|=(\lambda-n-2)(\lambda-2)^{n-1}=0$，故特征值为 $n+2$ 和 $2(n-1$ 重)，都大于 0，故对称矩阵正定.

附录 2　书中一些定理的证明

定理 3.1　设行列式

$$\boldsymbol{D}=\begin{vmatrix} a_{11} & a_{12} & \cdots & a_{1n} \\ a_{21} & a_{22} & \cdots & a_{2n} \\ \vdots & \vdots & & \vdots \\ a_{n1} & a_{n2} & \cdots & a_{nn} \end{vmatrix},$$

则有

$$a_{i1}A_{i1}+a_{i2}A_{i2}+\cdots+a_{in}A_{in}=\sum_{j=1}^{n}a_{ij}A_{ij}=D, i=1,2,\cdots,n.$$

和

$$a_{1j}A_{1j}+a_{2j}A_{2j}+\cdots+a_{nj}A_{nj}=\sum_{i=1}^{n}a_{ij}A_{ij}=D, j=1,2,\cdots,n.$$

证明　两个展开式的证明都用数学归纳法. 证明中需要用到符号函数：

$$\operatorname{sgn}(x)=\begin{cases} 1, & x>0, \\ 0, & x=0, \\ -1, & x<0. \end{cases}$$

先证明第一个展开式,即按第 i 行的展开式.

当 $n=2$ 时

$$\begin{vmatrix} a_{11} & a_{12} \\ a_{21} & a_{22} \end{vmatrix}=a_{11}a_{22}-a_{12}a_{21}=a_{11}A_{11}+a_{12}A_{12}=a_{21}A_{21}+a_{22}A_{22}.$$

结论成立.

假设当 $n=m\geqslant 2$ 时结论成立,当 $n=m+1$ 时,$i=1$ 时即为定义式子,成立.

当 $i>1$ 时有

$$D=\sum_{k=1}^{n}(-1)^{1+k}a_{1k}M_{1k},$$

而对于 $k=1,2,\cdots,n$,有 M_{1k} 是 $n-1=m$ 阶行列式,可以使用归纳假设进行行展开,得

$$M_{1k}=\begin{vmatrix} a_{21} & \cdots & a_{2,k-1} & a_{2,k+1} & \cdots & a_{2n} \\ a_{31} & \cdots & a_{3,k-1} & a_{3,k+1} & \cdots & a_{3n} \\ \vdots & & \vdots & \vdots & & \vdots \\ a_{n1} & \cdots & a_{n,k-1} & a_{n,k+1} & \cdots & a_{nn} \end{vmatrix}=\sum_{j=1}^{k-1}a_{ij}\quad(-1)^{i-1+j}M_{1k,ij}\quad+$$

$$\sum_{j=k+1}^{n}a_{ij}(-1)^{i-1+j-1}M_{1k,ij}=\sum_{j=1}^{n}a_{ij}(-1)^{i-1+j}\operatorname{sgn}(k-j)M_{1k,ij}.$$

其中,$M_{1k,ij}$ 为行列式去掉 1 行 i 行,去掉 k 列 j 列剩下的子行列式,并且定义

$$M_{1k,ik}=M_{ij,1j}=0.$$

故有

$$D=\sum_{k=1}^{n}(-1)^{1+k}a_{1k}M_{1k}=\sum_{k=1}^{n}a_{1k}(-1)^{1+k}\Big(\sum_{j=1}^{n}a_{ij}(-1)^{i-1+j}\operatorname{sgn}(k-j)M_{1k,ij}\Big)=$$

$$\sum_{k=1}^{n}\sum_{j=1}^{n}(-1)^{i+j+k}a_{1k}a_{ij}\operatorname{sgn}(k-j)M_{1k,ij}.$$

另有

$$\sum_{j=1}^{n}a_{ij}A_{ij}=\sum_{j=1}^{n}(-1)^{i+j}a_{ij}M_{ij}=\sum_{j=1}^{n}(-1)^{i+j}a_{ij}\Big(\sum_{k=1}^{n}a_{1k}(-1)^{1+k}\operatorname{sgn}(j-k)M_{ij,1k}\Big)=$$

$$\sum_{j=1}^{n}\sum_{k=1}^{n}(-1)^{i+j+k+1}a_{ij}a_{1k}\operatorname{sgn}(j-k)M_{ij,1k}.$$

考虑到

$$\operatorname{sgn}(k-j)=-\operatorname{sgn}(j-k),M_{1k,ij}=M_{ij,1k}.$$

故有

$$D=\sum_{k=1}^{n}\sum_{j=1}^{n}(-1)^{i+j+k}a_{1k}a_{ij}\operatorname{sgn}(k-j)M_{1k,ij}=\sum_{j=1}^{n}\sum_{k=1}^{n}(-1)^{i+j+k+1}a_{ij}a_{1k}\operatorname{sgn}(j-$$

$$k)M_{ij,1k}=\sum_{j=1}^{n}a_{ij}A_{ij}.$$

再证第二个展开式,即按第 j 列的展开式.

当 $n=2$ 时

$$\begin{vmatrix} a_{11} & a_{12} \\ a_{21} & a_{22} \end{vmatrix}=a_{11}a_{22}-a_{12}a_{21}=a_{11}A_{11}+a_{21}A_{21}=a_{12}A_{12}+a_{22}A_{22}.$$

结论成立.

假设当 $n=m\geqslant 2$ 时结论成立,当 $n=m+1$ 时有

$$D=\begin{vmatrix} a_{11} & a_{12} & \cdots & a_{1n} \\ a_{21} & a_{22} & \cdots & a_{2n} \\ \vdots & \vdots & & \vdots \\ a_{n1} & a_{n2} & \cdots & a_{nn} \end{vmatrix}=\sum_{k=1}^{n}(-1)^{1+k}a_{1k}M_{1k}=(-1)^{1+j}a_{1j}M_{1j}+\sum_{\substack{k=1\\k\neq j}}^{n}(-1)^{1+k}a_{1k}M_{1k},$$

而对于 $k=1,2,\cdots,n$，有 M_{1k} 是 $n-1=m$ 阶行列式，可以使用归纳假设进行列展开，得

$$M_{1k}=\begin{vmatrix} a_{21} & \cdots & a_{2,k-1} & a_{2,k+1} & \cdots & a_{2n} \\ a_{31} & \cdots & a_{3,k-1} & a_{3,k+1} & \cdots & a_{3n} \\ \vdots & & \vdots & \vdots & & \vdots \\ a_{n1} & \cdots & a_{n,k-1} & a_{n,k+1} & \cdots & a_{nn} \end{vmatrix}=\sum_{i=2}^{n} a_{ij}(-1)^{i-1+j}\operatorname{sgn}(k-j)M_{1k,ij}, k\neq j.$$

当 $k=j$ 时，显然有

$$\sum_{i=2}^{n} a_{ij}(-1)^{i-1+j}\operatorname{sgn}(k-j)M_{1k,ij}=0.$$

此时我们定义

$$M_{1k,ik}=M_{1j,ij}=M_{ik,1k}=M_{ij,1j}=0.$$

故有

$$D=(-1)^{1+j}a_{1j}M_{1j}+\sum_{\substack{k=1\\k\neq j}}^{n}(-1)^{1+k}a_{1k}M_{1k}=(-1)^{1+j}a_{1j}M_{1j}+\sum_{k=1}^{n}(-1)^{1+k}a_{1k}\left[\sum_{i=2}^{n}a_{ij}(-1)^{i-1+j}\operatorname{sgn}(k-j)M_{1k,ij}\right]=(-1)^{1+j}a_{1j}M_{1j}+\sum_{k=1}^{n}\sum_{i=2}^{n}(-1)^{i+j+k}a_{1k}a_{ij}\operatorname{sgn}(k-j)M_{1k,ij}=(-1)^{1+j}a_{1j}M_{1j}+\sum_{i=2}^{n}\sum_{k=1}^{n}(-1)^{i+j+k}a_{1k}a_{ij}\operatorname{sgn}(k-j)M_{1k,ij}.$$

另有

$$\sum_{i=1}^{n}a_{ij}A_{ij}=\sum_{i=1}^{n}(-1)^{i+j}a_{ij}M_{ij}=(-1)^{1+j}a_{1j}M_{1j}+\sum_{i=2}^{n}(-1)^{i+j}a_{ij}\left[\sum_{k=1}^{n}a_{1k}(-1)^{1+k}\operatorname{sgn}(j-k)M_{ij,1k}\right]=(-1)^{1+j}a_{1j}M_{1j}+\sum_{i=2}^{n}\sum_{k=1}^{n}(-1)^{i+j+k+1}a_{ij}a_{1k}\operatorname{sgn}(j-k)M_{ij,1k}.$$

如前证明由

$$\operatorname{sgn}(k-j)=-\operatorname{sgn}(j-k), M_{1k,ij}=M_{ij,1k},$$

可得

$$D=(-1)^{1+j}a_{1j}M_{1j}+\sum_{i=2}^{n}\sum_{k=1}^{n}(-1)^{i+j+k}a_{1k}a_{ij}\operatorname{sgn}(k-j)M_{1k,ij}=(-1)^{1+j}a_{1j}M_{1j}+\sum_{i=2}^{n}\sum_{k=1}^{n}(-1)^{i+j+k+1}a_{ij}a_{1k}\operatorname{sgn}(j-k)M_{ij,1k}=\sum_{i=1}^{n}a_{ij}A_{ij}.$$

至此行展开式与列展开式都得到了证明. □

定理 5.6 设有 n 阶方阵 $\boldsymbol{A}$，则(1) $\boldsymbol{A}$ 有 n 个特征值(包括复数也包括重数). (2) 属于某个特征值的无关特征向量的个数不超过该特征值的重数.

证明 (1) 先证 n 阶矩阵 $\boldsymbol{B}=(d_{ij}\lambda+b_{ij})_{n\times n}$，$|\boldsymbol{B}|$ 最多是 λ 的 n 次多项式.

用数学归纳法. 当 $n=1$ 时成立，

假设当 $n=k$ 时成立，当 $n=k+1$ 时按第一行展开，每一项都是带符号元素乘以该元素的余子式，余子式为 k 阶行列式，利用归纳假设知最多 k 次的 λ 的多项式，每一项最多是 $k+1=n$ 次的 λ 的多项式，故所有项的和即 $|\boldsymbol{B}|$ 为 λ 的最多 n 次的多项式.

现在设 n 阶矩阵

$$\boldsymbol{A}=\begin{pmatrix} a_{11} & a_{12} & \cdots & a_{1n} \\ a_{21} & a_{22} & \cdots & a_{2n} \\ \vdots & \vdots & & \vdots \\ a_{n1} & a_{n2} & \cdots & a_{nn} \end{pmatrix},$$

则 $|\lambda\boldsymbol{E}-\boldsymbol{A}|$ 按第一行展开，设 D_{1k}，$k=1,2,\cdots,n$ 为该行列式第一行元素的余子式，则余子式最多是 λ 的 $n-1$ 次多项式，故

$$|\lambda\boldsymbol{E}-\boldsymbol{A}|=(\lambda-a_{11})D_{11}-a_{12}D_{12}+\cdots+(-1)^{1+n}a_{1n}D_{1n}=(\lambda-a_{11})D_{11}+p_1(\lambda),$$

其中 $p_1(\lambda)$ 是 λ 的最多为 $n-1$ 次的多项式.

再将 D_{11} 按第一行展开，将最多为 $n-1$ 次的多项式合并得

$$|\lambda\boldsymbol{E}-\boldsymbol{A}|=(\lambda-a_{11})(\lambda-a_{22})D_{11,22}+p_2(\lambda),$$

其中 $D_{11,22}$ 为 $|\lambda\boldsymbol{E}-\boldsymbol{A}|$ 去掉 1 行 1 列和 2 行 2 列余下的子行列式，$p_2(\lambda)$ 为最多为 $n-1$ 次的多项式.

反复展开最后得到

$$|\lambda\boldsymbol{E}-\boldsymbol{A}|=(\lambda-a_{11})(\lambda-a_{22})\cdots(\lambda-a_{nn})+p_{n-1}(\lambda)=\lambda^n+b_{n-1}\lambda^{n-1}+\cdots+b_1\lambda+b_0,$$

其中 $p_{n-1}(\lambda)$ 是 λ 的最多为 $n-1$ 次的多项式. 故 $|\lambda\boldsymbol{E}-\boldsymbol{A}|$ 是一个 n 次的多项式.

根据代数基本定理，方程 $|\lambda\boldsymbol{E}-\boldsymbol{A}|=0$ 有 n 个根(包括复数也包括重数)$\lambda_1,\lambda_2,\cdots,\lambda_n$，故矩阵 $\boldsymbol{A}$ 有 n 个特征值(包括复特征值和重特征值)$\lambda_1,\lambda_2,\cdots,\lambda_n$.

(2) 设 λ_0 是 $\boldsymbol{A}$ 的 s 重特征值，$\boldsymbol{\xi}_1,\boldsymbol{\xi}_2,\cdots,\boldsymbol{\xi}_k$ 是 λ_0 的 k 个无关特征向量，增加 $n-k$ 个向量 $\boldsymbol{\eta}_{k+1},\cdots,\boldsymbol{\eta}_n$ 使得

$$\boldsymbol{\xi}_1,\boldsymbol{\xi}_2,\cdots,\boldsymbol{\xi}_k,\boldsymbol{\eta}_{k+1},\cdots,\boldsymbol{\eta}_n$$

线性无关，令

$$\boldsymbol{P}=(\boldsymbol{\xi}_1,\cdots,\boldsymbol{\xi}_k,\boldsymbol{\eta}_{k+1},\cdots,\boldsymbol{\eta}_n),$$

则

$$\boldsymbol{AP}=(\boldsymbol{A\xi}_1,\cdots,\boldsymbol{A\xi}_k,\boldsymbol{A\eta}_{k+1},\cdots,\boldsymbol{A\eta}_n)=(\lambda_0\boldsymbol{\xi}_1,\cdots,\lambda_0\boldsymbol{\xi}_k,\boldsymbol{\gamma}_{k+1},\cdots,\boldsymbol{\gamma}_n)=(\boldsymbol{\xi}_1,\cdots,\boldsymbol{\xi}_k,\boldsymbol{\eta}_{k+1},\cdots,\boldsymbol{\eta}_n)(\lambda_0\boldsymbol{e}_1,\cdots,\lambda_0\boldsymbol{e}_k,\boldsymbol{\beta}_{k+1},\cdots,\boldsymbol{\beta}_n)=\boldsymbol{PB}.$$

由于 $\boldsymbol{P}$ 的列线性无关，有 $|\boldsymbol{P}| \neq 0$，故 $\boldsymbol{P}$ 可逆，于是有

$$\boldsymbol{B}=\boldsymbol{P}^{-1}\boldsymbol{A}\boldsymbol{P},$$

$\boldsymbol{A}$ 与 $\boldsymbol{B}$ 相似，根据定理 5.5 有相同的特征多项式，即

$$|\lambda\boldsymbol{E}-\boldsymbol{A}|=|\lambda\boldsymbol{E}-\boldsymbol{B}|=\begin{vmatrix} \lambda-\lambda_0 & \cdots & 0 & -b_{1,k+1} & \cdots & -b_{1n} \\ \vdots & \ddots & \vdots & \vdots & & \vdots \\ 0 & \cdots & \lambda-\lambda_0 & -b_{k,k+1} & \cdots & -b_{kn} \\ 0 & \cdots & 0 & \lambda-b_{k+1,k+1} & \cdots & -b_{k+1,n} \\ \vdots & & \vdots & \vdots & & \vdots \\ 0 & \cdots & 0 & -b_{n,k+1} & \cdots & \lambda-b_{nn} \end{vmatrix}=$$

$$(\lambda-\lambda_0)^k\begin{vmatrix} \lambda-b_{k+1,k+1} & \cdots & -b_{k+1,n} \\ \vdots & & \vdots \\ -b_{n,k+1} & \cdots & \lambda-b_{nn} \end{vmatrix}=(\lambda-\lambda_0)^k g(\lambda),$$

而

$$|\lambda\boldsymbol{E}-\boldsymbol{A}|=(\lambda-\lambda_0)^s f(\lambda),$$

且 $f(\lambda)$ 中没有因子 $\lambda-\lambda_0$，故有 $k \leqslant s$，即无关特征向量个数不超过特征值重数. □

索　引

参考文献

[1] 江惠坤,邵荣,范红军.线性代数讲义.北京:科学出版社,2013.

[2] 丁南庆,刘公祥,纪庆忠等.高等代数.北京:科学出版社,2021.

[3] 王萼芳,石明生.高等代数(第4版).北京:高等教育出版社,2013.

[4] 陈建龙,周建华.韩瑞珠等.线性代数.北京:科学出版社,2007.

[6] 陈仲,栗熙.大学数学(下册).南京:南京大学出版社,1998.

[7] 唐烁,朱士信,钱泽平等.线性代数.北京:高等教育出版社,2018.

[8] Steven J. Leon.线性代数(英文版第6版).北京:机械工业出版社,2004.

[9] 赵彦晖,王艳.直接构造基础解系或通解的线性方程组解法.高等数学研究,2018,(21)03:43-47.